U0232564

国家自然科学基金研究专著

城市林业土壤质量特征与评价

Properties and Evaluation of Urban Forestry Soil Quality

俞元春 等 著

科 学 出 版 社

北 京

内 容 简 介

城市林业土壤是城市生态系统的重要组成成分，是美化和净化城市环境的绿色植物生长的介质和营养供给者，对有害物质有过滤、氧化、吸附和固定作用，对城市林业的可持续发展、城市生态环境和人居健康有重要影响。本书以南京市、徐州市等典型城市为例，系统调查和分析城市林业土壤的物理、化学和生物学性质，对城市林业土壤质量进行评价，阐述城市林业土壤有机碳及黑碳的含量与分布，分析城市林业土壤重金属、多环芳烃等污染物的含量与分布，兼具理论性、资料性和实用性。

本书可供土壤、农业、林业、生态、环境、生物和地学等学科的科研、教学和工程技术人员参考。

图书在版编目（CIP）数据

城市林业土壤质量特征与评价/俞元春等著. —北京：科学出版社，2020.9

ISBN 978-7-03-065425-0

Ⅰ. ①城… Ⅱ. ①俞… Ⅲ. ①城市林业—林业土—土地质量—研究 Ⅳ. ①S714

中国版本图书馆 CIP 数据核字（2020）第 095231 号

责任编辑：周 丹 赵朋媛/责任校对：杨聪敏
责任印制：张 伟/封面设计：许 瑞

科 学 出 版 社 出版
北京东黄城根北街 16 号
邮政编码：100717
http://www.sciencep.com

北京建宏印刷有限公司 印刷
科学出版社发行 各地新华书店经销
*
2020 年 9 月第 一 版 开本：720×1000 1/16
2020 年 9 月第一次印刷 印张：18 1/4
字数：366 000

定价：149.00 元
（如有印装质量问题，我社负责调换）

作 者 简 介

俞元春，南京林业大学生物与环境学院教授，博士生导师，中国土壤学会、中国林学会第九届至十二届森林土壤专业委员会副主任，"南方紫色页岩山地生态修复国家创新联盟"副理事长，"杉木国家创新联盟"常务理事，中国林学会杉木专业委员会、江苏省水土保持学会理事，《南京林业大学学报》《中国水土保持科学》编委。长期从事森林土壤、森林生态、林木营养与施肥、土壤污染修复与环境保护等领域的教学和科研工作。近年来对我国南方森林土壤的性质，特别是杉木等人工林的土壤肥力变化和维持技术进行了系统研究，率先开展了城市林业土壤质量的研究，确立了南京市等典型城市林业土壤质量的评价指标并提出其评价方法，阐明了城市林业土壤的碳库及多环芳烃的分布特征，取得了系列研究成果。

1983 年毕业于南京林业大学林学专业，1999 年毕业于南京林业大学生态学专业并获博士学位，澳大利亚 Griffith University 访问学者（2014 年），美国 Clemson University 访问学者（2004 年），加拿大林务局大湖林业中心访问学者（2002 年），加拿大 University of New Brunswick 访问教授（2001 年）。主持"十三五"国家重点研发计划"杉木高效培育土壤肥力维持关键技术研究"、国家林业公益性行业科研专项"人工林土壤质量演变机制与持续利用技术研究"、国家自然科学基金面上项目"快速城市化地区城市林业土壤质量特征及演变机制——以南京市为例"和"城市林业土壤黑碳累积机理、稳定性及生态效应"等 6 项，欧盟委员会 Erasmus＋项目"Training Capacities in Agriculture and Urban-rural Interactions for Sustainable Development of Megacities"、国家自然科学基金委员会与俄罗斯基础研究基金会合作交流项目"中国和俄罗斯典型城市生态系统城市土壤碳库的定性和定量评价"等国际合作项目 8 项，国家林业局引进国际先进林业科学技术计划（948 计划）等省部级项目 20 余项。获国家科技进步奖二等奖、福建省科学技术进步奖一等奖、教育部科学技术进步奖三等奖、梁希科学技术奖自然科学二等奖、中国土壤学会科学技术奖二等奖等 8 项。截至 2020 年，发表学术论文 150 余篇，SCI 收录论文 25 篇，参编出版专著 9 本，主持江苏省精品课程 2 门，编著国家级、江苏省等规划教材 5 本；培养研究生 80 余人，其中博士生 15 人，留学生 4 人。

《城市林业土壤质量特征与评价》
作 者 名 单

主　　编：俞元春

副 主 编：王如海　张俊叶　杨靖宇

编　　委：（按姓氏汉语拼音排序）

丁爱芳　黄清扬　庞少东　钱　洲

单奇华　司志国　王如海　王　维

王　曦　吴电明　杨靖宇　俞　菲

余　健　俞元春　张俊叶　周垂帆

序

随着社会经济的不断发展，全球城市化进程日益加快。城市化让一个"乡土中国"转变为"城市中国"，我国成为世界上城市化最快、规模最大、涉及人口最多的国家。城市化推动了社会发展，提高了城市居民的生产、生活水平，同时也带来了一系列负面影响，如森林和绿地面积减少，大气、水体和土壤污染，废弃物增加，噪声效应和热岛效应，等等。

城市林业既是保障城市生态安全的重要措施，又是增强城市综合实力的重要手段和城市现代化建设的重要标志。发展城市林业、建设森林城市，是城市生态环境建设的重要内容。作为城市生态系统重要组成的城市林业土壤，是城市树木和植物生长的介质和营养供给者，它对有害物质有过滤、吸附和固定作用，对城市生态环境建设和人居环境健康具有重要的影响。在城市化进程中，人类活动改变了城市区域下垫面的性质，疏松且覆盖植物的自然态土壤被坚硬、密实、干燥而不透水的建筑材料取代，这使得城市林业土壤母质来源复杂，剖面层次混乱，土壤的形态特征、物质组成、养分循环过程和土壤质量等与森林土壤有着显著的差别。因此，维持和提升城市林业土壤质量，是城市林业可持续发展的基础。

二十多年来，南京林业大学"城市林业土壤生态"团队在俞元春教授的带领下，承担了多项国家自然科学基金项目和欧盟委员会 Erasmus+等项目，对城市林业土壤肥力、重金属及多环芳烃污染、土壤碳库等城市林业土壤质量进行了系统、深入的研究，取得了多项重要研究成果，为我国城市林业和森林土壤学科的发展做出了有益贡献。

《城市林业土壤质量特征与评价》一书，是俞元春教授团队长期以来关于城市林业土壤研究成果的悉心总结，对土壤、农业、林业、生态、环境、生物和地学等学科的科研、教学和工程技术人员有重要的参考价值。

在这一专著即将面世之际，我谨向著者表示衷心祝贺，并郑重予以推荐。相信该书的出版将有力促进我国城市林业和森林土壤的研究，为我国城市生态环境建设和森林土壤学科的发展发挥积极作用。

是为序。

曹福亮

中国工程院院士

南京林业大学教授

2020 年 2 月 25 日

前　言

　　城市化已成为社会经济发展的必然趋势，据联合国数据统计，到2030年全世界将约有60%的人口居住在城市。中国是近年来城市化发展最快速的国家，1980年中国城市化率是19.39%，2019年达60.60%，首次突破60%大关。改革开放40多年，中国城市化水平提高了2倍，在2050年之前，中国的城市化率将提高到70%以上。城市化给社会带来了长足进步，但同时也带来了土地利用变化、粉尘和有害物质污染等问题。从森林中走出来的人类在大自然的惩罚下终于认识到"城市发展必然与自然共存"，"把森林引入城市，城市建在森林中"已成为人们的迫切需要。从20世纪60年代中期开始，一些发达国家把林业的研究重点转向城市，并逐步形成了现代林业的一个重要分支——城市林业。

　　与城市林业密切相关的城市林业土壤自20世纪80年代开始受到国内外土壤学家的关注，虽然城市林业土壤仅零星地分布在城市区域里，但是在城市生态系统中具有重要作用。城市林业土壤是城市生态系统的重要组成成分，对城市生态环境和人居健康有重要影响。它是美化和净化城市环境的绿色植物的生长介质和营养供给者，对有害物质有过滤、氧化、吸附和固定作用，并且关系到城市林业的持续发展、人居环境质量与人类健康。由于其特殊的成土环境，城市林业土壤的剖面形态、理化特性、物质组成、养分循环过程和生物学特性等方面与森林土壤有显著区别。

　　长江三角洲是我国城市化最快速的地区之一，历史文化名城南京作为该地区的典型城市，近年来城市化发展快速，截至2019年9月，总面积6622.45km^2，2019年常住人口850.0万人，城市化率83.2%。本书以南京市、徐州市等典型城市为例，系统调查和分析城市林业土壤的物理、化学和生物学性质，分析城市林业土壤重金属、多环芳烃等污染物的含量、分布及其影响因素，阐述城市林业土壤有机碳库和黑碳的组成和含量，对城市林业土壤质量进行评价。全书共十章，第一章介绍城市林业与城市林业土壤的概况；第二章介绍研究地区概况与研究方法；第三章、第四章和第五章分别介绍城市林业土壤的物理、化学和生物学性质；第六章对城市林业土壤的质量进行评价；第七章和第八章分别介绍城市林业土壤的有机碳和黑碳的含量与分布；第九章介绍城市林业土壤重金属的含量与分布；第十章介绍城市林业土壤多环芳烃的含量与分布。

　　本书系国家自然科学基金资助项目研究成果。研究得到国家自然科学基金"快速城市化地区城市林业土壤质量特征及演变机制——以南京市为例"（31670615）、"城市林业土壤黑碳累积机理、稳定性及生态效应"（31270664）、"中国和俄罗斯典型城市生态系统城市土壤碳库的定性和定量评价"（31511130024）等项目资助，还得到欧盟委员会 Erasmus＋项目"Training Capacities in Agriculture and Urban-rural Interactions for Sustainable Development of Megacities"、江苏高校优势学科建设工程项目、南方现代林业协同创新中心（南京林业大学）的资助，在此深表感谢。

　　本书是南京林业大学"城市林业土壤生态"团队十余年科研成果的总结，除作者名单外，张彩峰、王辛芝、王俊霞、张雪莲、黄玉洁、陈瑜、王小龙、徐辰瑶、刘晓东、陈虹、钱薇和陈容等也参与了部分研究工作，张付强、吴聪敏、孔景等协助绘图，一并致谢。

　　中国工程院院士曹福亮教授在百忙之中为本书作序，深表谢忱！本书可供土壤学、林学、生态学和环境科学等领域的研究者和学生参考借鉴，对从事城市林业和城市绿化管理的领导和技术人员有重要的参考价值。

　　鉴于作者水平有限，书中仍有可能存在疏漏和不足之处，恳请读者批评指正。

俞元春

2020 年 2 月于南京

Preface

Urbanization has become an inevitable trend of social and economic development. According to statistics from the United Nations, about 60% of the world's population will live in cities by 2030. China is the country with the fastest development of urbanization in recent years. China's urbanization rate was 19.39% in 1980 and 60.60% in 2019, breaking the 60% mark for the first time. In the 40 years of reform and opening up, China's urbanization level has tripled. By 2050 China's urbanization rate will increase to more than 70%. Urbanization has brought great progress to society, but at the same time it has also brought some environmental problems such as land use change, dust and harmful substance pollution. Human beings who came out of the forest finally realized that "urban must coexist with nature", under the punishment of nature. "Introducing forests into cities, and cities built in forests" have become urgent needs of people. Since the mid-1960s, some developed countries have shifted their forestry research focus to cities and gradually formed an important branch of modern forestry-urban forestry.

Urban forestry soil, which is closely related to urban forestry, has attracted the attention of soil scientists at home and abroad since the 1980s. Although urban forestry soil is only scattered in urban areas, it has an important role in urban ecosystems. Urban forestry soil is an important component of the urban ecosystem, and it has an important impact on the urban ecological environment and human health. It is a medium and nutrient supplier for the growth of green plants that beautify and purify the urban environment, it can filter, oxidize, adsorb and fix harmful substances. It is related to the sustainable development of urban forestry, the quality of living environment and human health. Due to its special soil forming environment, the profile morphology, physical and chemical properties, soil composition, nutrient cycling process, and soil biological properties of urban forestry soil are significantly different from forest soils.

The Yangtze River Delta is one of the fastest urbanization region in China. Nanjing, a historical and cultural city, is a typical city in the region, and its urbanization has developed rapidly in recent years. In September 2019, the total area was 6622.45 km^2, there were 8.50 million people in 2019, with an urbanization rate of 83.2%. Taking Nanjing, Xuzhou and other typical cities as examples, the physical, chemical and biological properties of urban forestry soil were investigated and analyzed systematically, the content, distribution, and influencing factors of heavy metals, polycyclic aromatic hydrocarbons, and other pollutants in urban forestry soils were analyzed. The composition and content of organic carbon pools in urban forestry soil were elaborated, and the quality of urban forestry soil was evaluated. The book consists of ten chapters. Chapter 1 introduces the general situation of urban forestry and urban forestry soil; Chapter 2 introduces the general situation and research methods of the research area; Chapter 3, Chapter 4 and Chapter 5 introduce the physical, chemical and biological properties of urban forestry soil respectively; Chapter 6 evaluates the quality of urban forestry soils; Chapter 7 and Chapter 8 introduce the contents and distribution of organic carbon and black carbon in urban forestry soils respectively; Chapter 9 introduces the content and distribution of soil heavy metals in urban forestry; Chapter 10 introduces the content and distribution of polycyclic aromatic hydrocarbons in urban forestry soils.

This book is the research results of the projects supported by the National Natural Science Foundation of China. Research work was financial supported by the National Natural Science Foundation of China "Urban forestry soil quality characteristics and evolution mechanism in rapidly urbanizing areas: a case study in Nanjing" (31670615), "Urban forestry soil black carbon accumulation mechanism, stability, and ecological effects" (31270664), "Qualitative and quantitative evaluation of urban soil carbon pools in typical urban ecosystems of China and Russia" (31511130024), and also supported by European Commission Erasmus + project "Training Capacities in Agriculture and Urban-rural Interactions for Sustainable Development of Megacities", Priority Academic Program Development of Jiangsu Higher Education Institutions, Co-Innovation Center for Sustainable Forestry in Southern China (Nanjing Forestry University). I really appreciate these supports.

This book is a summary of scientific research work of more than ten years achieved by the "Urban Forestry Soil Ecology" team of Nanjing Forestry University. In addition to the authors, Zhang Caifeng, Wang Xinzhi, Wang Junxia, Zhang Xuelian, Huang Yujie, Chen Yu, Wang Xiaolong, Xu Chenyao, Liu Xiaodong, Chen Hong, Qian Wei, Chen Rong and other graduate students also participated in the related work. Zhang Fuqiang, Wu Congmin, Kong Jing assisted in the chart, I am especially thankful for your good work and help.

I am particularly grateful to Professor Cao Fuliang, academician of the Chinese Academy of engineering for his preface to this book in his busy schedule. This book is a reference for researchers and students in soil science，forestry，ecology，environmental science and other fields，and has important reference value for leaders and technician engaged in the management of urban forests and urban greening.

Given the limited level of authors，errors and deficiencies may still exist in the book，we really welcome readers to criticize and correct them.

Yu Yuanchun

February，2020 Nanjing

目　录

Contents

Contents

第一章　城市林业与城市林业土壤

第一节　城市化与城市林业

一、城市化

随着经济、社会的高速发展，我国的城市化进程也在逐步加快。城市化进程是一种经济社会结构变动过程，是工业化和经济快速发展推动的结果，主要表现为城市人口比重的上升、城市区域的扩展及城市功能的提升。城市化给社会带来了长足进步，但是这种进步始于对自然资源的掠夺性开发。城市化进程会对城市所在地区及周边自然环境造成强烈影响，如地表生境的破坏和重组、土壤生态环境的恶化、生物多样性的减少等。

我国是近年来城市化最快速的国家，1980 年城市化率是 19.39%，2019 年达 60.60%，改革开放 40 多年，我国城市化率提高了 2 倍，在 2050 年之前，我国的城市化率将提高到 70%以上。在今后很长一段时间内，我国都将处于城市化建设的高速发展期。

长江三角洲是我国城市化发展最快速的地区之一，历史文化名城南京作为该地区的典型城市，近年来城市化发展快速，截至 2019 年 9 月，总面积 6622.45km^2，2019 年常住人口 850.0 万人，城市化率 83.2%。城市建设用地快速增加的同时，脆弱的城市林业土壤生态系统也受到了极大的干扰，并面临十分严峻的形势。城市化建设会对周边的环境产生很大的影响。这些影响不仅表现在生态景观的破坏、气候的小区域改变，还强烈改变了当地的土壤环境。高密度的城市建设和改造必然会对占用的土壤产生剧烈的扰动，而相关的城市林业土壤生态系统受到的影响和污染也在不断扩大。城市扩张对土壤环境的影响最为激烈，因为土地的建设利用过程一般都会改变土壤的理化性状，污染土壤，甚至损毁土壤的生物生产功能。城市扩张时，大量沙堆、土堆及施工开挖的剖面，在雨水冲刷和地面径流的作用下，必然会造成侵蚀和水土流失。一般来说，城市中各功能区的土壤开发程度越大，受扰动越彻底，则土壤生态系统受影响程度也越大。因此，在保证城市化快速发展的同时阻止周边环境随之恶化的相关研究就显得日益重要。

二、城市林业

城市化给社会带来了长足进步，但同时也带来了土地利用变化、粉尘和有害物质污染等环境问题。从森林中走出来的人类在大自然的惩罚下终于认识到"城市发展必然与自然共存"，"把森林引入城市，城市建在森林中"已成为人们的迫切需要。从 20 世纪 60 年代中期开始逐步形成了现代林业的一个重要分支——城市林业。

城市林业又称为城郊型森林、城乡绿化、都市林业等，是以服务城市为宗旨的林业（李吉跃和常金宝，2001）。城市林业指城市内及其周边各种生物结合形成的生态系统，城市林业是研究林木与城市综合环境之间的相互关系，结合设计与林木的配植、管理，从而美化城市环境、服务城市经济、推动城市可持续发展的一门学科。

1. 基本概念

"城市林业"这一概念最早出现在 20 世纪 60 年代初的美国，1962 年，美国肯尼迪政府在户外娱乐资源调查报告中首先使用"城市林业"这一名词，1965 年，加拿大多伦多大学 Evik 教授首次完整提出"城市林业"的概念，指出"城市林业并非仅指城市树木的管理，而是指对城市居民影响和利用的整个地区所有树木的管理，这个地区包括服务于城市居民的水域和供游玩休息的地区，也包括行政上划为城市范围的地区"，1978 年以来，美国召开了多次城市林业会议。中国林业科学研究院于 1989 年开始研究城市森林，在 1994 年 10 月，中国林学会成立城市林业专业委员会（张鼎华，2001）。"城市林业"这一概念出现以来，各国学者从多方面予以解读和研究（柴一新等，2004）。日本学者认为，城市森林主要包括两部分，即市区绿地与郊区绿地。城市绿化林、道路及河流绿地、各功能区的绿化区等属于市区绿地；郊区环保林、天然林、公园及近郊农、林、畜、水产生产绿地属于郊区绿地（王木林和缪荣兴，1997）。美国专家 Miller（1996）认为，城市森林是人类居住环境内所包含的植被，范围与人类居住面积相同。我国台湾学者高清（1984）认为，城市森林的研究应包括庭园树木、行道树、都市绿地、都市范围内风景林、水源涵养林的营造。美国林业工作者协会给城市森林所下的定义为，城市森林是森林的一个专门分支，城市森林学是一门研究潜在的生理、社会和经济福利学的城市科学，目标是城市树木的培育和管理，服务于城市的经济、社会、生活（王木林，1995）。

国内的城建和园林部门，对于城市森林的管理归属有很多争论，认为城市林业与园林、城市绿化等概念并无本质差别。实际上城市林业是综合城市科学和森林生态学、面向人类居住地的交叉学科，其核心是生态系统管理。

（1）林业（forestry）：指保护生态环境和保持生态平衡、培育和保护森林以取得木材和其他林副产品、利用林木的自然特性以发挥防护作用的社会生产部门，包括造林、育林、护林、森林采伐和更新，木材和其他林产品的采集与加工等。

（2）园林（garden architecture）：在一定地域内，运用工程技术和艺术手段，通过改造地形（筑山、叠石、理水）、种植树木花卉、营造建筑和布置园路等过程，营造优美的自然环境和游憩区域。

（3）树艺（arboriculture）：栽培、研究、经营管理单独一株树木、灌木、藤本植物或其他多年生木本植物的工作或学科。树艺研究植物如何生长，以及在不同生长环境和不同栽培技术下，植物会出现何种反应；在实作中，树艺包含选种、种植、整枝、施肥、虫害和病菌控制、修剪、树形修整、伐除等栽培技术。

（4）城市林业（urban forestry）：由林学、园艺学、园林学、生态学、城市科学等组成的交叉学科并且与景观建设、公园管理、城市规划等息息相关。内容涉及广泛，但以城市森林培育、经营和管理为核心和重点。城市森林是指在城市及其周边生长的以乔灌木为主的绿色植物的总称。而城市林业则又根据分析问题的角度不同，分为狭义和广义两种概念。狭义的城市林业概念是：城市林业是林业的一个专门分支，研究、培育和管理那些对城市生态和经济具有实际或潜在效益的森林、树木及有关植物。广义的城市林业概念是：城市林业是研究林木与城市环境之间的关系，合理配植、培育、管理森林、树木和植物，改善城市环境，繁荣城市经济，维护城市可持续发展的一门科学。

2. 城市林业的内涵和外延

城市林业以城市森林培育、经营和管理为核心和重点。城市森林包括郊区边缘和与农村接壤的天然小片林，郊区和河岸废地遗留的少许老龄树木，住宅区和街道栽植的树木，市区居住区、接近市中心及商业区的树木、公园树群和零星大树，城市中心需要一定工程措施保护的树木。城市林业是建立在城市规划、风景园林、园艺、生态学等基础上，着重研究城市森林的生态、社会和公共卫生价值的一门新兴学科。沈国舫（1992）认为，城市林业既是林业向致力城市环境方向的延伸，又是城市园林业面向更大空间的扩展，是林业和园林绿化的复合构建。近年来，许多学者关注城市森林与城市文化相联系的社会生态效益，将对城市居民的身体健康、社会福利和经济繁荣发挥积极作用（孙冰等，1997）。

3. 城市林业的研究对象和主要特征

城市林业研究城市森林的结构和功能及其系统的复杂性和不确定性，市区、近郊和远郊的土地与更大尺度景观中的一些元素相互间的功能性作用。在研究城市森林结构、功能、发展动态、综合效益、景观格局生态系统管理的同时，对于城市森林的规划设计、植物材料的配置、城市水域、城市土壤、城市环境、城市建筑、城市生态、城市森林旅游等方面，城市林业也要予以高度关注，并付诸实践。

在人类迁移、定居、建立经济与社会组织的过程中，土壤和植被也随之改变。毁林不仅发生于建设性的修路、筑城和工业生产过程中，也发生在城市绿地、荒地和遗地造林过程中移植和栽培树木的共同影响作用下。土地利用方式的改变与植被和土壤属性的改变及二者的需求，使得城市林业从森林立地开始，就关注大环境中的森林景观及其位置，缓和因人类定居、土地利用和城市发展引起的环境效应，以便将自然管理的人文、生物和物理方面加以整合，旨在获得所有资源的可持续利用（David，2008；张鼎华，2001；彭镇华，2003；顾朝林等，2009）。

4. 城市林业的研究范畴和内容

城市森林由乔灌草植物、野生动物和菌类等组成，结构单元包括草地、花坛、绿篱、行道树、林荫道、小游园、花园、公园、森林公园、自然保护区、片林、林带、各种纪念林、古树名木、风景区、水源涵养林、水土保持林及园林小品等。各个单元有机结合，通过许多生物学和人文过程加以联系（张鼎华，2001）。

随着城市影响力或"城市化"程度的渐次降低，城市森林可区分为三个层次，或呈放射状的三个同心圆：城市森林-近郊森林-远郊森林。城市森林的层次划分和边界限定尚无统一标准。北欧一些国家如瑞典，以当日可返回旅程距离定义为城市区域，在此区域内分布的绿色植物称作城市森林。卫星城市的林木为近郊森林，更远区域内的自然保护区和风景林定义为远郊森林（彭镇华，2003）。

城市林业旨在通过生态系统管理，提供规划、建设和管理的架构。城市林业主要研究以下几个方面的内容。

（1）城市森林的功能。在建筑、美学、游憩方面的作用，创造和改善野生动物的栖息环境，缓和温室效应、改善城市小气候，节约能源及平衡城市生态系统的二氧化碳，净化城市废水的功能等。

（2）城市森林的经营和管理。城市树木的生长空间，城市森林的景观设计方法，城市森林信息管理系统，城市森林的结构稳定性及演替，城市森林的营造技术等。

（3）城市林业的政策。城市森林的经济价值评估，城市林业的财政预算，城市森林对房地产的增值依据及土地政策，社会公众的态度对城市林业规划的影响，城市林业法规的修订等。

我国城市林业研究起步较晚，20世纪80年代末，城市森林的有关概念引入国内（沈国舫，1992）。1992年，中国林学会和天津市林学会共同召开了首届城市林业学术研讨会，提出了我国城市林业建设的指导思想、规划布局的原则和发展战略。1994 年 10 月，中国林学会设立城市林业专业委员会，将城市园林、生态园林、花园城市等概念统一为城市林业，以便推动我国城市林业的学科建设和应用。

第二节　城市林业土壤

一、城市土壤

城市土壤是指在城市范围内受人类活动影响的那一部分土壤，包括园林绿地、建筑建设用地、工业园区土壤等。土壤在母质、气候、生物、地形、时间这五大成土因子作用下，朝着一定的方向发展。但是地球上的成土因素的分布和作用大小存在多样性，导致地球表面形成性状迥异的土壤。城市的发展过程一般从开发土地开始，在城市土地开发利用过程中，人工翻动、回填、践踏、碾压及园林绿化等都可能对土壤造成影响，破坏土壤原有的物理化学属性，改变原来的微生态环境，同时一些人为活动产生的污染物进入土壤，形成不同于自然土壤和耕作土壤的特殊土壤，即城市土壤（卢瑛等，2002；章家恩和徐琪，1997；康玲芬等，2006；吴绍华等，2011；曹云者等，2012；李春林等，2013）。城市土壤是城市生态系统的重要组成部分，是城市绿色植物生长介质和养分的供应者，还是土壤微生物的栖息地和能量来源，同时也是城市污染物的汇集地和净化器，对城市的可持续发展有重要意义。

二、城市林业土壤

与城市林业密切相关的城市林业土壤自 20 世纪 80 年代开始受到国内外土壤学家的关注，虽然城市林业土壤仅零星地分布在城市区域里，但是在城市生态系统中具有重要作用。城市林业土壤是城市生态系统的重要组成成分，对城市生态环境和人居健康有重要影响。它是美化和净化城市环境的绿色植物生长的介质和营养供给者，对有害物质有过滤、氧化、吸附和固定作用，并且关系到城市林业的持续发展、人居环境质量与人类健康。由于其特殊的成土环境，城市林业土壤的剖面形态、理化特性、土壤物质组成、养分循环过程和土壤生物学特性等方面与森林土壤有显著区别。

城市林业土壤是指城市中及城郊、废弃地等的各种绿地或者绿色植被覆盖的土壤。城市林业土壤不同于农业土壤和林业土壤，由于受人为影响大，土壤物理和化学性质、生物学特性与自然状态下的土壤有明显不同。城市林业土壤的分布与城市林业的范围相对应,包括各功能区的公共绿地及郊区的农田、林地等自然绿地区域内的土壤。城市中大部分原有的自然土壤都已经被破坏,各种自然成土因素都发生了极大的改变(张甘霖等,2003a;Craul,1992;卢瑛等,2001)。城市林业土壤属于城市土壤的范畴,是基于城市林业角度对城市土壤的细化定义。

1. 城市林业土壤的物理性质

城市林业土壤受人为扰动大,表现为不同时期的城市建设或园林建设的反复施工,土壤结构被破坏,除了自然或近自然环境下的森林公园和风景区外,大多数城市林业土壤没有明显的发生诊断层(罗上华等,2012;赵荣钦和黄贤金,2013;赵荣钦等,2012;张甘霖,2001)。由于人流践踏、机械夯实、交通工具的碾压等外力因素,以及土壤颗粒排序、团聚体、土壤动物较少活动、土壤结构体多为弱的粒状结构和块状结构、结构稳定性差、土壤水分等内在原因(张甘霖等,2003b;杨金玲等,2004),城市林业土壤很容易密实。反映土壤压实的指标有土壤密度、孔隙度、紧实度和含水量等(杨金玲等,2006)。

土壤密度可反映人类活动对土壤的压实作用,自然土壤平均密度为 $1.3g/cm^3$,一般适于植物生长发育的表层土壤密度为 $1.1\sim1.3g/cm^3$,而密度偏高是城市林业土壤的一个重要特征。李玉和(1995)研究得出,城市土壤的上限密度达 $1.9g/cm^3$。杨金玲等(2006)研究表明,南京市城区土壤普遍密实,密度为 $1.14\sim1.70g/cm^3$,平均值 $1.43g/cm^3$。Jim(1993)研究表明,香港行道树土壤的表土密度为 $1.43\sim2.24g/cm^3$,美国锡拉丘兹(Syracuse)城市行道树土壤的表土密度为 $1.54\sim1.73g/cm^3$。土壤的孔隙状况决定着土壤水、肥、气、热的协调,尤其对水、气关系影响最为显著。一般适于植物生长发育的表层土壤总孔隙度为 $50\%\sim56\%$,通气孔隙度在 $8\%\sim10\%$,如能达到 $15\%\sim20\%$ 则更好。南京市城市土壤因紧实而减少了总孔隙度,降低了大孔隙的比例,不利于土壤的通气、排水、有效水分的储存和植物根系的生长(张甘霖等,2003b;杨金玲等,2008)。杨金玲等(2006)研究表明,南京市城区表层土壤总孔隙度为 $37.9\%\sim56.6\%$,平均为 47.0%;75.0% 的土壤总孔隙度小于 50%,城区土壤占 96.3%;94.4% 的土壤通气孔隙度小于 10%,其中城区土壤占 82.4%。陈立新(2002)研究表明,哈尔滨市城市绿化用地 $20\sim40cm$ 土层土壤总孔隙度分别比森林土壤和农业土壤降低 $1.9\%\sim13.0\%$ 和 $34.1\%\sim52.4\%$。徐州市城区绿地土壤与自然褐土总孔隙度比较略低,毛管孔隙度也低于自然褐土,另外,行道树绿地土壤孔隙度均要小于公园与广场绿地土壤的孔隙度(于法展等,2006)。因此,城市林业土壤密实情况呈现出的一般规律为行道绿地受筑路机械多次碾压和人踩,土壤普遍密实;居住区和单位附属绿地因建房用的机械、车辆压实，土壤较为密实；公园绿地一般受外力少且不均衡，除游人践踏的地方土壤板结外，多数土壤松紧适中。土壤密实度总体上有一定的规律，但就某一个地点或一株树的周围土壤密实程度在水平和垂直分布上存在差异。

城市林业土壤多为壤土，土壤中含有一定量的砾石、石块、渣砾、凝固的石灰和地下构筑物及管道等，这些外源的粗骨物质主要来源于建筑、修路和垃圾等，总体含量有增加的趋势（张甘霖等，2007）。

2. 城市林业土壤的化学性质

城市林业土壤普遍偏碱性，pH 比周围的自然土壤高。例如，北京市城区土壤pH 平均为 7.64，变幅 7.10～8.13（王磊等，2006）。上海市典型绿地土壤主要表现为 pH 碱性和强碱性，超出一般植物的喜酸性范围（项建光等，2004）。南京市城区土壤 pH 的变幅为 5.19～9.15，中值为 8.15，土壤基本呈碱性，部分呈强碱性。而南京市附近自然土壤的 pH 变幅为 4.51～7.40，土壤基本呈酸性。城市土壤 pH明显高于自然土壤，且 pH 在土壤剖面呈无规律分布。随着城市化的深入发展，城市林业土壤的碱性会越来越强。

城市林业土壤的有机质含量分布不均，主要表现为同一城市部分区域富集，部分区域匮乏；不同城市间，有些城市相对富集，有些城市相对匮乏。例如，行道树的土壤普遍有机质含量偏低，而公园、动物园、城郊片林区有机质含量相对较高；沈阳市公园绿地土壤与自然土壤比较，有机质具有明显的富集特征（边振兴和王秋兵，2003）；而上海市城市林业土壤有机质含量处于较低水平（项建光等，2004）。得不到树木凋落物的有机质和养分补充，加上部分地区的土壤表层被削去，而土壤又常常掺杂着许多煤渣、砖块和生活垃圾等外来物质，是城市林业土壤有机质含量偏低的主要原因。生活垃圾中的有机废弃物的混入、污水灌溉和污泥的覆盖等是部分地区土壤中有机质富集的主要原因。

不同城市间城市土壤主要营养元素含量差异很大，同一城市不同功能区也有较大差异。南京、哈尔滨、沈阳、深圳和武汉等城市土壤的磷元素富集，但在广州市和厦门市较为缺乏（张甘霖等，2003b；李艳霞等，2003）；大部分城市土壤有机质和全氮含量处于中、低水平，有效钾普遍富集。龚子同等（2001）认为，所有的城市土壤中钙、镁、硫等元素含量高且供应充足。阳离子交换量低、盐基饱和度高是城市土壤的另外两个典型特征。同一城市不同功能区中旅游区、公园绿地、动植物园土壤中养分相对较高，城市林业土壤的养分含量总体处于较低水平。

3. 城市林业土壤的生物特性

城市土壤的生物特性对环境变化敏感，能较迅速地反映土壤质量的变化，如在重金属污染高的土壤中，脲酶和过氧化氢酶活性均显著下降，土壤微生物生物量下降，但微生物呼吸强度和生理活动却显著提高；在生活污染物和有机毒害物质较多的地区，脲酶活性较大。杨元根等（2001）认为，城市土壤重金属显著积累，土壤微生物生物量下降，但微生物呼吸强度和生理活动却显著高于相对应的农村土壤，微生物的这种抗逆性与重金属元素的有效态密切相关，土壤微生物为了维持其正常的生理活动需要消耗更多的碳源，但对碳源的利用效率却明显降低。彭涛等（2006）用分拣法和干漏斗法对北京市土壤节肢动物进行调查，共获得土壤节肢动物样本 4984 个，隶属 6 纲 16 目，共 36 个类群，土壤节肢动物的平均密度和丰富度在不同功能区以公园最高，不同地表植被以林地最高，表层土最高。杨冬青等（2005）对上海市三种生境类型下土壤动物进行调查，共捕获土壤动物3863 个，属 27 个类群，其中绿地中的类群数和个体数多于农田和废弃地，0～5cm层次最多，5～10cm 层次、10～15cm 层次差异不大。王焕华等（2005）研究表明，各功能区微生物生物量碳（以下简称微生物量碳）含量顺序为风景区＞城市广场＞工业区＞老居民区＞新开发区＞交通商业区；0～5cm 土层＞5～20cm 土层，二者存在显著相关性。脲酶活性表现为老居民区＞风景区＞城市广场＞工业区＞交通商业区＞新开发区。过氧化氢酶活性表现为风景区＞老居民区≈工业区＞城市广场＞交通商业区＞新开发区。随着城市化水平的提高，土壤中微生物的数量表现为明显的减少趋势，其中变化较大的是细菌，而真菌和放线菌的变化不明显（孙福军等，2006）。土壤环境的变化迅速影响土壤生物活性，现有的研究结果表明：重金属污染能够显著降低土壤的生物活性，加快微生物的代谢周期；有机污染物对土壤生物有选择性；城市表层土壤来源较为复杂，通常受人为管理较多，其生物活性一般高于底层土壤；受人为扰动小、环境特征与天然林地相近的城市林地、公园和旅游风景区土壤的生物活性明显高于其他类型土壤。

4. 城市林业土壤的环境特性

相对于自然土壤的农、林业生产功能，在城市空间内，城市林业土壤的环境和生态功能更受重视。城郊林业土壤既直接紧密地接触密集的城市人群，又通过食物链及对水体和大气的影响进而影响整个城市环境质量。城市空气和饮用水质量的好坏，与城市林业土壤存在密切的关系。土壤污染特别是重金属污染是城市林业土壤重要的环境特性。

世界上许多国家包括我国对城市土壤的重金属特性进行了大量的研究，并取得了丰硕的成果。研究表明，城市土壤普遍受到重金属污染，其中 Pb、Cd、Hg、Zn 和 Cu 污染严重。与中国土壤元素含量背景值（中国环境监测总站，1990）比较，土壤中 Pb、Cd、Hg、Zn 和 Cu 全量含量（平均值）超标的城市分别占 100.00%、100.00%、27.78%、83.33%和80.00%；与世界土壤元素中值比较，土壤中 Pb、Cd、Hg、Zn 和 Cu 全量含量（平均值）超标的城市分别占 94.44%、61.11%、27.78%、

83.33%和61.11%。其中，受到Hg污染的城市比例虽然比较低，但Hg污染的检出率却是100.00%。其他重金属污染面小，程度也不深。城市土壤的重金属污染对城市水质和城市居民的健康已经构成潜在威胁，交通、冶金和化学工业、垃圾堆积或填埋、化肥和农药的施用是城市土壤重金属的主要来源，其对应地区土壤中的重金属含量通常较高。城市土壤中重金属形态主要以残渣晶格态和铁锰氧化物结合态为主（卢瑛等，2003），弥漫在城市空气中的灰尘及其所吸附的重金属正在悄悄地危害居民的健康。

城市林业土壤中的有机污染物主要包括有机农药、石油烃、塑料制品、染料、表面活性剂、增塑剂和阻燃剂等，其来源主要为农药施用、污水灌溉、污泥和废弃物的土地处置与利用、污染物泄漏等途径（陈怀满，2018）。目前，对城市林业土壤有机污染物的研究还是个薄弱环节，仅有一些针对酞酸酯类化合物（phthalate esters，PAEs）和多环芳烃（polycyclic aromatic hydrocarbons，PAHs）的研究。城市土壤有机污染物的种类和含量总体呈增加趋势，其环境行为和生态效应有待进一步深入研究。

第二章　研究地区概况与研究方法

第一节　研究地区概况

一、南京市概况

1. 研究区概况

南京市位于江苏省西南部（31°14′N～32°37′N，118°22′E～119°14′E），是长江下游重要的中心城市，截至 2019 年 9 月，总面积 6622.45km^2，2019 年常住人口为 850.0 万，城市化率 83.2%，是长江三角洲及华东地区的特大城市。

南京市属亚热带季风气候，四季分明，雨水充沛。常年平均降水 117d，平均降水量 1106.5mm，相对湿度 76%，无霜期 237d。每年 6 月下旬～7 月上旬为梅雨季节，夏半年主导风向为西南风，冬半年为东北风。

南京市地貌特征属宁镇扬丘陵地区，以低山缓岗为主。宁镇山脉分北、中、南三支楔入城区或切于市郊，城区东北及西南为低山丘陵，中西部为冲积平原，呈三面环山一面临江的盆地形势。长江自西南向东北流经主城北缘，众多低山丘陵及沿河地带为城市森林植被分布提供了开敞空间，截至 2019 年底，有林地 1576.60km^2，国家特别规定灌木林地面积 105.94km^2，森林覆盖率 25.26%，林木覆盖率 31.3%。次生林地分 5 个植被型、8 个群系组和 12 个群系（赵清等，2003）。市域内有木本植物 53 科 143 属 282 种（阎传海等，1995），城市绿化树种 600 多种，其中常绿树种 200 多种。南京地区的土壤在北、中部广大地区为地带性土壤黄棕壤，南部与安徽省接壤处有小面积的红壤。

优越的自然条件和深厚的历史文化造就了南京市"融山、水、城、林于一体"的城市空间特色，也使其成为我国著名的国家级历史文化名城和园林城市。《南京市城市总体规划（2008—2020）》中将全市分为主城、都市圈和规划区 3 个空间发展层次。主城区是全市发展中心和主核心，包括长江以南绕城公路以内地区（图 2-1），面积约 222 km^2，并以各种自然和人工廊道划分为 5 个片区：以明城墙围合空间为主体的中部片区是南京市中心商务片区，以钟山风景区为主体的东部片区是文教、居住和风景名胜区协调发展的综合性片区，以雨花台风景区和生态绿地为主的南部片区是居住和生态绿地协调发展的综合性片区，西部片区是居住和就业发展平衡的新城区，北部片区是第二产业相对集中的区域。《南京市城市总体规划（2018—2035）草案》中坚持全域统筹，明确了"南北田园、中部都市、拥江发展、城乡融合"的市域空间格局。同时，需保护好长江母亲河，从倚重江南的"秦淮河时代"迈向拥江发展的"扬子江时代"，将长江南京段建设成为绿色生态带、转型发展带和人文景观带。

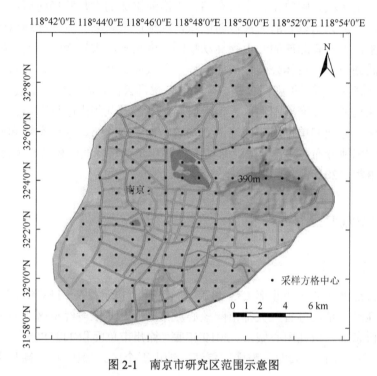

图 2-1 南京市研究区范围示意图

2. 研究区城市林业特征

南京市城市总体绿地率高，2019 年底城市建成区绿化覆盖率达 45.06%，人均公园绿地面积达 15.55m²，城市公园绿地服务半径覆盖率达 93%，前三项指标领先全国同类城市，相继荣获"国家园林城市""全国生态城市""国家森林城市"等荣誉称号。高绿地覆盖率对调节城市环境和局部小气候起到积极作用。

截至 2017 年底，南京市完成绿道建设 560km。滨江风光带、环紫金山、明城墙沿线、环玄武湖、青奥体育公园等多处建成绿道慢行系统。

南京市主城区融绿地、山林、湖水于一体。公园绿地系统以钟山风景区、雨花台-菊花台风景区、幕燕风景区及夹江风光带（包括河西滨江风光带和江心洲湿地公园）四大风景名胜区为主体，以明城墙风光带为绿色内环，各种大小公园、街头绿地星罗棋布，形成环网带相连、点线面结合的园林绿地体系。但南京市主城区也存在公园绿地分布不均衡的情况，例如主城区的东北部、西南部和东南部大面积区域没有公园绿地分布，一环之外，除四大片公园绿地外几乎没有任何小型公园绿地分布。繁华的中心城区（如新街口、湖南路等），面积约占主城区的一半，由于人口密度大，建筑物密集，生态绿地相对总体绿地来说占据面积很小。中心城区的绿色相对高值区集中在内秦淮河以东、模范马路以南、广州路和珠江路以北的狭小区域。解放路、中山东路、秦淮河围成的大片繁华区域内，以及秦淮河以西、兴隆大街以北的大片城西区域，绿地严重缺乏。城区绿地以园林绿地即公园为主，主要有北部的红山森林动物园、南京长江大桥南堡公园、狮子山、中部的玄武湖公园、古林公园、鼓楼广场、北极阁、九华山公园、国防园、清凉山公园、莫愁湖公园、午朝门公园，南部的白鹭洲公园、雨花台烈士陵园。其次，城区绿地还包括省政府周围地区、市政府周围地区及九华山附近军事管理区的交通绿地、居住绿地和单位附属绿地。一些道路如中山北路、中山东路和珠江路有较大面积的绿地分布，另外一些道路如淮海路和光华路绿地面积较小（周文佐等，2002；马琳等，2019）。

二、徐州市概况

1. 研究区概况

徐州市地处江苏省西北部（33°43′N～34°58′N，116°22′E～118°40′E），北扼齐鲁，南屏江淮，是江苏省三大都市圈核心城市之一，是淮海经济区中心城市和新亚欧大陆桥东部区域性中心城市。2019 年底，徐州市总面积 11258km²，市区面积 3040km²，包括泉山、云龙、鼓楼、贾汪、铜山五个区。2019 年，徐州市常住人口 882.56 万人。

徐州市属温带季风气候，受东南季风影响较大，气候资源较优越，有利于农作物的生长。主要气候特点是：四季分明，光照充足，雨量适中、雨热同期。四季之中春秋季短、冬夏季长，春季天气多变、夏季高温多雨、秋季天高气爽、冬季寒潮频袭。主要气象灾害有旱、涝、风、霜冻、冰雹等。历年日照时数为 2268.2h，日照率 52%，历年平均气温 14.5℃，历年平均降水量 841mm，无霜期 209d。

徐州市位于华北平原的东南部，地形以平原为主，东部和中部存在少数丘岗，海拔一般在 100～200m。市区土壤主要包括粗骨褐土与淋溶褐土 2 个亚类，其地表土层深厚，土壤呈碱性。截至 2019 年底，有林地 2724.96km²，国家特别规定的灌木林地面积 456.07km²，森林覆盖率 28.26%，林木覆盖率 30.51%。地带性植被为阔叶落叶林，中部丘陵区主要为侧柏林和少量刺槐林，东北岗岭区主要为黑松林、赤松林，平原主要为杨树、泡桐为主的防护林和苹果、梨树为主的果木林。

2. 研究区城市林业特征

徐州市常见的园林植物共有 193 种，隶属 69 科 139 属，形成了以环城国家森林公园和九里山集体山林及云龙湖、故黄河、奎河等沿岸森林为主体，主次道路绿廊和三大广场为补充的城市林业系统。近几年，市区规划建设了泉润公园、城东环状公园三期、二环北路绿地，实施了五山公园、卧牛山公园、寒山公园等山体公园建设项目，建设了一批街头绿地项目，对双拥碑绿地等原老旧低效绿地进行了提档升级。截至 2018 年底，城市绿化覆盖率达到 43.6%，人均公园绿地面积达到 17m^2。

过去，徐州市城市森林建设存在一些问题，主要包括：①绿色生物总量不足。城市森林的主体是 20 世纪 50~60 年代建成的侧柏山林，且分布不均，周边多、中心少，南多北少，城市道路、市民广场和居住区绿色生物总量严重不足。②森林生态系统脆弱。全市山林中 96% 是侧柏山林，郁闭度过大，树势衰弱，林下灌草稀少，生物多样性及潜在的进化趋势和自然演替功能受到严重影响。③森林景观质量不高。山林景观单调，街区绿化骨干树种的地方特色不明显，生态景观与建设景观缺乏整体性，多数街道景观破碎，缺乏视觉美感。④森林文化品位不高。古树名木非常稀少，绿地树木、行道树等总是不停地"更新"，难以形成高品质的绿色文化氛围（谢广民等，2007）。近十几年来，为解决山林生态系统脆弱问题，提高森林景观质量和森林文化品位，徐州市合理配置了城市森林树种结构，加强林相改造，形成了以地带性自然植物群落为主，常绿与阔叶相结合，季相突出，三季有花、四季有绿的城市绿化景观（来伊楠等，2015）。

第二节　研　究　方　法

一、样地设置及土壤采样

1. 网格法布点及土样采集

采用网格法和典型样地法两种方法进行布点，网格法采样是指按一定规则网格（方形、矩形或菱形）进行采样。对于物质分布不均匀的地质体或土壤覆盖区，网格采样法基本能够有效地反映总体的物质分布特征。研究对象是单向延长的，如接触带或蚀变带，一般采用长方形格子，但要特别注意布线的方向；对于接近等轴状的研究对象，采用方形格子是合理的。实际工作中我们希望有三个以上点落在研究对象内，便于圈出异常，所以格子密度比计算值要大。采样点可以落在格子的交点处，也可以落在格子内中心点上，有时在格子内随机采集几个样混合为一个样。

研究区域为南京市主城区（宁洛高速、沪蓉高速和江山大道合围的长江以南区域），借助地理信息系统（geographic information system，GIS）技术进行网格布点采样，样点布置覆盖南京市主城区（图2-2）。共设置181个采样点，采用网格采样法，结合GIS技术，以1km×1km区域为网格单元，进行调查采样（采样点布置见图2-2）。采集表层0～15cm土壤，记录每个样点的功能区类型和植被类型，并利用全球定位系统（global positioning system，GPS）记录每个采样点的坐标位置。每个网格内采集3～5个点的混合样，采样点选择时，尽量避开受扰动明显的土层和较新土层，尽量选择在环境稳定、土层形成较久的位置，采样器具为木钻，样品制备、储存过程中不接触金属器皿，避免重金属的影响，共采集土样181个。详细记录土样编号、采样地点及经纬度、土壤名称、采样深度、植物种类、采样日期及采样人等详细信息。

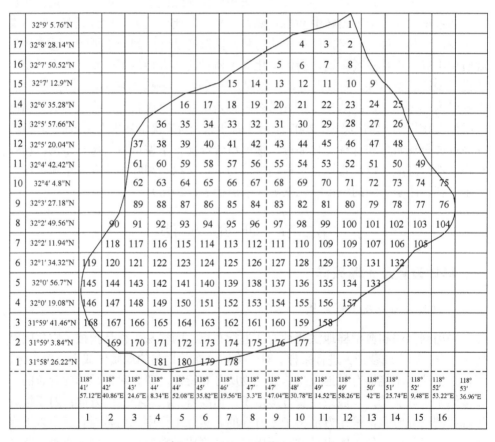

图2-2 南京市土壤采样点布置图

2. 典型样地法布点及土样采集

南京市城市林业土壤特性和徐州市城市林业土壤特性研究中部分采用了典型样地法进行土壤采集。根据城市林业的分布特征，在南京市七个功能区设置采样点，采样点分布见表 2-1。根据城市林业土壤地上部植被类型设置采样点，采样点分布见表 2-2。

表 2-1　南京市不同功能区土壤采样点分布

功能区	采样点
道路绿化带	新庄立交桥
学校	南京林业大学
公园	玄武湖公园
居民区	锁金村小区
城区绿地广场	和平公园
城区天然林	紫金山
城郊天然林	老山国家森林公园

表 2-2　南京市不同植被类型下土壤采样点分布

编号	植被类型	采样点	土壤类型	质地类型（美国制）
1		大桥公园	客土	粉壤土
2		古林公园	原土	粉质黏壤土
3		南京国防园	原土	粉壤土
4		九华山公园	原土	粉质黏壤土
5		北极阁公园	客土	粉壤土
6		玄武湖公园	原土	粉壤土
7	林灌草；灌草部分土壤裸露	玄武湖公园	客土	粉壤土
8		情侣园	原土	粉壤土
9		幕府山联珠村	原土	粉质黏壤土
10		南京化工厂（草坪覆盖）	原土	粉土
11		二桥公园	客土	粉土
12		乌龙山公园	原土	粉壤土
13		乌龙山公园	客土	粉壤土

续表

编号	植被类型	采样点	土壤类型	质地类型（美国制）
14		栖霞山	原土	粉壤土
15		灵山	原土	壤质砂土
16		灵谷寺	原土	壤土
17		四方城	客土	粉壤土
18		紫金山板仓街附近	原土	粉壤土
19		紫金山王家湾附近	原土	粉壤土
20		城郊伊刘苗圃	原土	壤土
21		农场山	原土	粉壤土
22		柳塘立交桥	客土	粉壤土
23		东杨坊立交桥附近山区	原土	粉壤土
24		紫金山帝豪花园别墅	原土	壤土
25		紫金山黄马水库	原土	壤土
26		马群立交桥	客土	粉壤土
27		南京体育学院	客土	粉壤土
28		南京理工大学	客土	粉质黏壤土
29	林灌草；灌草部分土壤裸露	月牙湖公园	客土	粉壤土
30		南京理工大学紫金学院	客土	粉壤土
31		仙鹤门	客土	粉壤土
32		莫愁湖公园	客土	壤土
33		情侣园	客土	粉壤土
34		二桥公园	客土	粉壤土
35		乌龙山公园	客土	粉土
36		栖霞寺	客土	壤土
37		南京理工大学紫金学院	客土	粉壤土
38		仙鹤门	客土	粉壤土
39		中山陵音乐台	客土	粉壤土
40		柳塘立交桥	客土	粉壤土
41		紫金山黄马水库	客土	粉土
42		马群立交桥	客土	粉壤土
43		南京体育学院	客土	粉土
44		南京农业大学	客土	粉壤土

依据国家《城市绿地分类标准》(CJJ/T85—2017)，结合徐州市绿地实际情况，将徐州市绿地划分为 6 种类型，即附属绿地、防护绿地、公园绿地、生产绿地、街头绿地和道路绿地，采样点分布见表 2-3。根据徐州市主要绿地类型，每种绿地设置 4 个或 5 个 30m×30m 标准地，共 28 个，每个标准地在代表性地段分别多点采集 0～20cm 和 20～40cm 土层土壤混合样品，重复 3 次，共采集土壤样品 168 个，其中生产绿地 18 个，其他绿地各 30 个，并调查土壤的背景情况、利用现状和人为干扰状况（表 2-3）。同时，利用土钻采集 0～20cm、20～40cm、40～100cm 土层土壤混合样品测定土壤碳，共计采集样品 252 个。土壤样品风干、磨细，分别过 2mm、1mm、0.25mm 尼龙筛装瓶备用。

表 2-3　徐州市研究样地概况

编号	绿地类型	采样点	土壤类型	土壤土层情况
1		御景园小区	客土	
2		徐州工程学院南校区	客土	
3	附属绿地	江苏师范大学贾汪校区	客土	层次凌乱，结构不明显，含有少量侵入体，人为扰动较为明显
4		中国矿业大学	客土	
5		江苏恩华药业股份有限公司	客土	
6		奎河（泉山段）	原土	
7		凤凰山（人工造林部分）	原土	土壤疏松，结构良好，含有石砾、石灰，有机质丰富，均为原土，侵入体较少，扰动不明显
8	防护绿地	云龙山（人工造林部分）	原土	
9		铁路专线防护林	原土	
10		排洪道	原土	
11		云龙公园	客土	
12		百果园	客土	
13	公园绿地	戏马台公园	原土	层次凌乱，侵入体较多，结构不明显，人为堆垫层次明显
14		楚河公园	客土	
15		夏桥公园	客土	
16		金山园艺	原土	
17	生产绿地	茶棚苗圃	原土	土壤紧实，侵入少
18		徐州绿化苗木基地	原土	
19		薇园	客土	
20		西安路与建国路交叉口	客土	
21	街头绿地	大马路三角地	客土	结构不明显，含有石砾、石灰，侵入体较少，人为堆垫层次明显
22		彭祖路北侧	客土	
23		柳园	客土	

编号	绿地类型	采样点	土壤类型	土壤土层情况
24		二环北路	客土	
25		和平路	客土	
26	道路绿地	解放路	客土	层次凌乱，结构不明显，含有少量侵入体，人为扰动较明显
27		北京路	客土	
28		贾韩路	客土	

二、土壤样品制备

在风干室将土壤放置于风干盘中，摊成 2～3cm 的薄层，适时压碎、翻动，捡出碎石、砂砾及植物残体。在磨样室将风干的样品倒在有机玻璃上，用木槌敲打，用木棍、木棒、有机玻璃棒再次压碎，拣出杂质，混匀，并用四分法取压碎样，过孔径 0.25mm（60 目）尼龙筛，过筛后的样品放置于无色聚乙烯薄膜上，充分搅拌均匀，采用四分法将其分成两份，一份交样品库存放，一份做样品的细磨。粗磨样品可直接用于土样 pH、阳离子交换量、元素有效态含量等项目的分析。用于细磨的样品再用四分法分成两份，一份研磨到全部过孔径 0.25mm 筛，用于土壤有机质、土壤全氮等项目的分析；另一份研磨到全部过孔径 0.149mm（100目）筛，用于土壤元素全量分析。研磨混匀后的样品分别装于样品袋内，填写土壤标签，袋内袋外各一份。对于含易分解或易挥发等不稳定组分的样品要采取低温保存方法，尽快送实验室进行分析测试。若测试项目需要新鲜样品的土样，采集后用密封聚乙烯或玻璃容器在 4℃以下避光保存，样品要充满容器。避免用含有待测组分或对测试有干扰的材料制成的容器盛放样品，测定有机污染物的土壤样品要用玻璃器皿保存。

三、土壤样品分析方法

土壤理化性质参照鲁如坤（2000）编写的《土壤农业化学分析方法》，酶活性的测定参照关松荫（1986）编写的《土壤酶及其研究法》，具体方法如下。

1. 土壤物理性质测定

（1）土壤孔隙度、土壤密度、土壤田间持水量：环刀法。

（2）土壤机械组成、黏粒含量：比重计法。

2. 土壤化学性质测定

（1）土壤 pH：pH 计法，25mL 去离子水浸提过 2mm 筛的风干土壤样品（10g）。
（2）土壤有机质含量：重铬酸钾外加热法。
（3）土壤全氮含量：半微量凯氏法。
（4）土壤全磷含量：氢氧化钠碱熔-钼锑抗比色法。
（5）土壤全钾含量：氢氧化钠碱熔-火焰光度法。
（6）水解性氮含量：碱解-扩散法。
（7）土壤有效磷含量：碳酸氢钠浸提钼蓝比色法。
（8）有效钾含量：1mol/L 乙酸铵浸提-火焰光度法。
（9）阳离子交换量：1mol/L 乙酸铵（pH 为 7.0）交换法。
（10）电导率：电导率仪法。

3. 土壤酶活性测定

（1）脲酶：靛酚比色法，以 24h 每千克土中生成的铵态氮质量（mg）来表示。
（2）磷酸酶：磷酸苯二钠比色法，以 24h 每克土中生成的 P_2O_5 质量（mg）表示。
（3）蔗糖酶：二硝基水杨酸比色法，以 24h 每克土中生成的葡萄糖质量（mg）来表示。
（4）多酚氧化酶：碘量滴定法，以每克土消耗的 0.01mol/L I_2 的体积（mL）表示。
（5）过氧化氢酶：高锰酸钾滴定法，以 24h 每克土消耗的 0.01mol/L $KMnO_4$ 的体积（mL）表示。
（6）淀粉酶：二硝基水杨酸比色法，以 24h 每克土中生成的麦芽糖质量（mg）表示。

4. 土壤有机碳及组成的测定

依据鲁如坤（2000）编写的《土壤农业化学分析方法》分析土壤中有机碳和无机碳含量。
（1）土壤有机碳含量测定：重铬酸钾外加热法。
（2）土壤有机碳密度。土壤有机碳（soil organic carbon，SOC）密度是指单位面积上一定深度的土层中土壤有机碳的储量，一般用 kg/m^2 表示。它以土体体积为基础进行计算，排除了面积和土壤深度的影响，因此土壤碳密度是评价和衡量土壤中有机碳储量的一个重要指标（杨金艳和王传宽，2005）。某一土层的有机碳（SOC_i，kg/m^2）密度计算公式为

$$SOC_i = C_i \times D_i \times E_i(1 - G_i) / 100 \qquad (2\text{-}1)$$

式中，i 为土层代号；C_i 为 i 层土壤有机碳含量（g/kg），若测定值为土壤有机质含量，则乘以 0.58 得到 C_i，其中 0.58 为换算系数；D_i 为土壤密度（g/cm^3）；E_i 为土层厚度（cm）；G_i 为直径大于 2mm 石砾所占的体积百分数（%）。

如果某一土壤由 n 个土层组成，那么该土层的有机碳密度（SOC，kg/m^2）为

$$SOC = \sum_i^n C_i \times D_i \times E_i \times (1 - G_i) / 100 \qquad (2\text{-}2)$$

对各层土壤单位面积有机碳储量占总有机碳储量的百分比按照式（2-3）计算：

$$R_i = \frac{SOC_i}{\sum_i^n SOC_i} \times 100\% \qquad (2\text{-}3)$$

（3）土壤有机碳储量。土壤有机碳储量 $SOC_{storage}$ 是指区域范围内 1m 深度的土壤有机碳总质量，单位为 kg，有

$$SOC_{storage} = S \times SOC_i \qquad (2\text{-}4)$$

式中，S 为区域面积；SOC_i 为土壤碳密度。

（4）土壤溶解性有机碳含量测定。采用 0.5mol/L K_2SO_4 浸提，TOC 仪（Shimadzu TOC-V CPH Analyzer，Japan）测定土壤溶解性有机碳含量。

（5）土壤微生物量碳含量测定。采用氯仿熏蒸-提取法，计算公式为

$$土壤微生物量碳含量 = E_c/KEC \qquad (2\text{-}5)$$

式中，E_c 为熏蒸与未熏蒸土壤提取液中有机碳的差值（mg/kg）；KEC 为氯仿熏蒸杀死的微生物体中的碳被浸提出来的比例，取 0.38。

（6）土壤易氧化态碳含量测定。称取 0.50g 过 0.149mm 筛的土样，加入 0.4mol/L K_2CrO_4-H_2SO_4（体积比为 1∶1）混合溶液 10mL，在 175℃ 油浴中煮沸 5min，冷却 0.5h，以 0.2mol/L $FeSO_4$ 溶液滴定，记录并计算结果。

（7）土壤轻组有机碳含量测定。称取经过 2mm 筛的风干土样 10.00g，放入盛有 25mL NaI（比重为 $1.80g/cm^3$）重液的离心管中，振荡 1h，然后在 3000r/min 条件下离心 15min，取上层重液过 0.45μm 滤膜，滤膜上即为轻组组分，重复振荡-离心-过滤过程 3 次，所得轻组组分用去离子水淋洗干净，于 65℃ 下烘干 24h，记录烘干后质量，并分析有机碳含量，即可计算得土样中轻组有机碳含量。

5. 土壤无机碳含量测定与计算

土壤无机碳（soil inorganic carbon，SIC）含量测定：新鲜土样混合均匀后风干，风干样品过 0.25mm 筛后，用气量法测定碳酸钙（$CaCO_3$）含量（%）。

$$SIC 含量 = CaCO_3 含量 \times 0.12 \times 10 \qquad (2\text{-}6)$$

式中，0.12 表示 $CaCO_3$ 中碳的相对含量。

SIC 密度和储量计算分别同式（2-2）和式（2-4）。

6. 土壤总碳含量

$$土壤总碳含量 = 无机碳含量 + 有机碳含量 \qquad (2\text{-}7)$$

7. 土壤重金属含量的测定

采用 $HF\text{-}HNO_3\text{-}HClO_4$ 消煮-ICP 法，主要步骤为：用 $HF\text{-}HNO_3\text{-}HClO_4$ 消煮 0.1g 过 100 目孔筛的土壤，然后使用等离子发射光谱仪测定土壤消煮液中铜（Cu）、锌（Zn）、锰（Mn）、铅（Pb）、镉（Cd）、铬（Cr）六种重金属含量。测定过程依据《土壤环境监测技术规范》（HJ/T 166—2004），土壤样品平行检测结果的误差须在最大允许相对误差范围之内（表 2-4）。

表 2-4 土壤样品平行检测最大允许相对误差

含量/(mg/kg)	最大允许相对误差/%
>100	±5
10～100	±10
1.0～10	±20
0.1～1.0	±25
<0.1	±30

8. 土壤黑碳含量的测定

采用 Lim 和 Cachier（1996）介绍的方法，主要步骤为：①称取 3g 过 100 目孔筛的烘干土样；②加入 15mL 3mol/L HCl 溶液，除去碳酸盐，反应 24h；③加入 15mL 10mol/L HF：1mol/L HCl 的混合液，除去硅酸盐，反应 24h；④加入 15mL 10mol/L HCl 溶液，除去可能生成的 CaF_2，反应 24h；⑤加入 15mL 0.1mol/L $K_2Cr_2O_7$：2mol/L H_2SO_4 的混合液，在（55±1）℃下除去有机碳，反应 60h；⑥得到的剩余物即黑碳样品，离心、烘干后直接测定黑碳含量。

9. 土壤多环芳烃（PAHs）的测定

土壤中 PAHs 的提取方法采用高彦征等（2005）介绍的方法，但略有改进：称取 2.0g 土壤样品置于 25mL 玻璃离心管中，用 10mL 有机萃取剂二氯甲烷在超声水浴中萃取 1h，结束后以 4000r/min 的速度离心 10min，取 3mL 上清液过 2g 硅胶柱净化，并用 11mL 的二氯甲烷和正己烷溶液（体积比为 1 : 1）混合液进行洗脱，洗脱液收集至旋转蒸发瓶，40℃恒温条件下浓缩至干燥，用甲醇定容至 2mL 待测。

PAHs 的测定采用美国 Waters 公司的高效液相色谱系统（Waters Model e2615），配备光电二极管矩阵色谱检测器（Waters Model 2998，波长为 254 nm），流动相为甲醇和超纯水（体积比为 85 : 15），色谱柱为 Waters XBridge C18（5.0μm，4.6mm×250mm），柱温 30℃，流速 1mL/min，进样量 20μL。通过加标回收确定检测的准确性，采用外标法制作确定标准曲线。分析过程中所采用的试剂均为色谱纯。分析美国国家环境保护局（Environmental Protection Agency，EPA）推荐的16 种优先控制的 PAHs：萘（naphthalene，Nap）、苊（acenaphthene，Ace）、苊烯（acenaphthylene，Acy）、芴（fluorene，Flu）、蒽（anthracene，Ant）、菲（phenanthrene，Phe）、荧蒽（fluoranthene，Flt）、芘（pyrene，Pyr）、苯并[a]蒽（benzo[a]anthracene，BaA）、䓛（chrysene，Chr）、苯并[a]芘（benzo[a]pyrene，BaP）、苯并[b]荧蒽（benzo[b]fluoranthene，BbF）、苯并[k]荧蒽（benzo[k]fluoranthene，BkF）、苯并[g, h, i]苝（benzo[g, h, i]perylene，BgP）、二苯并[a, h]蒽（dibenzo[a, h]anthracene，DBA）、茚并[1, 2, 3-cd]芘（indeno[1, 2, 3-cd]pyrene，InP）。目前 PAHs 的研究主要集中在这 16 种，采用陈静等（2005）的方法用相对富集系数 lg e 对 PAHs 的分布特征做进一步描述，以反映 PAHs 在土壤中的相对富集趋势。PAHs 的相对富集系数计算如下：

$$\lg e_{(a+1)/a} = \frac{w(\text{PAHs})_{a+1} / w(\text{TOC})_{a+1}}{w(\text{PAHs})_a / w(\text{TOC})_a} \tag{2-8}$$

式中，a 和 $a+1$ 分别为土壤剖面中紧邻的上下两层。

四、数据统计分析方法

研究中主要涉及的数据分析软件有 ArcGIS 软件，采用克里金空间插值法对城市林业土壤重金属含量进行预测图的绘制，以及制作其他数据分析图表；利用 SPSS17.0 和 Excel 2010 软件进行各项指标的描述性统计（descriptive statistics）、方差分析（analysis of variance，ANOVA）、相关性分析（pearson two-tailed bivariate correlations）、聚类分析（cluster analysis）、主成分分析（principal component analysis，PCA）等。

第三章　城市林业土壤物理性质

土壤物理性质是城市林业土壤的重要特性，对城市园林植物的生长有重要影响。城市林业土壤受人为扰动大，土壤结构被破坏，大多数没有明显的发生诊断层。由于人流践踏、机械夯实、交通工具的碾压等外力因素，以及土壤颗粒排序、团聚体、土壤结构体多为弱的粒状结构和块状结构、结构稳定性差等内在原因，城市林业土壤很容易变得密实。反映土壤压实的指标有土壤密度、孔隙度、紧实度和含水量等。

土壤的孔隙状况包括总孔隙度、毛管孔隙度和非毛管孔隙度及其比例，决定着土壤水、肥、气、热的协调，尤其对水、气关系影响最为显著。土壤孔隙度与密度有极显著的负相关性，密度越大，土壤孔隙度越小。城市行道绿地受筑路机械多次碾压和人踩，土壤普遍密实；居住区和单位附属绿地因建房用的机械、车辆压实，土壤较为密实；公园绿地一般受外力少且不均衡，除游人践踏的地方土壤板结外，多数土壤松紧适中。

城市林业土壤多为壤土，土壤中含有一定量的砾石、石块、渣砾、凝固的石灰和地下构筑物及管道等，这些外源物质主要来源于建筑、修路和垃圾等。

本章主要介绍南京市和徐州市的城市林业土壤的物理性质，包括土壤的颗粒组成、密度、孔隙度及土壤的水土保持特性等。

第一节　南京市城市林业土壤物理性质

一、土壤颗粒组成

质地是土壤比较稳定的指标，对土壤肥力有重要的影响。南京市城市林业土壤质地（美国制）类型有：粉壤土、粉土、粉质黏壤土、壤土、壤质砂土和砂质壤土，它们所占的比例分别为 60.42%、8.33%、10.42%、14.58%、2.08%和4.17%。南京市城市林业土壤质地以粉壤土为主，表现出良好的质地类型。另外，土壤中普遍含有砾石，但含量不是很高，其中砾土（2～7.5mm 砾石占土壤体积的 5%～15%）的比例为 33.33%，中砾土（2～7.5mm 砾石占土壤体积的 15%～30%）的比例为 12.5%。土壤含石量少，利于植物根系伸展和生长；土壤质地以粉壤土为主，土壤保水、保肥和保温能力相对较好。

二、土壤密度与孔隙度

土壤密度在 $1.14\sim1.26g/cm^3$ 时比较有利于幼苗的出土和根系的生长。当密度达 $1.50g/cm^3$ 时，植物根系已很难伸入，而密度达到 $1.60\sim1.70g/cm^3$ 时，已是根系穿插的临界点（邱仁辉和杨玉盛，2000）。南京市城市林业土壤上层（0～20cm）的密度变幅为 $1.15\sim1.63g/cm^3$，平均值为 $1.42g/cm^3$。土壤密度在 $1.14\sim1.26g/cm^3$ 的较少，只占 9.09%，在 $1.26\sim1.50g/cm^3$ 的较多，占 63.64%，大于 $1.50g/cm^3$ 的较多，占 27.27%（图 3-1），表明绝大多数城市林业土壤密度较大，不利于植物根系的生长。土壤的非毛管孔隙度和毛管孔隙度变幅分别为 1.42%～11.24% 和 28.24%～45.21%，平均值分别为 5.54% 和 36.0%。土壤的通气度变幅为 5.54%～31.16%，平均值为 15.68%。表明城市林业土壤紧实，结构性和土壤通气透水能力较差，不利于植物的生长发育。

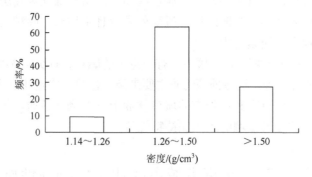

图 3-1　南京市土壤密度分布频率

南京市不同功能区的城市林业土壤密度、非毛管孔隙度和毛管孔隙度没有显著性差异（表 3-1），而土壤通气度有显著性差异。城市林业土壤的通气度由高到低依次为裸地（对照）、公园、城郊天然林、道路绿化带、大学校园。大学校园和道路绿化带土壤的通气度较小，与其受人为扰动大有关。

不同植被类型和不同土壤类型间土壤密度、非毛管孔隙度、毛管孔隙度和通气度均没有显著性差异（表 3-2），表明植被类型和土壤类型对土壤的物理性质影响较小。

表 3-1　南京市不同功能区土壤的物理性质

功能区	密度/(g/cm³)	非毛管孔隙度/%	毛管孔隙度/%	土壤通气度/%
公园	1.29～1.62 1.43±0.08a	2.67～9.42 5.56±2.46a	29.28～40.85 36.26±3.22a	6.92～23.96 17.81±4.65a
道路绿化带	1.33～1.63 1.44±0.13a	3.6～11.24 6.71±3.84a	28.91～37.85 35.18±3.65a	8.68～16.8 12.48±3.29ab
大学校园	1.4～1.59 1.51±0.09a	1.73～3.71 2.82±0.88a	32.51～42.02 35.11±4.62a	5.54～9.29 7.27±1.54b
城郊天然林	1.15～1.61 1.4±0.13a	1.42～11.02 6.11±2.78a	32.45～45.21 36.31±4.02a	5.75～31.02 15.73±7.1ab
裸地（对照）	1.23～1.51 1.37±0.16a	1.82～7.3 4.56±3.16a	28.24～43.25 35.74±8.67a	7.57～31.16 19.36±13.62a

注：数据表示方式：最小值～最大值（平均值±标准差）；同列不同字母表示组间有显著性差异（$P<0.05$），下同。

表 3-2　南京市不同植被类型下土壤的物理性质

植被类型	土壤类型	密度/(g/cm³)	非毛管孔隙度/%	毛管孔隙度/%	土壤通气度/%
林灌草	原土	1.15～1.56 1.4±0.12a	1.42～11.02 5.94±2.82a	32.45～45.21 36.29±3.8a	5.75～31.02 15.63±7.02a
	客土	1.23～1.51 1.39±0.08a	1.82～11.24 6.12±2.92a	28.24～43.25 35.99±4.6a	7.16～31.16 16.71±6.74a
草坪	客土	1.23～1.63 1.48±0.12a	1.73～10.56 4.37±2.44a	28.24～43.25 35.65±4.28a	5.54～31.16 14.54±7.57a

三、土壤侵蚀性

城市林业土壤的水土流失与传统的水土流失在侵蚀机理、侵蚀方式、侵蚀模数和危害程度等方面都有很大的不同。当开发建设活动对土（岩）体产生的挠动超越城市的承载力和管理水平时，在自然外营力（降雨冲刷、风力侵蚀等）的作用下，便会造成水土资源的损失和生态景观的破坏（吴长文，2004）。由城市开发建设等人为活动引发的水土流失，会对城市社会经济发展和生态环境造成严重影响。近年来，随着城市水土流失的不断加剧，城市人居环境不断恶化。严重的城市水土流失会破坏环境、阻碍交通和堵塞下水道等，进而造成城市内涝和引发社会公共危机（孙吉生等，2002）。因此，加强城市水土保持工作是继重视和治理城市大气污染、水污染和"热岛效应"之后的又一重要内容。

南京市地处长江下游，三面环山，一面临江，低山丘陵占全市面积的 58.35%，汛期（5～9 月）雨量占全年总降水量的 60%以上，集中的降水、复杂的地质地貌和多样的土壤类型使水土流失产生的潜在性大大提高（黄荣珍等，2005）。随着城市化进程的加快，南京市城市水土流失问题也更加凸显。经统计，2012 年，南京市轻度以上水土流失面积约为 600km²，居全省之首，是全省水土流失治理任务最为艰巨的地级市之一。以南京市为例，从城市林业土壤的侵蚀敏感性出发，研究城市土壤的可蚀性 K 值、渗透性、抗蚀性特征及侵蚀敏感性影响因子，为城市林业土壤的水蚀风险评估和水土流失防治提供参考。

1. 土壤可蚀性

土壤可蚀性是土壤抵抗水蚀能力的一个相对综合指标，在通用流失方程（the universal soil loss equation，USLE）中为土壤可蚀性因子，用 K 表示。土壤可蚀性 K 值越大，抗水蚀能力越小；反之，K 值越小，抗水蚀能力越强。

本书中土壤可蚀性 K 值的计算采用 Williams 等（1990）在侵蚀-生产力影响估算（erosion-productivity impact calculator，EPIC）模型中的计算公式：

$$K = \left\{0.2 + 0.3\exp\left[0.0256S(1-0.01I)\right]\right\}\left(\frac{I}{L+I}\right)^{0.3} \cdot \left(1.0 - \frac{0.25C}{C + \exp(3.72 - 2.95C)}\right)$$
$$\cdot \left[1.0 - \frac{0.7N}{N + \exp(-5.51 + 22.9N)}\right]$$

$$(3\text{-}1)$$

式中，S 为土壤中砂粒含量（%）；I 为土壤中粉粒含量（%）；L 为土壤中黏粒含量（%）；C 为土壤有机碳含量（%）；$N = 1-S/100$。

测得南京市城市林业土壤的可蚀性 K 值变幅为 0.42～0.50t/hm²，平均值为 0.48±0.02t/hm²，不同功能区土壤的可蚀性 K 值均大于 0.45t/hm²（表 3-3）。根据已有的土壤可蚀性 K 值的分级研究结果（刘吉峰等，2006；卜兆宏等，2002），南京市城市林业土壤属于高易蚀土，土壤普遍抗水蚀能力较弱，容易发生水土流失，不同功能区土壤的可蚀性 K 值没有显著差异。

2. 土壤渗透性

土壤的渗透性是影响土壤侵蚀的重要性质之一，渗透性大的土壤，降水不易形成地表径流，侵蚀相对较弱；渗透性小的土壤，易形成较多地表径流，可能造成严重侵蚀。本书土壤渗透性测量采用环刀法，用温度为 10℃时的渗透性系数 K_{10} 表示，测得南京市城市林业土壤的渗透性系数变幅为 0.0002～1.35mm/min，平均值为（0.24±0.37）mm/min。南京市城市林业土壤的渗透性系数比较小，容易形成地表径流。

不同功能区的土壤渗透性差异较大（表 3-3），土壤渗透性系数由高到低依次为城郊天然林、公园、道路绿化带、裸地、大学校园。城郊天然林土壤结构好，土质疏松，以及土壤中较繁盛和较粗的根系是造成土壤高渗透性的主要原因。大学校园土壤的渗透性系数最低，这主要是由于校园人口密度大，绿化带通常历史悠久，在历史时期常常受到人为的踩踏或压实。

表 3-3 南京市不同功能区土壤可蚀性 K 值、渗透性系数和水稳性指数

功能区	可蚀性 K 值/(t/hm²)	K_{10}/(mm/min)	水稳性指数
公园	0.43～0.50 0.48±0.02a	0.004～1.35 0.22±0.35b	0.1～0.35 0.20±0.07a
道路绿化带	0.48～0.5 0.49±0.01a	0.01～0.65 0.20±0.26b	0.07～0.28 0.14±0.08a
大学校园	0.44～0.50 0.48±0.03a	0.013～0.03 0.02±0.01c	0.12～0.18 0.16±0.003a
城郊天然林	0.42～0.50 0.47±0.02a	0.001～1.34 0.33±0.5a	0.07～0.33 0.19±0.1a
裸地（对照）	0.48～0.49 0.48±0.004a	0.0002～0.29 0.15±0.17b	0.18～0.19 0.18±0.007a

3. 土壤抗蚀性

土壤的抗蚀性是指土壤抵抗径流对其分散和悬浮的能力，土壤越黏重，腐殖质含量越多，越易形成稳定的团聚体和团粒结构，水稳定性越大，抗蚀性越强。本书中土壤抗蚀性用水稳性指数表示，具体测定方法为：将待测土样风干后筛分，选取直径为 0.7～1.0mm 的土粒 50 粒，均匀放在孔径为 0.5mm 的金属网上，然后置于静水中进行观测。以 1min 为时间间隔分别记下分散的土粒数量，连续观测 10min，其分散土粒的总和即 10min 内完全分散的土粒数。由于土粒分散的时间不同，水稳性亦不同。为鉴定其水稳性程度，需要给予时间校正，水稳性校正系数见表 3-4。

表 3-4 水稳性校正系数

时间	校正系数/%	时间	校正系数/%
第 1min	5	第 6min	55
第 2min	15	第 7min	65
第 3min	25	第 8min	75
第 4min	35	第 9min	85
第 5min	45	第 10min	95

在 10min 内没有分散的土粒，其水稳性校正系数为 100%。将统计得到的粒数代入式（3-2），求水稳性指数 K：

$$K = \frac{\sum P_i K_i' + P_j}{A}$$
(3-2)

式中，P_i 为第 i min 分散的土粒数；K_i' 为第 i min 的水稳性校正系数；P_j 为 10min 内没有分散的土粒数；A 为本次分散测验取用的土粒数。

测得南京市城市林业土壤的水稳性指数变幅为 0.07～0.35，平均值为 0.18±0.08，水稳性指数普遍偏小，表明城市土壤抗蚀性较弱，不同功能区的土壤水稳性指数没有显著差异。

4. 土壤侵蚀敏感性的影响因子

1）土壤理化性质对土壤侵蚀敏感性的影响

通常认为，土壤的机械组成、密度、孔隙度、团粒结构含量、有机质含量、土壤剖面构型等理化性质都对水土流失有一定的影响。相关性分析表明（表 3-5），南京市城市林业土壤的可蚀性 K 值与土壤 pH 和粉粒（0.002～0.05mm）含量呈极显著正相关，与黏粒（<0.002mm）含量呈极显著负相关。可蚀性 K 值与土壤 pH 呈极显著正相关，其实质是南京市的主要土壤类型由于受到母质来源的影响而砂性较强，且结构松散，所以可蚀性 K 值较高。土壤的渗透性与土壤密度和粉粒含量呈显著负相关，而与有机质含量、总孔隙度、砂粒（0.05～2mm）含量呈显著正相关。但土壤的水稳性指数与土壤的基本理化性质相关性不显著，这与传统农业和林业土壤的研究结果不完全一致。城市林业土壤受人为扰动强烈，且受城市环境影响较大，因此，土壤的基本理化性质空间变异性大，导致一些重要理化指标与土壤可蚀性的相关性不显著。

表 3-5　土壤可蚀性与理化指标的相关系数

指标	pH	密度	有机质含量	总孔隙度	毛管孔隙度	砂粒含量	粉粒含量	黏粒含量
可蚀性 K 值	0.4922**	0.043	−0.134	−0.0917	−0.1538	0.2121	0.4997**	−0.9783**
K_{10}	−0.1	−0.5196**	0.3596*	0.3675*	0.2971	0.3801*	−0.3063*	0.1812
水稳性指数	−0.028	0.051	0.1051	−0.02	0.0005	−0.0589	−0.0738	−0.0806

*表示差异显著（$P<0.05$），**表示差异极显著（$P<0.01$），下同。

用逐步回归法分别对可蚀性 K 值（Y_1）、K_{10}（Y_3）与土壤基本理化性质作回归分析，根据式（3-3）可以看出，影响土壤渗透性的最主要因素是土壤密度和砂粒含量，其中，影响程度为土壤密度大于砂粒含量。由此可见，对城市林业土壤侵蚀敏感性的评价还应重点考虑土壤质地和密度等稳定指标。

$$\begin{cases} \hat{Y}_1 = 0.4902 + 0.0015X_1 - 0.0092X_2 + 0.0002X_7 - 0.0019X_8, & P < 0.01 \\ \hat{Y}_3 = 2.1251 - 1.4297X_2 + 0.0057X_6, & P < 0.01 \end{cases} \tag{3-3}$$

2）植被对土壤侵蚀敏感性的影响

植被类型、组成和特征对土壤侵蚀敏感性有显著影响。城市绿地的植被配置方式主要有乔、灌、草（简称乔灌草）和草坪。城市土壤的可蚀性 K 值和水稳性指数主要与土壤本身的特性有关，植被对土壤的可蚀性 K 值和水稳性指数的直接影响较小，所以不同植被类型间土壤的可蚀性 K 值和水稳性指数没有显著差异。但土壤的渗透性受到植被的显著影响，由大到小依次为乔灌草覆盖土壤、草坪土壤、裸地（表 3-6）。植被通过改良土壤的孔性和提高土壤的有机质含量，能提高土壤的渗透性，从而降低土壤的侵蚀风险。因此，城市绿地不同的植被配置方式对防止土壤流失的效果不同，表现为乔灌草优于草坪，而裸地的效果最差，裸地存在较高的水土流失风险。

表 3-6　植被对土壤侵蚀敏感性的影响

植被类型	可蚀性 K 值 /(t/hm²)	K_{10} /(mm/min)	有机质含量 /(g/kg)	水稳性指数
乔灌草	0.42～0.5 0.47±0.02a	0.003～2.37 0.32±0.55a	3.82～41.02 15.95±8.27a	0.07～0.32 0.17±0.07a
草坪	0.47～0.50 0.48±0.01a	0.001～1.35 0.29±0.48a	3.13～31.2 11.46±8.55a	0.12～0.35 0.23±0.08a
裸地（对照）	0.48～0.49 0.48±0.004a	0.0002～0.29 0.15±0.17b	0.52～0.57 0.55±0.03b	0.18～0.19 0.18±0.007a

3）人为扰动对土壤侵蚀敏感性的影响

与人类活动有关，引起城市水土流失的主要原因有：土地的超强度开发，城市化过程中地面不透水层增加，开矿采石及修路架桥等建设项目中弃渣的不当处理，城市生活垃圾的乱堆、乱放，游人扰动等（谢汉生等，2002）。经过人为作用后，城市土壤通常可分为客土和原土。客土受人为扰动大，是城市绿地最主要的土壤类型，而原土没有受到人为扰动，主要分布在郊区天然林下，少部分分布在市区公园内。客土和原土的可蚀性 K 值的平均值分别为（0.48±0.01）t/hm² 和（0.46±0.02）t/hm²，客土和原土的水稳性指数平均值分别为 0.19±0.08 和 0.18±0.08，客土的渗透性平均值为 0.23mm/min，原土的渗透性平均值为 0.28mm/min。城市客土和原土的可蚀

性 K 值、水稳性指数和渗透性的差异不大（表 3-7），都容易发生水土流失，表明人为扰动引起城市的水土流失主要体现在对土壤的挖掘、搬运和填埋等活动，而对城市林业土壤的侵蚀敏感性特征没有显著影响。

表 3-7　人为扰动对土壤侵蚀敏感性的影响

土壤类型	可蚀性 K 值 /(t/hm²)	K_{10} /(m/min)	水稳性指数
客土	0.44～0.5 0.48±0.01a	0.0002～1.35 0.23±0.39a	2.88～15.15 6.38±3.04a
原土	0.42～0.50 0.46±0.02a	0.0030～1.34 0.28±0.4a	3.36～14.81 7.05±3.6a
裸地（对照）	0.48～0.49 0.48±0.004a	0.0002～0.29 0.15±0.17a	5.29～5.65 5.47±0.21a

四、小结

南京市城市林业土壤的可蚀性 K 值普遍偏大，而水稳性指数和渗透性偏小，因此，土壤属于高易蚀土，土壤抗水蚀能力较弱，容易发生水土流失。土壤的粉粒含量与可蚀性 K 值呈极显著正相关，黏粒含量与可蚀性 K 值呈极显著负相关。土壤的密度和粉粒含量与土壤的渗透性呈显著负相关，有机质含量、总孔隙度和砂粒含量与土壤的渗透性呈显著正相关。城市绿地不同的植被配置方式对防止土壤的流失效果不同，表现为乔灌草优于草坪，裸地的效果最差，裸地存在较高的水土流失风险。引起城市水土流失的人为扰动，如挖掘、搬运和填埋等活动，对城市林业土壤的侵蚀敏感性特征没有显著影响。

第二节　徐州市城市林业土壤物理性质

一、土壤颗粒组成

徐州市城市林业土壤 0～20cm 土层主要质地类型有（表 3-8）：黏壤土、砂质壤土、壤土、粉（砂）质黏壤土、粉（砂）壤土和粉（砂）质黏土，所占的比例分别为 11.11%、3.70%、25.93%、25.93%、14.81% 和 18.52%（图 3-2）；20～40cm 土层质地类型有（表 3-9）：黏壤土、黏土、砂质壤土、壤土、粉（砂）质黏壤土和粉（砂）质黏土和粉（砂）壤土，所占的比例分别为 3.70%、11.11%、3.70%、

14.81%、33.33%、14.81%和 18.54%（图 3-3）。从研究结果可以看出，徐州市绿地土壤以粉（砂）质黏壤土、壤土、粉（砂）质黏土和粉（砂）壤土为主。

表 3-8　徐州市不同绿地类型土壤的颗粒组成（0～20cm）

绿地类型	采样点	砂粒含量/%	粉粒含量/%	黏粒含量/%	质地类型
公园绿地	云龙公园	12.60	49.60	37.80	粉（砂）质黏壤土
	百果园	8.60	59.60	31.80	粉（砂）质黏壤土
	戏马台公园	38.60	43.60	17.80	壤土
	楚河公园	15.40	41.00	43.60	粉（砂）质黏土
	夏桥公园	11.40	43.00	45.60	粉（砂）质黏土
街头绿地	薇园	21.40	53.00	25.60	粉（砂）壤土
	西安路与建国路交叉口	58.60	25.60	15.80	砂质壤土
	大马路三角地	17.40	61.00	21.60	粉（砂）壤土
	彭祖路北侧	5.40	67.00	27.60	粉（砂）壤土
	柳园	15.40	43.00	41.60	粉（砂）质黏土
防护绿地	云龙山（西坡）	40.60	41.60	17.80	壤土
	铁路专线防护林	46.60	35.60	17.80	壤土
	排洪道	31.40	37.00	31.60	黏壤土
	奎河（泉山段）	26.60	49.60	23.80	壤土
	凤凰山	30.60	45.60	23.80	壤土
附属绿地	御景园小区	0.60	59.60	39.80	粉（砂）质黏壤土
	徐州工程学院南校区	26.60	47.60	25.80	壤土
	江苏师范大学贾汪校区	19.40	45.00	35.60	粉（砂）质黏壤土
	中国矿业大学	27.40	35.00	37.60	黏壤土
	江苏恩华药业股份有限公司	11.40	47.00	41.60	粉（砂）质黏土
道路绿地	二环北路	19.40	43.00	37.60	黏壤土
	和平路	36.60	47.60	15.80	壤土
	解放路	16.60	65.60	17.80	粉（砂）壤土
	北京路	13.40	51.00	35.60	粉（砂）质黏壤土
生产绿地	金山园艺	12.60	49.60	37.80	粉（砂）质黏壤土
	茶棚苗圃	10.60	43.60	45.80	粉（砂）质黏土
	徐州绿化苗木有限公司苗木基地	18.60	51.60	29.80	粉（砂）质黏壤土

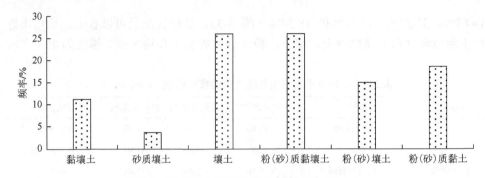

图 3-2　徐州市土壤质地分布频率（0～20cm）

表 3-9　徐州市不同绿地类型土壤的颗粒组成（20～40cm）

绿地类型	采样点	砂粒含量/%	粉粒含量/%	黏粒含量/%	质地类型
公园绿地	云龙公园	8.60	55.60	35.80	粉（砂）质黏壤土
	百果园	6.60	57.60	35.80	粉（砂）质黏壤土
	戏马台公园	36.60	47.60	15.80	壤土
	楚河公园	7.40	57.00	35.60	粉（砂）质黏壤土
	夏桥公园	15.40	25.00	59.60	黏土
街头绿地	薇园	25.40	53.00	21.60	粉（砂）壤土
	西安路与建国路交叉口	64.60	21.60	13.80	砂质壤土
	大马路三角地	5.40	69.00	25.60	粉（砂）壤土
	彭祖路北侧	7.40	57.00	35.60	粉（砂）质黏壤土
	柳园	19.40	41.00	39.60	粉（砂）质黏壤土
防护绿地	云龙山（西坡）	30.60	47.60	21.80	壤土
	铁路专线防护林	42.60	35.60	21.80	壤土
	排洪道	27.40	37.00	35.60	黏壤土
	奎河（泉山段）	18.60	55.60	25.80	粉（砂）壤土
	凤凰山	16.60	53.60	29.80	粉（砂）质黏壤土
附属绿地	御景园小区	41.80	0.60	57.60	粉（砂）质黏土
	徐州工程学院南校区	28.60	47.60	23.80	壤土
	江苏师范大学贾汪校区	23.40	35.00	41.60	黏土
	中国矿业大学	23.40	35.00	41.60	黏土
	江苏恩华药业股份有限公司	11.40	47.00	41.60	粉（砂）质黏土

续表

绿地类型	采样点	砂粒含量/%	粉粒含量/%	黏粒含量/%	质地类型
道路绿地	二环北路	11.40	490	39.60	粉（砂）质黏壤土
	和平路	62.60	23.60	13.80	粉（砂）壤土
	解放路	22.60	59.60	17.80	粉（砂）壤土
	北京路	9.40	53.00	37.60	粉（砂）质黏壤土
生产绿地	金山园艺	14.60	51.60	33.80	粉（砂）质黏壤土
	茶棚苗圃	10.60	45.60	43.80	粉（砂）质黏土
	徐州绿化苗木有限公司苗木基地	11.40	47.00	41.60	粉（砂）质黏土

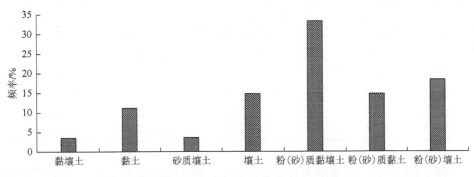

图 3-3 徐州市土壤质地分布频率（20～40cm）

结果表明，徐州市城市不同绿地 0～20cm 土层土壤黏粒含量平均值为 30.92%，变幅为 15.80%～45.80%（表 3-10），最大值出现在生产绿地，最小值出现在街头绿地和道路绿地；20～40cm 土层土壤黏粒含量平均值为 33.12%，变幅为 13.80%～59.60%，最大值出现在公园绿地，最小值出现在街头绿地。多重比较结果显示（表 3-10），在 0～20cm 土层中，防护绿地、附属绿地、生产绿地、道路绿地之间黏粒含量没有显著差异，公园绿地、街头绿地与道路绿地之间也无明显差异；在 20～40cm 土层中，不同绿地类型的黏粒含量差异不显著。同时，不同植被类型的土壤黏粒含量没有显著差异，说明植被类型对黏粒含量几乎没有影响（表 3-11）。

表 3-10　　徐州市不同绿地类型土壤黏粒含量　　　　　（单位：%）

绿地类型	0～20cm		20～40cm	
	变幅	平均值±标准差	变幅	平均值±标准差
附属绿地	25.80～41.60	36.08±6.18b	23.80～57.60	41.24±11.96a
防护绿地	17.80～31.60	35.32±5.69b	21.80～35.60	26.96±5.86a
公园绿地	17.80～45.60	24.96±11.18a	15.80～59.60	36.52±15.52a
生产绿地	29.80～45.80	37.80±8.00b	33.80～43.80	39.73±5.25a
街头绿地	15.80～41.60	26.44±9.60a	13.80～39.60	27.24±10.46a
道路绿地	15.80～37.60	29.68±11.98ab	13.80～39.60	29.68±12.78a
整体绿地	15.80～45.80	30.92±9.90	13.80～59.60	33.12±11.80

表 3-11　　徐州市不同植被类型土壤黏粒含量　　　　　（单位：%）

植被类型	0～20cm		20～40cm	
	变幅	平均值±标准差	变幅	平均值±标准差
草灌木	17.80～39.80	27.80±11.14a	23.80～39.60	31.66±7.90a
灌木	13.80～41.80	24.47±15.14a	25.60～59.60	39.15±15.22a
草坪	15.80～41.80	27.80±13.11a	17.80～41.60	29.70±16.83a
乔灌草	13.80～43.80	29.80±15.10a	21.60～51.60	36.60±21.21a
林地	15.80～45.80	30.13±10.91a	21.80～45.60	34.52±9.45a
乔灌木	15.80～37.80	24.13±9.33a	21.60～41.60	32.80±8.79a

　　土壤黏粒含量对土壤肥力有重要的影响，但总体影响是双向的，即过高和过低都不利于土壤肥力功能的发挥，过高时土壤无效水含量增高，植物根系伸展受阻；过低时则土壤水分和养分保蓄能力差，因此，比较适宜的黏粒含量为20%～30%（徐建明，2010）。研究显示（图3-4），徐州市绿地土壤0～20cm 和 20～40cm 土层土壤黏粒含量在20%～30%的仅占25%，也就是说75%的绿地土壤黏粒含量过高或过低，由此可见，徐州市大部分绿地土壤黏粒含量不利于土壤肥力功能的发挥。

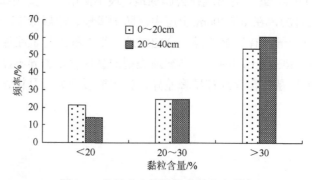

图 3-4　徐州市土壤黏粒含量分布频率

二、土壤密度

土壤密度与土壤质地、结构、松紧度和有机质含量等有关,多数土壤密度在 $1.0 \sim 1.8 g/cm^3$。土壤压实和板结会导致土壤密度增大、孔隙度减小,不利于土壤通气、有效水分的储存和植物根系的生长。

从表 3-12 可以看出,$0 \sim 20cm$ 土层土壤密度变幅为 $0.70 \sim 1.52 g/cm^3$,平均值为 $1.25 g/cm^3$,最大值出现在生产绿地,最小值出现在防护绿地,不同绿地类型的土壤密度差异显著,防护绿地土壤密度平均值最小,为 $1.14 g/cm^3$,生产绿地土壤密度平均值最大,为 $1.30 g/cm^3$。$20 \sim 40cm$ 土层土壤密度变幅为 $1.10 \sim 1.61 g/cm^3$,平均值为 $1.33 g/cm^3$,最大值出现在街头绿地,最小值出现在附属绿地。多重比较显示,生产绿地土壤密度最大,附属绿地土壤密度最小。土壤密度是影响植物根系生长的重要土壤物理性质,一般在 $1.14 \sim 1.26 g/cm^3$ 时较有利于植物根系的正常生长,当土壤密度达到 $1.40 \sim 1.50 g/cm^3$ 时,植物根系难以进入,而 $1.60 g/cm^3$ 是植物根系穿插的临界点(杨玉盛和陈光水,2000;梁晶等,2013)。

表 3-12　徐州市不同绿地类型土壤密度　　　　（单位: g/cm^3）

绿地类型	0～20cm		20～40cm	
	变幅	平均值±标准差	变幅	平均值±标准差
附属绿地	1.29～1.31	1.29±0.01ab	1.10～1.35	1.23±0.13a
防护绿地	0.70～1.28	1.14±0.25b	1.23～1.46	1.35±0.09b
公园绿地	1.00～1.48	1.26±0.20ab	1.32～1.39	1.34±0.03b
生产绿地	1.29～1.52	1.30±0.14a	1.35～1.53	1.41±0.10c
街头绿地	1.11～1.44	1.26±0.14ab	1.18～1.61	1.35±0.17b
道路绿地	1.17～1.38	1.26±0.10ab	1.23～1.40	1.29±0.08b
整体绿地	0.70～1.52	1.25±0.45	1.10～1.61	1.33±0.23

从表 3-13 可以看出,不同植被类型土壤密度有显著差异,在上层($0 \sim 20cm$)和下层($20 \sim 40cm$),最大平均值均出现在灌木地,分别为 $1.38 g/cm^3$ 和 $1.36 g/cm^3$,上层最小平均值出现在乔灌草地,为 $1.22 g/cm^3$,下层最小平均值出现在草坪地,为 $1.18 g/cm^3$。

表 3-13　徐州市不同植被类型土壤密度　　　　（单位：g/cm^3）

植被类型	0～20cm		20～40cm	
	变幅	平均值±标准差	变幅	平均值±标准差
草灌木	1.19～1.31	1.24±0.98a	1.12～1.34	1.22±0.09a
灌木	1.11～1.45	1.38±6.15b	1.18～1.61	1.36±0.18b
草坪	1.34～1.48	1.37±1.07a	1.07～1.26	1.18±0.04a
乔灌草	1.29～1.31	1.22±0.81a	1.10～1.45	1.21±0.12a
林地	0.70～1.52	1.29±9.27b	1.23～1.46	1.31±0.08b
乔灌木	1.00～1.38	1.32±0.63b	1.22～1.40	1.35±0.09b

　　同时，植被为草灌木、草坪、乔灌草的土壤密度没有显著差异，植被为灌木、林地、乔灌木的土壤密度没有显著差异。主要原因在于灌木地积累的有机质较少，而地表有草坪覆盖的地方地下根系密集，能够积累较多的有机质，土壤疏松，土壤密度较小。

　　徐州市绿地土壤 0～20cm 土层土壤密度在 1.14～1.26g/cm^3 的频率仅为 12.5%，在 1.26～1.50g/cm^3 的频率为 58.0%，大于 1.50g/cm^3 的频率为 4.0%（图 3-5）；20～40cm 土层土壤密度在 1.14～1.26g/cm^3 的频率为 26.0%，在 1.26～1.50g/cm^3 的频率为 60.0%，大于 1.50g/cm^3 的频率为 8.6%（图 3-6）。从整体来看，徐州市绿地土壤密度偏大。土壤密度偏大，造成土壤紧实，通气、透水性差，易导致地表径流，不利于土壤水分存储，影响园林植物根系的生长。

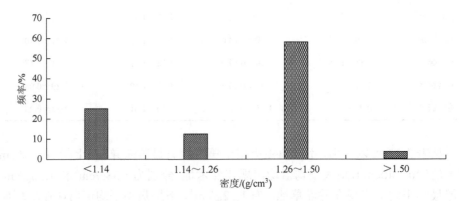

图 3-5　徐州市绿地土壤密度分布频率（0～20cm）

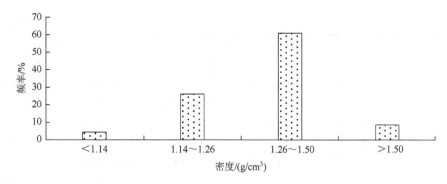

图 3-6 徐州市绿地土壤密度分布频率（20～40cm）

三、土壤孔隙度

土壤孔隙度是单位容积土壤中孔隙容积所占的百分数，包括总孔隙度、毛管孔隙度和非毛管孔隙度，孔隙度及其比例决定着土壤水、肥、气、热的协调，尤其对水、气关系影响最为显著，也直接影响植物根系的生长（邵明安等，2006）。研究显示（表 3-14），徐州市城市绿地 0～20cm 土层土壤非毛管孔隙度平均值为 11.21%，变幅在 3.00%～28.00%，20～40cm 土层平均值为 9.00%，变幅在 3.00%～19.00%；0～20cm 土层土壤毛管孔隙度平均值为 43.33%，变幅在 30.00%～51.00%，20～40cm 土层土壤平均值为 40.43%，变幅在 33.00%～47.00%；0～20cm 土层土壤总孔隙度平均值为 54.46%，变幅在 42.00%～71.00%，20～40cm 土层土壤平均值为 48.78%，变幅在 37.00%～62.00%。

表 3-14　徐州市不同绿地类型土壤孔隙度　　（单位：%）

指标	绿地类型	0～20cm		20～40cm	
		变幅	平均值±标准差	变幅	平均值±标准差
非毛管孔隙度	附属绿地	10.00～19.00	14.67±4.51b	14.00～19.00	16.50±3.54a
	防护绿地	12.00～28.00	18.50±7.90a	4.00～15.00	10.25±4.86ab
	公园绿地	5.00～19.00	10.40±5.37b	7.00～12.00	9.00±2.16ab
非毛管孔隙度	生产绿地	5.00～13.00	8.33±4.16b	4.00～15.00	7.67±6.35b
	街头绿地	4.00～18.00	8.40±5.68b	3.00～15.00	7.40±4.62b
	道路绿地	3.00～15.00	8.00±6.00b	4.00～12.00	7.00±3.56b
	整体绿地	3.00～28.00	11.21±8.56	3.00～19.00	9.00±4.56
毛管孔隙度	附属绿地	40.00～51.00	44.67±5.69a	33.00～47.00	39.33±7.09a
	防护绿地	30.00～51.00	41.00±8.68a	33.00～46.00	39.50±6.03a
	公园绿地	35.00～50.00	42.20±5.63a	34.00～42.00	38.75±3.40a

续表

指标	绿地类型	0~20cm		20~40cm	
		变幅	平均值±标准差	变幅	平均值±标准差
毛管孔隙度	生产绿地	43.00~47.00	45.00±2.00a	38.00~45.00	41.67±3.51a
	街头绿地	39.00~50.00	42.80±4.32a	35.00~47.00	40.80±5.31a
	道路绿地	43.00~49.00	45.50±2.65a	39.00~45.00	42.50±2.65a
	整体绿地	30.00~51.00	43.33±5.09	33.00~47.00	40.43±8.09
总孔隙度	附属绿地	55.00~62.00	59.00±3.61a	45.00~52.00	49.33±3.79a
	防护绿地	52.00~71.00	59.50±9.26a	46.00~52.00	49.75±2.63a
	公园绿地	42.00~63.00	52.60±9.02a	43.00~51.00	47.75±3.59a
	生产绿地	50.00~60.00	53.67±5.51a	42.00~60.00	49.33±9.45a
	街头绿地	44.00~59.00	51.00±6.24a	37.00~62.00	47.80±10.13a
	道路绿地	48.00~60.00	53.25±6.18a	43.00~54.00	49.25±4.86a
	整体绿地	42.00~71.00	54.46±4.56	37.00~62.00	48.78±5.67

多重比较结果显示（表 3-14），0~20cm 土层防护绿地（18.50%）非毛管孔隙度最高，其他几种绿地类型土壤间没有显著差异；不同绿地类型之间 20~40cm 土层土壤非毛管空隙度差异不显著。不同绿地类型 0~20cm 和 20~40cm 土层土壤的毛管孔隙度和总孔隙度没有显著差异。对于不同植被类型下的土壤，乔灌草非毛管孔隙度平均值最大，其他植被类型差异不显著，不同植被类型的土壤毛管孔隙度和总孔隙度没有显著差异（表 3-15）。

表 3-15　徐州市不同植被类型土壤孔隙度　　　　（单位：%）

指标	植被类型	0~20cm		20~40cm	
		变幅	平均值±标准差	变幅	平均值±标准差
非毛管孔隙度	草灌木	4.23~15.08	8.67±0.05a	2.00~12.00	8.75%±0.04a
	灌木	3.67~19.45	11.33±0.08a	3.00~15.00	9.25%±0.07a
	草坪	5.34~10.87	7.33±0.02a	7.00~9.00	8.00%±0.01a
	乔灌草	5.23~19.19	15.33±0.07b	6.00~19.00	13.00%±0.07b
	林地	5.56~28.23	11.33±0.08a	4.00~15.00	9.00%±.05a
	乔灌木	3.90~15.67	9.17±0.04a	5.00~12.00	7.40%±0.03a
毛管孔隙度	草灌木	40.47~43.29	41.00±0.01a	38.00~45.00	40.75%±0.03a
	灌木	39.09~46.42	43.00±0.03a	35.00~47.00	42.75%±0.05a
	草坪	35.01~43.71	39.00±0.04a	34.00~42.00	38.67%±0.04a

续表

指标	植被类型	0～20cm		20～40cm	
		变幅	平均值±标准差	变幅	平均值±标准差
毛管孔隙度	乔灌草	43.12～51.18	45.67±0.04a	33.00～38.00	35.67%±0.03a
	林地	30.23.～51.25	42.67±0.07a	33.00～46.00	40.00%±0.05a
	乔灌木	42.45～50.65	46.33±0.03a	39.00～45.00	42.80%±0.02a
总孔隙度	草灌木	44.67～55.89	50.00±0.05a	42.00～51.00	46.25%±0.04a
	灌木	48.77～63.34	55.67±0.07a	37.00～62.00	51.75%±0.12a
	草坪	42.98～49.56	46.33±0.03a	43.00～50.00	46.67%±0.04a
	乔灌草	48.47～62.36	56.67±0.07a	41.00～52.00	48.00%±0.06a
	林地	50.46～71.14	58.00±0.08a	46.00～52.00	49.00%±0.03a
	乔灌木	48.91～61.25	55.50±0.05a	43.00～54.00	50.20%±0.05a

　　一般来说，土壤的总孔隙度为35.00%～65.00%，最适宜为50.00%～60.00%，若总孔隙度大于60.0%～70.0%，则过于疏松，难于立苗，不能保水。而毛管孔隙度在30.0～40.0%、非毛管孔隙度在10.0%～20.0%，则比较理想（崔晓阳和方怀龙，2001；姚贤良和程云生，1986）。依据这一标准，徐州市绿地0～20cm土层土壤满足适合植物生长毛管孔隙度的仅占20.00%，满足非毛管空隙度的占41.67%，满足总孔隙度的占41.60%（图3-7～图3-9），这说明上层绿地土壤（0～20cm）中约60.00%以上的土壤孔隙度偏低或偏高，对植物根系的生长会产生一定影响；20～40cm土层土壤中满足适合植物生长的毛管孔隙度的占47.83%，满足非毛管孔隙度的占34.78%，满足总孔隙度的占43.48%，说明约一半土壤的通气透水能力较差，不利于植物的生长发育。

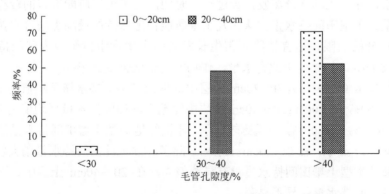

图3-7　徐州市不同绿地类型土壤毛管孔隙度分布频率

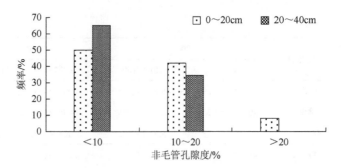

图 3-8　徐州市不同绿地类型土壤非毛管孔隙度分布频率

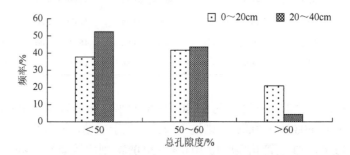

图 3-9　徐州市不同绿地类型土壤总孔隙度分布频率

四、土壤田间持水量

　　水是土壤的重要组成部分，是植物生长和生存的物质基础。水对土壤的形成过程、土壤的发育和土壤中物质和能量的运移都有重要的影响（孙向阳，2005）。田间持水量是指在地下水较深和排水良好的土地上充分灌水或降水后，允许水分充分下渗，并防止其水分蒸发，经过一定时间，土壤土层所能维持的较稳定的土壤含水量。土壤田间持水量被认为是土壤所能稳定保持的最高土壤含水量，是植物有效水分的上限，适宜植物正常生长发育的土壤含水量至少为田间持水量的60.0%～80.0%，如果低于此含水量，作物的生长就会受到影响。

　　研究显示（表 3-16），0～20cm 土层中绿地土壤田间持水量平均值为 30.17%，变幅为 21.00%～51.00%；20～40cm 土层中绿地土壤田间持水量平均值为 26.35%，变幅为 19.00%～33.00%。多重比较显示，不同绿地类型土壤田间持水量没有显著差异。表 3-17 显示，在 0～20cm 土层中，除了乔灌木地田间持水量稍大些外，其他几种植被类型土壤田间持水量没有显著差异，在 20～40cm 土层中，不同植被类型土壤田间持水量差异不显著。

表 3-16 徐州市不同绿地类型土壤田间持水量 （单位：%）

绿地类型	0~20cm		20~40cm	
	变幅	平均值±标准差	变幅	平均值±标准差
附属绿地	26.00~35.00	29.33±4.93a	24.00~30.00	26.67±3.06
防护绿地	23.00~51.00	33.7±12.58a	21.00~27.00	24.75±2.63
公园绿地	21.00~47.00	30.0±10.12a	20.00~28.00	25.25±3.59
生产绿地	25.00~30.00	28.00±2.65a	22.00~28.00	26.00±3.46
街头绿地	24.00~40.00	29.20±6.38a	19.00~33.00	26.80±5.81
道路绿地	27.00~34.00	30.25±2.99a	28.00~29.00	28.50±0.58
整体绿地	21.00~51.00	30.17±7.25	19.00~33.00	26.35±3.52

表 3-17 徐州市不同植被类型土壤田间持水量 （单位：%）

植被类型	0~20cm		20~40cm	
	变幅	平均值±标准差	变幅	平均值±标准差
草灌木	24.23~29.12	26.67±0.02a	22.00~30.00	26.00%±0.03a
灌木	28.34~31.65	26.75±0.01a	19.00~32.00	26.75%±0.06a
草坪	21.65~31.78	27.33±0.03a	20.00~28.00	25.00%±0.04a
乔灌草	26.12~35.23	30.00±0.04a	24.00~26.00	24.67%±0.01a
林地	23.78~51.12	31.67±0.10a	21.00~28.00	25.40%±0.03a
乔灌木	25.45~47.57	33.67±0.08b	28.00~33.00	29.40%±0.02a

五、小结

徐州市城市绿地土壤 0~20cm 土层以壤土、粉（砂）质黏壤土为主，所占比例为 51.86%；20~40cm 土层以粉（砂）质黏壤土和粉（砂）壤土为主，所占比例为 51.87%。总体来看，徐州市绿地土壤以粉（砂）质黏壤土、壤土、粉（砂）质黏壤土和粉（砂）壤土为主，75%土壤黏粒含量过高或过低，不利于土壤肥力功能的发挥。

徐州市城市绿地 0~20cm 土层土壤密度变幅为 0.70~1.52g/cm³，平均值为 1.25g/cm³，密度在 1.26~1.50g/cm³ 的频率为 58.0%；20~40cm 土层土壤密度变幅为 1.10~1.61g/cm³，平均值为 1.33g/cm³，土壤密度在 1.26~1.50g/cm³ 的频率为 60.0%，其中，该土层中生产绿地土壤密度最大，附属绿地土壤密度最小。总体来看，土壤密度偏大，不利于植物的生长发育。

　　徐州市绿地 0～20cm 土层土壤满足适合植物生长的毛管孔隙度的仅占 20.00%，满足非毛管空隙度的占 41.67%，满足总孔隙度的占 41.60%；20～40cm 土层土壤中满足适合植物生长的毛管孔隙度的占 47.83%，满足非毛管孔隙度的占 34.78%，满足总孔隙度的占 43.48%。总体来说，约 50%绿地土壤的通气、透水能力较差，不利于植物的生长发育。

　　徐州市 0～20cm 土层绿地土壤田间持水量平均为 30.17%，变幅为 21.00%～51.00%；20～40cm 土层绿地土壤平均值为 26.35%，变幅为 19.00%～33.00%。另外，总体来说，不同植被类型土壤田间持水量没有显著差异。

第四章　城市林业土壤化学性质

城市林业土壤偏碱性，pH 比周围的自然土壤高。南京地区附近自然土壤的 pH 变幅为 4.51～7.40，土壤基本呈酸性，而南京市城区土壤 pH 变幅为 5.19～9.15，中值为 8.15，土壤基本呈碱性，部分呈强碱性。pH 是影响土壤生物和化学活性的重要因素，高 pH 会导致城市土壤营养元素有效性降低，影响树木的生长（卢瑛等，2002；Craul，1994）。引起城市林业土壤 pH 升高的原因可能包括：①用于融化道路积雪的氯化钙、氯化钠和其他盐，随着地表径流积累在土壤中；②城市土壤中常常混有建筑废弃物、煤渣和其他碱性混合物，上述物质会向土壤中释放钙；③大量含碳酸盐的灰尘和沉降；④土壤中碳酸盐与碳酸反应形成重碳酸盐等因素导致城市土壤趋向碱性；⑤土壤母质是石灰岩；⑥城市环卫工作（清除枯枝落叶），使土壤得不到凋落物中有机质的补充等（卢瑛等，2002）。

城市林业土壤的有机质含量分布不均，表现为同一城市部分区域富集，部分区域匮乏；不同城市间，有些城市相对富集，有些城市相对匮乏。例如，行道树外土壤普遍有机质含量偏低，而公园、动物园、城郊片林区有机质含量相对较高（李妍等，2005）；哈尔滨市城市土壤的草坪用地和绿化用地，表层土壤有机质比森林土壤分别降低 82.0%～95.9%和 77.1%～94.8%，比农业土壤分别降低 86.6%和82.9%，比自然土壤分别降低 96.1%和 95.0%（陈立新，2002）；而上海市和南京市城市林业土壤有机质含量处于较低水平（项建光等，2004；卢瑛等，2005）。得不到树木凋落物的有机质和养分补充，加上部分地区的土壤表层被削去，而土壤又常常掺杂着许多煤渣、砖块和生活垃圾等外来物质，是城市林业土壤有机质含量偏低的主要原因。生活垃圾中有机废弃物的混入、污水灌溉和污泥的覆盖等是部分地区土壤中有机质富集的主要原因（温琰茂和韦照韬，1996；李艳霞等，2003）。

不同地区城市土壤各主要营养元素含量差异很大，同一城市在不同功能区也有较大差异。南京、哈尔滨、沈阳、深圳和武汉等城市土壤的磷元素富集，但广州和厦门缺乏（王良睦等，2003；管东生等，1998；李妍等，2005；边振兴和王秋兵，2003；张甘霖等，2003b；章明奎和周翠，2006）；国内大部分城市土壤全氮含量处于中、低等水平，有效钾普遍富集。龚子同等（2001）认为，所有的城市土壤中钙、镁、硫等元素含量高且供应充足。阳离子交换量低、盐基饱和度高是城市土壤的另外两个典型特征。同一城市不同功能区中旅游区、公园绿地、动物园和植物园土壤中养分含量相对较高。

第一节　南京市城市林业土壤化学性质

采集南京市 44 个公园、道路绿化带、大学校园和城郊天然林带的城市林业土壤样点（表 4-1）上下层土壤样品，并分析土壤的化学性质。

表 4-1　南京市调查样点概况

功能区	采样点位置	土壤类型	植被类型、覆盖率	土壤剖面情况
公园（$n=32$）	北极阁、大桥公园、二桥公园、古林公园、九华山、莫愁湖、国防园、栖霞寺、情侣园、乌龙山公园、玄武湖、月牙湖	客土为主，部分为原土	乔灌草混交林、草坪，植被覆盖率>80%	土壤紧实，层次凌乱，含少量石砾，部分缺腐殖质层
道路绿化带（$n=36$）	柳塘立交桥、马群立交桥、南京化工厂、南京理工大学紫金学院前、仙鹤门	客土为主，个别为原土	乔灌草混交林、草坪，植被覆盖率占道路面积的 10%～20%	缺腐殖质层，土壤紧实，层次凌乱，含石砂、废电池、瓷器、石灰等侵入体
大学校园（$n=8$）	南京理工大学、南京农业大学、南京体育学院、南京林业大学	客土	乔灌草混交林、草坪，植被覆盖率>80%	缺腐殖质层，土壤紧实，层次凌乱，含少量石砾
城郊天然林带（$n=30$）	东杨坊立交桥附近山区、伊刘苗圃、灵谷寺、灵山、幕府山联珠村、农场山、栖霞山、四方城、乌龙山、紫金山	原土	乔灌草混交林，植被覆盖率>90%	土壤疏松，结构良好，侵入体少

注：n 表示土壤样品数量。

一、土壤 pH

土壤 pH 是土壤的重要化学性质，是成土条件、理化性质、肥力特征的综合反映，也是划分土壤类型、评价土壤肥力的重要指标，深刻影响着土壤养分的有效性和污染物的活性，也影响到土壤中微生物的数量、组成和活性，从而影响土壤中物质的转化。表 4-2 中的结果表明，南京市城市林业 0～20cm 土壤的 pH 变幅为 4.85～8.00，平均值为 7.26。中性土（pH 为 6.5～7.5）和碱性土（pH>7.5）所占的比例较大，分别为 20.83%和 64.58%（图 4-1）。20～40cm 土壤的 pH 变幅为 4.88～8.35，平均值为 7.23，同样中性土和碱性土所占的比例较大，分别为 15.56%和 64.44%。

城市不同功能区间林业土壤的 pH 没有显著差异，同一采样点上下层间土壤的 pH 没有显著差异（表 4-2）。但不同植被类型土壤间 pH 有显著差异，表现为客土显著高于原土。原土主要分布在市郊天然林下，部分分布在市区公园内，因为受土壤母质的影响，土壤偏酸性；而客土主要受人为扰动强烈，外源侵入物也较多，因此土壤偏碱性（表 4-3）。

表 4-2　南京市不同功能区土壤 pH

功能区	0～20cm		20～40cm	
	变幅	平均值±标准差	变幅	平均值±标准差
公园	4.85～8.00	7.28±1.03a	5.04～8.22	7.29±1.08a
道路绿化带	7.65～7.93	7.78±0.12a	7.75～8.35	8.0±0.23a
大学校园	7.22～7.82	7.53±0.31a	7.72～8.06	7.84±0.19a
城郊天然林	5.38～7.84	6.82±0.77a	4.88～8.04	6.62±0.94a
裸地（对照）	7.84～7.98	7.91±0.08a	7.68～7.88	7.78±0.12a

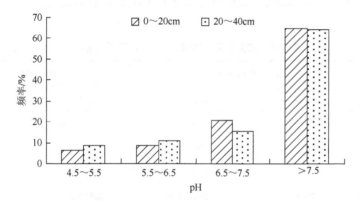

图 4-1　南京市土壤 pH 分布频率

表 4-3　南京市不同植被类型土壤 pH

植被类型	土壤类型	0～20cm		20～40cm	
		变幅	平均值±标准差	变幅	平均值±标准差
林灌草	原土	4.85～7.79	6.52±0.91a	4.88～7.75	6.26±0.9a
	客土	5.76～7.98	7.59±0.54b	6.0～8.22	7.77±0.52b
草坪	客土	7.31～8.0	7.79±0.2b	7.28～8.35	7.83±0.32b

二、土壤养分

1. 土壤有机质和全氮含量

南京市城市林业 0～20cm 土层土壤的有机质含量变幅为 3.13～41.0g/kg，

平均值为 13.84g/kg；20～40cm 土层土壤的有机质含量变幅为 0.65～25.42g/kg，平均值为 7.77g/kg（表 4-4）。根据全国第二次土壤普查土壤肥力状况分级标准（全国土壤普查办公室，1998），南京市城市林业上层（0～20cm）土壤的有机质含量在中偏低水平（10～20g/kg）及以下的累积频率为 75%（图 4-2）；下层（20～40cm）土壤的有机质含量在中偏低水平（10～20g/kg）及以下的累积频率为 93%。因此，南京市城市林业土壤的有机质含量总体处于低水平。城市林业土壤的全氮含量与有机质含量呈线性正相关，相关系数为 0.93。全氮含量的分布状况与有机质含量一致（图 4-3），上层土壤全氮含量在中偏低水平（0.75～1.0g/kg）及以下的累积频率为 77.10%，下层土壤全氮含量在中偏低水平（0.75～1.0g/kg）及以下的累积频率为 95.56%。因此，南京市城市林业土壤氮素较为缺乏。

表 4-4   南京市不同功能区土壤有机质含量   （单位：g/kg）

功能区	0～20cm		20～40cm	
	变幅	平均值±标准差	变幅	平均值±标准差
公园	5.70～31.2	15.4±8.3ab	0.65～25.42	10.4±6.4ab
道路绿化带	3.13～11.4	6.4±3.4ab	1.4～8	5.1±2.5ab
大学校园	4.20～29.8	15.0±11.4ab	6.2～11.5	8.5±2.7ab
城郊天然林	7.3～41.0	16.2±8.3a	2.4～12	7.0±2.6ab
裸地（对照）	5.2～5.7	5.5±0.3ab	2.4～4.8	3.6±1.4b

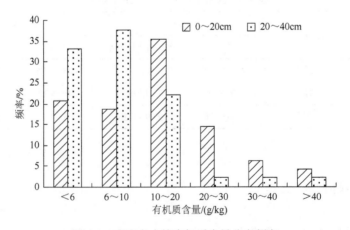

图 4-2   南京市土壤有机质含量分布频率

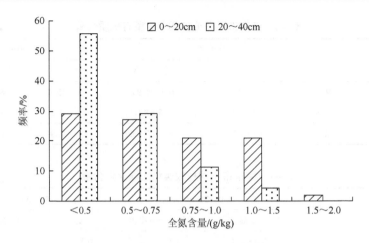

图4-3　南京市土壤全氮含量分布频率

城市不同功能区林业土壤的有机质含量的分布特征表现为城郊天然林上层土壤有机质含量最高，裸地（对照）下层土壤有机质含量最低，其他功能区及上下层间差异不显著（表4-4）。土壤全氮含量分布与有机质有着相似的特征，城郊天然林上层土壤全氮含量最高，道路绿化带下层土壤全氮含量最低，裸地（对照）下层和道路绿化带上层土壤的全氮含量也相对较低（表4-5）。

表4-5　南京市不同功能区土壤全氮含量　　　　（单位：g/kg）

功能区	0~20cm		20~40cm	
	变幅	平均值±标准差	变幅	平均值±标准差
公园	0.4~1.4	0.8±0.3ab	0.3~1.2	0.6±0.3abc
道路绿化带	0.4~0.5	0.4±0.1abc	0.2~0.4	0.3±0.1c
大学校园	0.5~1.0	0.8±0.3abc	0.4~0.7	0.5±0.2abc
城郊天然林	0.4~1.8	0.9±0.3a	0.3~0.8	0.5±0.1abc
裸地（对照）	0.5~0.5	0.5±0.02abc	0.03~0.4	0.4±0.1bc

不同植被类型间土壤的有机质和全氮含量没有显著性差异（表4-6和表4-7），而原土上层的有机质和全氮含量均显著高于下层。原土表面有枯枝落叶，表层中富含腐殖质是上层有机质和全氮含量高于下层的主要原因；客土上下层间土壤的有机质和全氮含量没有显著性差异，主要是因为客土受人为挖掘、填埋、切割等因素影响，使得土壤上下层间界限模糊，甚至完全混合。

表 4-6　南京市不同植被类型土壤有机质含量　　　（单位：g/kg）

植被类型	土壤类型	0～20cm		20～40cm	
		变幅	平均值±标准差	变幅	平均值±标准差
林灌草	原土	3.8～41.0	16.0±8.9a	2.4～25.4	8.2±5.3bc
	客土	5.2～29.8	14.5±8.1ab	0.7～18.2	8.2±5.0bc
草坪	客土	3.1～31.2	10.0±7.9abc	2.4～15.9	6.5±4.0c

表 4-7　南京市不同植被类型土壤全氮含量　　　（单位：g/kg）

植被类型	土壤类型	0～20cm		20～40cm	
		变幅	平均值±标准差	变幅	平均值±标准差
林灌草	原土	0.4～1.8	0.9±0.3a	0.3～1.2	0.6±0.2bc
	客土	0.4～1.4	0.8±0.4ab	0.3～1.2	0.5±0.2bc
草坪	客土	0.4～1.2	0.6±0.3bc	0.2～0.7	0.4±0.2c

2. 土壤有效磷含量

研究表明，南京市城市林业土壤有效磷含量分布不均，上层土壤含量<3mg/kg、5～10mg/kg 和 10～20mg/kg 的分布频率分别为20.83%、33.33%和20.83%，下层土壤含量<3mg/kg、5～10mg/kg 和 10～20mg/kg 的分布频率分别为26.67%、28.89%和28.89%，含量为 10～20mg/kg、5～10mg/kg 和<3mg/kg 的频率较高（图4-4）。有效磷在城市林业土壤中富集，0～20cm 和 20～40cm 土层土壤的有效

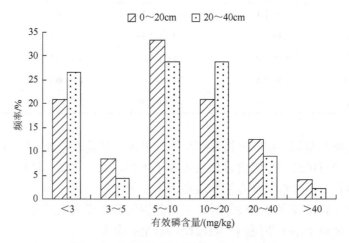

图 4-4　南京市土壤有效磷含量分布频率

磷含量平均值分别为 13.89mg/kg 和 11.37mg/kg。城郊天然林 0～20cm 和 20～40cm 土层土壤的有效磷含量平均值分别为 5.50mg/kg 和 3.32mg/kg，土壤有效磷明显缺乏。

不同功能区、不同植被类型、不同土壤类型及上下层间城市林业土壤的有效磷含量差异不明显（表 4-8 和表 4-9）。

表 4-8　南京市不同功能区土壤有效磷含量 　（单位：mg/kg）

功能区	0～20cm		20～40cm	
	变幅	平均值±标准差	变幅	平均值±标准差
公园	1.49～66.53	17.68±17.93a	1.32～35.28	12.61±9.16a
道路绿化带	6.20～14.67	9.16±3.53a	5.38～17.89	8.89±5.18a
大学校园	3.61～17.06	8.28±6.18a	2.39～15.57	9.36±6.62a
城郊天然林	0.11～15.63	5.50±4.7a	0.00～10.7	3.32±3.71a
裸地（对照）	6.21～14.25	10.23±4.64a	10.09～12.6	11.35±1.45a

表 4-9　南京市不同植被类型土壤有效磷含量 　（单位：mg/kg）

植被类型	土壤类型	0～20cm		20～40cm	
		变幅	平均值±标准差	变幅	平均值±标准差
林灌草	原土	0.11～36.42	6.80±8.81a	0.00～10.7	3.80±3.67a
	客土	1.49～35.98	13.78±10.66a	1.63～35.28	11.68±9.25a
草坪	客土	2.47～66.53	13.07±16.76a	1.15～20.1	11.02±5.28a

3. 土壤有效钾含量

南京市城市林业上层土壤的有效钾含量变幅为 37.13～208.66mg/kg，下层土壤的有效钾含量变幅为 49.21～207.72mg/kg。根据全国第二次土壤普查土壤肥力状况分级标准，上层土壤的有效钾含量在 4 级及以上的累积频率为 95.45%（图 4-5），下层土壤的有效钾含量在 4 级及以上的累积频率为 95.12%，土壤有效钾富集。与磷素分布特征一样，有效钾也表现为城区林业土壤的含量明显高于城郊天然林土壤。

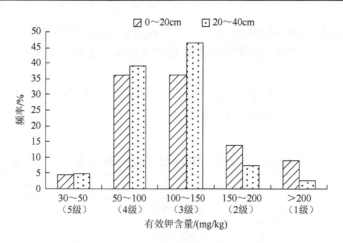

图 4-5　南京市土壤有效钾含量分布频率

不同功能区、不同植被类型、不同土壤类型及上下层间城市林业土壤的有效钾含量差异不明显（表 4-10 和表 4-11）。

表 4-10　南京市不同功能区土壤有效钾含量　　　　（单位：mg/kg）

功能区	0～20cm		20～40cm	
	变幅	平均值±标准差	变幅	平均值±标准差
公园	1.29～1.62	131.37±50.75a	68.98～207.72	117.64±36.27a
道路绿化带	84.88～130.23	108.23±16.79a	84.88～160.07	112.66±31.69a
大学校园	120.52～208.66	154.53±41.14a	104.8～171.78	131.11±35.73a
城郊天然林	37.13～160.33	91.76±36.32a	49.21～132.4	92.22±30.52a
裸地（对照）	100.7～108.9	104.8±4.74a	84.8～116.55	100.67±18.33a

表 4-11　南京市不同植被类型土壤有效钾含量　　　　（单位：mg/kg）

植被类型	土壤类型	0～20cm		20～40cm	
		变幅	平均值±标准差	变幅	平均值±标准差
林灌草	原土	37.13～220.09	98.52±44.07a	49.21～136.68	92.27±27.23a
	客土	73.15～212.2	130.78±38.91a	84.8～207.72	125.29±31.45a
草坪	客土	57.08～208.66	116.84±44.92a	49.3～160.07	104.69±35.16a

4. 土壤阳离子交换量

土壤阳离子交换量（cation exchange capacity，CEC）是衡量土壤保肥供肥能力的重要指标。一般认为 CEC 低于 10cmol(+)/kg 的土壤保肥能力差,土壤肥力低。南京市城市林业 0～20cm 土层土壤的 CEC 变幅为 8.71～23.99cmol(+)/kg,平均值为 16.52cmol(+)/kg;20～40cm 土层土壤的 CEC 变幅为 10.41～27.69cmol(+)/kg,平均值为 17.43cmol(+)/kg,表明南京市城市林业土壤的保肥能力较强。

三、小结

南京市城市林业土壤以中性和碱性土为主,不同功能区间城市林业土壤的 pH 没有显著差异,同一采样点上下层间土壤的 pH 没有显著差异,但城区林业土壤客土的 pH 明显高于原土。土壤的有机质和全氮含量都偏低且呈线性正相关,且都以城郊天然林上层土壤的含量最高,原土上层的有机质和全氮含量显著高于下层。城市不同功能区林业土壤的有机质含量表现为城郊天然林上层土壤有机质含量最高,裸地下层土壤有机质含量最低,其他功能区及上下层间差异不显著。城郊天然林上层土壤全氮含量最高,道路绿化带下层土壤全氮含量最低,裸地下层和道路绿化带上层土壤的全氮含量也相对较低。不同植被类型土壤的有机质和全氮含量没有显著差异,而原土上层的有机质和全氮含量均显著高于下层。有效磷在城区林业土壤中富集,在城郊天然林土壤中明显缺乏,不同功能区、不同植被类型、不同土壤类型及上下层间城市林业土壤的有效磷含量差异不明显。土壤有效钾富集,城区林业土壤的有效钾含量明显高于城郊天然林土壤,而不同功能区、不同植被类型、不同土壤类型及上下层间城市林业土壤的有效钾含量差异不明显。南京市城市林业 0～20cm 土层土壤的 CEC 变幅为 8.71～23.99cmol(+)/kg,平均值为 16.52cmol(+)/kg;20～40cm 土层土壤的 CEC 变幅为 10.41～27.69cmol(+)/kg,平均值为 17.43cmol(+)/kg,土壤的 CEC 较高,土壤保肥能力较强。

第二节　徐州市城市林业土壤化学性质

依据国家城市绿地分类标准(CJJ/T 85—2017),结合徐州市绿地实际情况,将徐州市绿地划分为 6 种类型,即附属绿地、防护绿地、公园绿地、生产绿地、街头绿地和道路绿地。根据徐州市主要绿地类型,每种绿地设置 4～5 个 30m×30m 标准地,共 28 个,每个标准地在代表性地段分别多点采集 0～20cm 和 20～40cm 土层土壤混合样品,重复 3 次,共采集土壤样品 168 个,其中生产绿地 18 个,其他绿地各 30 个,调查土壤的背景情况、利用现状和人为干扰状况(表 4-12)。同时,利用土钻采集 0～20cm、20～40cm、40～100cm 土层土壤混合样品测定土壤性质,共计采集样品 252 个。

表 4-12 徐州市研究样地概况

绿地类型	采样点（土壤类型）	土壤土层情况
附属绿地	御景园小区（客土）、徐州工程学院南校区（客土）、江苏师范大学贾汪校区（客土）、中国矿业大学（客土）、江苏恩华药业股份有限公司（客土）	层次凌乱，结构不明显，含有少量侵入体，人为扰动较明显
防护绿地	奎河（泉山段）（原土）、凤凰山（原土）、云龙山（西坡）（原土）、铁路专线防护林（原土）、排洪道（原土）	土壤疏松，结构良好，含有石砾、石灰，有机质丰富，均为原土，侵入体较少，人为扰动不明显
公园绿地	云龙公园（客土）、百果园（客土）、戏马台公园（原土）、楚河公园（客土）、夏桥公园（客土）	层次凌乱，侵入体较多，结构不明显，人为堆垫层次明显
生产绿地	金山园艺（原土）、茶棚苗圃（原土）、徐州绿化苗木基地（原土）	土壤紧实，侵入体少
街头绿地	薇园（客土）、西安路与建国路交叉口（客土）、大马路三角地（客土）、彭祖路北侧（客土）、柳园（客土）	结构不明显，含有石砾、石灰，侵入体较少，人为堆垫层次明显
道路绿地	二环北路（客土）、和平路（客土）、解放路（客土）、北京路（客土）、贾韩路（客土）	层次凌乱，结构不明显，含有少量侵入体，人为扰动较明显

一、土壤 pH

研究表明，在 0～20cm 土层中，土壤 pH 平均值为 8.07，变幅为 7.31～8.44，最大值（pH = 8.44）和最小值（pH = 7.31）均出现在公园绿地；在 20～40cm 土层中，土壤 pH 平均值为 8.10，最大值（pH = 8.49）出现在街头绿地，最小值（pH = 7.32）出现在公园绿地（表 4-13）。多重比较结果显示：在不同绿地类型土壤 0～20cm 土层中，附属绿地和街头绿地、道路绿地之间 pH 有显著差异，附属绿地 pH 偏高。防护绿地、生产绿地、街头绿地、公园绿地和道路绿地之间无显著差异；在 20～40cm 土层中，不同绿地类型土壤之间没有显著差异（表 4-13）。不同植被类型土壤之间 pH 没有显著差异，说明植被类型对土壤酸碱性没有显著影响（表 4-14）。

表 4-13 徐州市不同绿地类型土壤 pH

绿地类型	0～20cm		20～40cm	
	变幅	平均值±标准差	变幅	平均值±标准差
附属绿地	8.18～8.39	8.27±0.09a	8.15～8.44	8.28±0.13a
防护绿地	7.53～8.27	8.07±0.21ab	7.75～8.44	8.13±0.20a
公园绿地	7.31～8.44	7.99±0.42b	7.32～8.42	8.01±0.43a

续表

绿地类型	0~20cm		20~40cm	
	变幅	平均值±标准差	变幅	平均值±标准差
生产绿地	7.94~8.00	7.96±0.03ab	7.98~8.06	8.03±0.04a
街头绿地	7.70~8.42	8.14±0.26ab	7.60~8.49	8.15±0.26a
道路绿地	7.60~8.25	7.96±0.28a	7.39~8.44	8.03±0.37a
整体绿地	7.31~8.44	8.07±0.29	7.32~8.49	8.10±0.30

表 4-14　徐州市不同植被类型土壤 pH

植被类型	0~20cm		20~40cm	
	变幅	平均值±标准差	变幅	平均值±标准差
草灌木	7.67~8.39	8.10±0.38a	7.39~8.44	7.99±0.50a
灌木	7.64~8.17	7.93±0.26a	8.22~8.34	8.27±0.05a
草坪	8.02~8.38	8.19±0.18a	8.04~8.43	8.18±0.21a
乔灌草	8.00~8.44	8.22±0.22a	8.04~8.41	8.26±0.20a
林地	7.31~8.32	8.04±0.38a	7.37~8.27	8.02±0.38a
乔灌木	7.60~8.42	8.07±0.30a	7.95~8.49	8.14±0.23a

　　徐州市绿地土壤 0~20cm 和 20~40cm 土层 pH 在 7.5~8.5 的频率约占 93%，说明徐州市绿地土壤呈碱性（图 4-6）。主要原因有三个方面：一方面，土壤中有较高含量的碳酸钙，使其 pH 维持在 7.5~8.5（于天仁，1987；Jim，1998）；

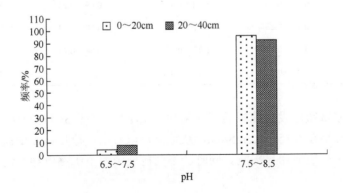

图 4-6　徐州市绿地土壤 pH 分布频率

另一方面，由于城市土壤中常常混有建筑废弃物、煤渣和其他碱性混合物等，其中的钙会向土壤中释放；另外，大量含碳酸盐灰尘的沉降，混凝土风化也向土壤中释放钙，土壤中碳酸盐与碳酸反应形成重碳酸盐等因素，使城市土壤 pH 与自然土壤差异明显（卢瑛等，2001；Craul，1994）。

二、土壤电导率

土壤电导率是表征土壤水溶性盐含量的指标，而土壤水溶性盐是土壤的一个重要属性，是判定土壤中盐类离子是否限制植物生长的因素。分析表明（表 4-15），0～20cm 土层土壤电导率平均值为 0.15mS/cm，变幅为 0.08～0.23mS/cm，最小值出现在道路绿地，最大值出现在街头绿地，不同绿地类型之间电导率有显著差异，防护绿地电导率平均值最高，为 0.23mS/cm，附属绿地平均值最低，为 0.12mS/cm。20～40cm 土层土壤电导率平均值为 0.16mS/cm，变幅为 0.08～0.24mS/cm，最大平均值出现在街头绿地，最小平均值出现在附属绿地，不同类型绿地之间没有显著差异。

表 4-15　徐州市不同绿地类型土壤电导率　　　（单位：mS/cm）

绿地类型	0～20cm		20～40cm	
	变幅	平均值±标准差	变幅	平均值±标准差
附属绿地	0.09～0.15	0.12±0.02a	0.11～0.15	0.13±0.43a
防护绿地	0.10～0.22	0.23±2.24b	0.09～0.19	0.14±0.14a
公园绿地	0.09～0.23	0.18±0.54b	0.11～0.18	0.15±0.84a
生产绿地	0.12～0.16	0.14±0.78ab	0.09～0.23	0.14±0.05a
街头绿地	0.11～0.23	0.16±0.94b	0.10～0.24	0.17±0.74a
道路绿地	0.08～0.19	0.13±0.04b	0.08～0.23	0.16±0.94a
整体绿地	0.08～0.23	0.15±0.04b	0.08～0.24	0.16±0.04a

根据国家城镇建设行业标准《绿化种植土壤》（CJ/T 340—2016），要求绿化种植土壤电导率在 0.15～1.2mS/cm，从数据可以看出，徐州市土壤盐分含量不会对园林植物生长造成明显影响。同时，不同植被类型下土壤电导率没有显著差异（表 4-16）。

表 4-16　徐州市不同植被类型土壤电导率　　　　（单位：mS/cm）

植被类型	0～20cm		20～40cm	
	变幅	平均值±标准差	变幅	平均值±标准差
草灌木	0.11～0.15	0.12±0.017a	0.12～0.16	0.13±0.02a
灌木	0.17～0.23	0.16±0.02a	0.14～0.18	0.16±0.02a
草坪	0.13～0.17	0.14±0.02a	0.13～0.21	0.16±0.04a
乔灌草	0.10～0.12	0.11±0.08a	0.12～0.15	0.13±0.02a
林地	0.11～0.16	0.14±0.04a	0.13～0.23	0.15±0.04a
乔灌木	0.12～0.18	0.15±0.02a	0.14～0.24	0.17±0.03a

三、土壤养分

1. 土壤有机质含量

土壤有机质是指存在于土壤中的所有含碳的有机化合物，主要包括土壤中各种动物、植物残体、微生物体及其分解和合成的各种有机化合物（孙向阳，2005）。尽管土壤有机质的含量只占土壤总量的很小一部分（一般为 1%～20%），但是它是决定土壤多种功能表现的最重要成分，对土壤结构的形成、土壤养分的释放、土壤吸附和缓冲功能、土壤微生物的活动、侵蚀性及土壤保水性能都起着至关重要的作用（李文芳等，2004；徐建明，2010），是土壤质量评价中不可或缺的指标。统计分析表明（表 4-17），徐州市不同绿地类型 0～20cm 土层土壤有机质含量平均值为 22.37g/kg，变幅为 5.18～65.32g/kg，1～3 级（有机质含量＞20g/kg）的频率占 37%，4～6 级（有机质含量＜20g/kg）的频率占 63%。20～40cm 土层土壤有机质含量平均值为 17.84g/kg，变幅为 2.60～64.71g/kg，1～3 级的频率占 24%，4～6 级的频率占 76%（图 4-7）。多重比较结果显示，除了防护绿地土壤有机质含量较高外，其他几种绿地土壤有机质含量没有显著差异。对于不同植被类型的土壤有机质，林地上层（0～20cm）和下层（20～40cm）土壤有机质含量均显著高于其他几种植被类型，而草灌木、灌木、草坪、乔灌草、乔灌木之间没有显著差异（表 4-18）。

徐州市大部分绿地土壤有机质含量处于较低水平，原因在于大部分绿地都是最近几年改建的，开发时间较短，土壤来源复杂，有机质积累较少。另外和绿地植物的枯枝落叶、修剪的枝、叶和草屑被园林工人清扫掉也有一定关系。根据全国第二次土壤普查土壤肥力分级标准，徐州市 0～20cm 和 20～40cm 土层有机质含量在中偏低水平（有机质含量为 10～20g/kg）及以下的累积频率均为63%（图 4-7），表明徐州市大部分绿地土壤有机质含量处于较低水平，在管理过程中，应采取保持凋落物、使用有机肥等措施增加土壤有机质含量。

表 4-17　徐州市不同绿地类型土壤有机质含量　　　（单位：g/kg）

绿地类型	0～20cm		20～40cm	
	变幅	平均值±标准差	变幅	平均值±标准差
附属绿地	11.31～21.18	15.27±3.13a	6.62～16.07	11.00±2.84a
防护绿地	17.53～65.32	41.93±15.91b	7.92～64.71	35.80±17.74b
公园绿地	7.75～62.19	22.38±19.02a	6.26～36.42	13.61±8.28a
生产绿地	15.21～16.61	15.84±0.71a	11.26～18.46	14.35±3.71a
街头绿地	5.18～21.29	12.33±4.51a	2.60～42.60	14.00±11.96a
道路绿地	11.12～27.70	16.67±5.68a	6.30～26.61	11.49±6.50a
整体绿地	5.18～65.32	22.37±16.11	2.60～64.71	17.84±14.25a

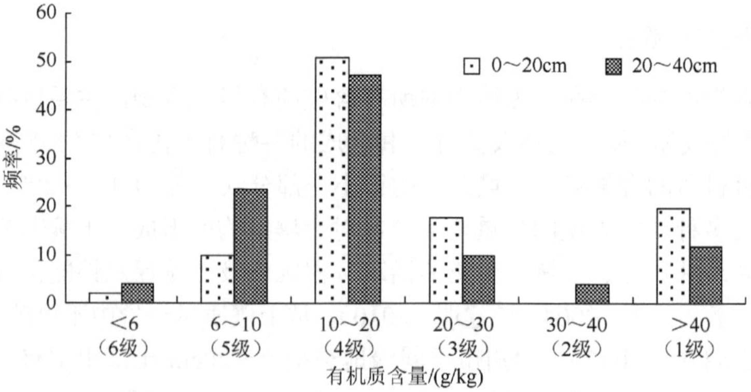

图 4-7　徐州市土壤有机质含量分布频率

表 4-18　徐州市不同植被类型土壤有机质含量　　　（单位：g/kg）

植被类型	0～20cm		20～40cm	
	变幅	平均值±标准差	变幅	平均值±标准差
草灌木	6.96～14.14	10.55±5.08a	8.07～10.37	9.22±1.63a
灌木	11.31～41.77	17.09±10.95a	6.62～42.60	14.49±12.67a
草坪	8.08～15.70	11.26±3.34a	8.45～12.56	10.59±1.69a
乔灌草	5.18～21.18	13.60±4.76a	5.22～16.07	11.20±3.22a
林地	15.21～65.32	39.76±23.18b	7.92～64.71	31.20±18.10b
乔灌木	7.75～68.19	21.09±15.32a	2.60～36.42	13.80±9.30a

2. 土壤全氮含量

研究表明（表 4-19），在 0～20cm 土层中，附属绿地、防护绿地、公园绿地、生产绿地、街头绿地和道路绿地的全氮含量平均值分别为 0.62g/kg、1.91g/kg、0.92g/kg、0.63g/kg、0.50g/kg 和 0.68g/kg，整体绿地平均值为 0.96g/kg，变幅在 0.24～3.77g/kg；在 20～40cm 土层中，附属绿地、防护绿地、公园绿地、生产绿地、街头绿地和道路绿地全氮的含量平均值分别为 0.44g/kg、1.49g/kg、0.55g/kg、0.56g/kg、0.55g/kg 和 0.47g/kg，整体绿地平均值为 0.73g/kg，变幅在 0.09～2.67g/kg，最大值出现在防护绿地，最小值出现在附属绿地。多重比较结果显示，在 0～20cm 和 20～40cm 土层中，除了防护绿地全氮含量显著较高外，其他几种绿地类型土壤全氮含量没有显著差异。对于不同植被类型的土壤来说（表 4-20），0～20cm 土层中草坪植被下土壤全氮含量平均值最高，乔灌草植被下土壤全氮含量平均值最低；20～40cm 乔灌木植被下土壤全氮含量平均值最高，乔灌草植被下土壤全氮含量平均值最低。

表 4-19 徐州市不同绿地类型土壤全氮含量 （单位：g/kg）

绿地类型	0～20cm		20～40cm	
	变幅	平均值±标准差	变幅	平均值±标准差
附属绿地	0.45～0.92	0.62±0.15a	0.26～0.65	0.44±0.11a
防护绿地	0.71～3.77	1.91±0.91b	0.31～2.67	1.49±0.76b
公园绿地	0.32～2.92	0.92±0.80a	0.24～1.50	0.55±0.35a
生产绿地	0.62～0.64	0.63±0.01a	0.45～0.71	0.56±0.13a
街头绿地	0.24～0.87	0.50±0.17a	0.09～1.54	0.55±0.45a
道路绿地	0.44～1.24	0.68±0.25a	0.24～1.21	0.47±0.30a
整体绿地	0.24～3.77	0.96±0.77	0.09～2.67	0.73±0.60

表 4-20 徐州市不同植被类型土壤全氮含量 （单位：g/kg）

植被类型	0～20cm		20～40cm	
	变幅	平均值±标准差	变幅	平均值±标准差
草灌木	0.53～0.79	0.65±0.13a	0.24～1.50	0.66±0.57a
灌木	0.47～1.78	0.91±0.75b	0.31～2.35	0.85±1.00a
草坪	0.45～2.20	1.21±0.89b	0.26～1.21	0.69±0.48a
乔灌草	0.32～0.64	0.51±0.17a	0.39～0.45	0.42±0.03b
林地	0.40～2.92	0.97±0.96b	0.42～1.02	0.61±0.23b
乔灌木	0.24～2.86	1.09±1.00b	0.24～2.67	0.89±1.01a

根据全国第二次土壤普查土壤养分分级标准，在 0～20cm 土层中（图 4-8），全氮含量在 4～6 级的频率占 74.50%，在 1～3 级的频率仅占 25.50%；在 20～40cm 土层中，全氮含量在 4～6 级的频率占 74.51%，在 1～3 级的频率仅占 25.49%。表明徐州市绿地土壤约有 2/3 的面积土壤缺氮，这与土壤有机质含量较低有很大关系。

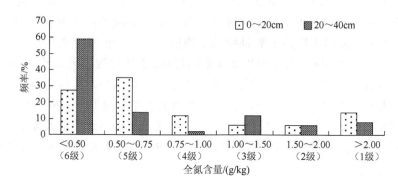

图 4-8　徐州市土壤全氮含量分布频率

3. 土壤有效磷含量

有效磷是土壤中可被植物吸收的磷组分，包括全部水溶性磷、部分吸附态磷及有机态磷，有的土壤中还包括某些沉淀态磷。研究显示（表 4-21），在 0～20cm 土层中，整体绿地有效磷含量平均值为 2.22mg/kg，变幅为 0.01～11.59mg/kg，最大值和最小值均出现在道路绿地；20～40cm 土层中，整体绿地有效磷含量平均值为 1.87mg/kg，变幅为 0.01～18.77mg/kg，最大值和最小值均出现在街头绿地。多重比较结果显示，不同类型绿地土壤之间有效磷含量均没有显著差异。对于不同植被类型土壤有效磷来说，0～20cm 土层中乔灌木有效磷含量平均值最高为 4.02mg/kg，草坪含量平均值最低为 0.81mg/kg，20～40cm 土层有效磷含量没有显著差异（表 4-22）。

从图 4-9 可以看出，徐州市城市绿地土壤有效磷含量在 6 级水平（有效磷含量<3mg/kg）的占 70% 以上，在 5 级水平（3～5mg/kg）的占 9%，说明徐州市城市绿地土壤有效磷含量缺乏，主要原因在于土壤钙含量较高，对磷素进行了化学固定，生成了磷的难溶性物质，导致了磷的有效性下降。因此，园林管理部门应加强磷肥的使用，并提高磷肥的利用率。

表 4-21　徐州市不同绿地类型土壤有效磷含量　（单位：mg/kg）

绿地类型	0～20cm		20～40cm	
	变幅	平均值±标准差	变幅	平均值±标准差
附属绿地	0.02～3.97	1.17±1.62a	0.09～2.67	0.73±0.60a
防护绿地	0.07～3.92	1.10±1.15a	0.02～3.44	0.50±0.98a
公园绿地	0.11～7.98	2.74±2.64a	0.02～13.30	3.04±3.88a
生产绿地	0.11～6.07	2.18±3.37a	0.16～5.14	2.04±2.71a
街头绿地	0.02～8.12	2.81±2.99a	0.01～18.77	3.38±5.72a
道路绿地	0.01～11.59	3.19±4.35a	0.03～5.78	1.41±2.37a
整体绿地	0.01～11.59	2.22±2.75	0.01～18.77	1.87±3.47

表 4-22　徐州市不同植被类型土壤有效磷含量　（单位：mg/kg）

植被类型	0～20cm		20～40cm	
	变幅	平均值±标准差	变幅	平均值±标准差
草灌木	0.07～2.95	1.50±2.04ab	0.02～1.68	0.85±1.17a
灌木	0.02～3.97	1.68±1.87ab	0.01～4.51	1.54±1.99a
草坪	0.02～2.60	0.81±1.20b	0.06～1.24	0.62±0.58a
乔灌草	0.02～5.19	1.54±2.23b	0.01～18.77	3.43±6.46a
林地	0.07～6.07	1.33±1.73b	0.02～5.14	0.83±1.51a
乔灌木	0.01～11.59	4.02±3.62a	0.01～13.30	2.59±3.68a

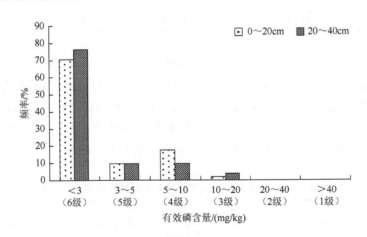

图 4-9　徐州市城市绿地土壤有效磷含量分布频率

4. 土壤有效钾含量

钾素是植物生长所必需的营养成分之一，植物吸收利用的钾是有效钾。研究显示（表 4-23），在 0～20cm 土层中，附属绿地、防护绿地、公园绿地、生产绿地、街头绿地和道路绿地有效钾含量平均值分别为 195.26mg/kg、227.03mg/kg、237.44mg/kg、166.77mg/kg、154.03mg/kg 和 182.00mg/kg，整体绿地平均值为 200.19mg/kg，变幅在 105.62～689.29mg/kg，最大值和最小值出现在公园绿地；在 20～40cm 土层中，附属绿地、防护绿地、公园绿地、生产绿地、街头绿地和道路绿地有效钾含量平均值分别为 149.00mg/kg、137.72mg/kg、254.54mg/kg、147.54mg/kg、146.95mg/kg 和 127.38mg/kg，整体绿地平均值为 167.54mg/kg，变幅在 58.45～584.46mg/kg，最大值出现在公园绿地，最小值出现在道路绿地。

表 4-23　　徐州市不同绿地类型土壤有效钾含量　　　　（单位：mg/kg）

绿地类型	0～20cm		20～40cm	
	变幅	平均值±标准差	变幅	平均值±标准差
附属绿地	129.20～296.20	195.26±62.88a	92.51～202.58	149.00±34.79a
防护绿地	150.17～348.61	227.03±69.04a	84.65～205.20	137.72±37.49a
公园绿地	105.62～689.29	237.44±200.63a	126.58～584.46	254.54±168.41b
生产绿地	160.65～171.13	166.77±5.46a	139.69～160.65	147.54±11.42ab
街头绿地	108.24～296.20	154.03±54.48a	68.93～374.81	146.95±88.37a
道路绿地	116.10～296.20	182.00±66.87a	58.45～191.37	127.38±42.49a
整体绿地	105.62～689.29	200.19±111.74	58.45～584.46	167.54±103.71

多重比较显示，在 0～20cm 土层中，不同绿地类型没有显著差异；在 20～40cm 土层中，公园绿地有效钾含量高于附属绿地、防护绿地、街头绿地和道路绿地，但附属绿地、防护绿地、街头绿地、生产绿地和道路绿地之间差异不显著，公园绿地和生产绿地也没有显著差异。对不同植被类型来说，上层（0～20cm）和下层（20～40cm）土壤有效钾含量均没有显著差异（表 4-24）。

表 4-24　　徐州市不同植被类型土壤有效钾含量　　　　（单位：mg/kg）

植被类型	0～20cm		20～40cm	
	变幅	平均值±标准差	变幅	平均值±标准差
草灌木	155.41～163.27	159.34±5.56a	123.96～165.89	144.93±29.65a
灌木	108.24～296.20	170.93±61.60a	123.96～202.58	165.41±28.81a
草坪	105.62～191.37	142.78±36.20a	100.38～184.24	140.34±35.64a
乔灌草	108.24～269.99	164.72±49.02a	92.51～223.55	149.19±48.02a

植被类型	0～20cm		20～40cm	
	变幅	平均值±标准差	变幅	平均值±标准差
林地	150.17～348.61	214.11±65.80a	84.65～205.20	139.87±33.44a
乔灌木	116.10～689.29	238.01±176.31a	58.45～584.46	211.48±173.03a

根据全国第二次土壤普查土壤肥力分级标准，在 0～20cm 土层中，有效钾含量在 1～3 级的频率占 100%，在 20～40cm 土层中，有效钾含量在 1～3 级的频率占 86.27%（图 4-10）。表明徐州市绿地土壤有效钾含量丰富，完全满足园林植物对钾素的需求。

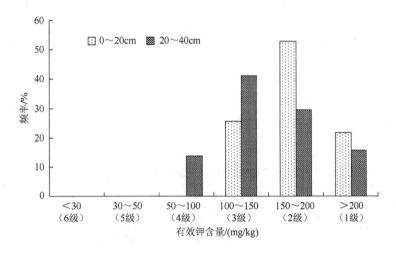

图 4-10　徐州市土壤有效钾含量分布频率

5. 土壤水解性氮含量

土壤中的水解性氮又称有效性氮，它包括无机态氮（铵态氮、硝态氮）和一部分易分解的有机态氮（氨基酸、酰胺态氮），与有机质含量及熟化程度有着密切的关系。研究显示（表 4-25），在 0～20cm 土层中，徐州市不同绿地类型土壤水解性氮含量平均值为 85.50mg/kg，变幅在 21.65～277.11mg/kg，最大值出现在防护绿地，最小值出现在街头绿地；在 20～40cm 土层中，水解性氮含量平均值为 59.51mg/kg，变幅在 17.32～200.62mg/kg，最大值和最小值均出现在防护绿地。多重比较显示，在 0～20cm 土层中，防护绿地水解性氮含量和附属绿地及公园绿地之间有显著差异，含量较高，但附属绿地、公园绿地、街头绿地、生产绿地和道路绿地之间没有差异；在 20～40cm 土层中，防护绿地、公园绿地、街头绿地和道路绿地之间有显著差异，防护绿地有效氮含量较高，但附属绿地、生产绿地、公园绿地、街头绿地和道路绿地之间没有显著差异，防护绿地、附属绿地和生产绿地之间也没有显著差异。对于不同植被类型来说，在 0～20cm 和 20～40cm 土层中，林地土壤水解性氮含量达到了最大值，其他几种植被类型没有显著差异（表 4-26）。

表 4-25　徐州市不同绿地类型土壤水解性氮含量　　　　（单位：mg/kg）

绿地类型	0～20cm		20～40cm	
	变幅	平均值±标准差	变幅	平均值±标准差
附属绿地	23.09～95.26	53.95±26.77b	32.93～105.36	61.85±25.67ab
防护绿地	31.09～277.11	130.40±84.48a	17.32～200.62	90.21±58.00a
公园绿地	25.98～213.61	71.08±61.72b	25.98～96.70	48.94±21.34b
生产绿地	35.16～73.61	56.16±19.47ab	34.64～72.16	48.75±20.42ab
街头绿地	21.65～212.16	89.92±65.06ab	23.09～103.92	51.81±28.25b
道路绿地	38.97～167.42	78.48±41.18ab	31.75～60.62	44.74±10.00b
整体绿地	21.65～277.11	85.50±63.73	17.32～200.62	59.51±36.27

表 4-26　徐州市不同植被类型土壤水解性氮含量　　　　（单位：mg/kg）

植被类型	0～20cm		20～40cm	
	变幅	平均值±标准差	变幅	平均值±标准差
草灌木	41.55～54.85	53.20±9.40b	72.72～73.61	43.16±0.63b
灌木	23.09～67.84	42.39±15.25b	25.98～67.84	41.92±13.26b
草坪	33.20～69.28	43.82±17.06b	25.98～75.77	46.08±21.26b
乔灌草	21.65～95.26	53.74±25.59b	23.09～105.36	52.75±27.98b
林地	31.09～277.11	114.50±80.92a	17.32～200.62	81.33±54.44a
乔灌木	25.9～213.61	109.10±62.66a	23.09～103.92	53.13±23.68b

　　根据全国第二次土壤普查土壤养分分级标准，在 0～20cm 土层中，徐州市水解性氮含量在 4～6 级的频率为 70.59%，在 1～3 级的频率为 29.41%；在 20～40cm 土层中，水解性氮含量 4～6 级的频率为 86.27%，在 1～3 级的频率为 13.73%（图 4-11）。表明徐州市绿地土壤水解性氮含量较低，这可能和增加有机质含量、换土、改土时间不长有关，在一定程度上可能会影响园林植物的生长。

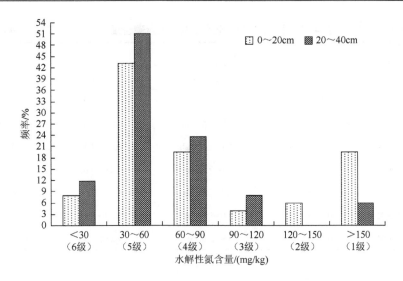

图 4-11 徐州市土壤水解性氮含量分布频率

6. 土壤全磷含量

磷是植物细胞核的重要成分，它对细胞分裂和植物各器官组织的分化发育，特别是开花结实具有重要作用，是植物体内生理代谢活动中必不可少的一种元素。研究显示（表 4-27），在 0～20cm 土层中，徐州市附属绿地、防护绿地、公园绿地、生产绿地、街头绿地和道路绿地全磷的含量平均值分别为 0.63g/kg、0.80g/kg、1.15g/kg、0.36g/kg、1.49g/kg 和 0.64g/kg，整体绿地平均值为 0.94g/kg，变幅在 0.20～3.58g/kg，最大值出现在街头绿地，最小值出现在防护绿地；在 20～40cm 土层中，附属绿地、防护绿地、公园绿地、生产绿地、街头绿地和道路绿地全磷的含量平均值分别为 0.58g/kg、0.83g/kg、1.33g/kg、0.39g/kg、0.86g/kg 和 0.72g/kg，整体绿地平均值为 0.88g/kg，变幅在 0.27～3.30g/kg，最大值出现在公园绿地，最小值出现在生产绿地。多重比较结果显示，街头绿地和附属绿地、防护绿地、生产绿地及道路绿地之间有显著差异，街头绿地全磷含量较高，而街头绿地和公园绿地之间没有显著差异。对不同植被类型下土壤来说，0～20cm 土层土壤全磷含量没有显著差异，该土层草坪植被下土壤全磷含量平均值最高，草灌木土壤含量平均值最低（表 4-28）。

虽然全磷和有效磷含量并不是密切相关的，但也反映了土壤潜在的供磷能力。根据全国第二次土壤普查土壤养分分级标准，在 0～20cm 土层中（图 4-12），全磷含量在 4～6 级的频率占 41.18%，在 1～3 级的频率为 58.82%；在 20～40cm 土层中，全磷含量在 4～6 级的频率占 33.34%，在 1～3 级的频率为 66.66%，说明上层部分土壤全磷含量较低，下层土壤大部分土壤全磷含量较高。

表 4-27　徐州市不同绿地类型土壤全磷含量　　　　（单位：g/kg）

绿地类型	0~20cm		20~40cm	
	变幅	平均值±标准差	变幅	平均值±标准差
附属绿地	0.36~0.89	0.63±0.20a	0.30~1.25	0.58±0.32a
防护绿地	0.20~2.01	0.80±0.50a	0.48~1.64	0.83±0.31ab
公园绿地	0.29~3.14	1.15±0.85ab	0.63~3.30	1.33±0.92b
生产绿地	0.32~0.39	0.36±0.04a	0.27~0.63	0.39±0.21a
街头绿地	0.34~3.58	1.49±1.13b	0.38~2.56	0.86±0.68ab
道路绿地	0.24~1.63	0.64±0.44a	0.30~1.94	0.72±0.52a
整体绿地	0.20~3.58	0.94±0.77	0.27~3.30	0.88±0.65

表 4-28　徐州市不同植被类型土壤全磷含量　　　　（单位：g/kg）

植被类型	0~20cm		20~40cm	
	变幅	平均值±标准差	变幅	平均值±标准差
草灌木	0.34~0.61	0.47±0.19a	0.62~1.25	0.94±0.44ab
灌木	0.46~1.58	0.91±0.43a	0.51~1.41	0.78±0.30ab
草坪	0.60~3.58	1.46±1.41a	0.42~2.22	0.99±0.83c
乔灌草	0.36~2.33	0.87±0.62a	0.30~0.67	0.50±0.13a
林地	0.20~2.01	0.71±0.48a	0.27~1.64	0.73±0.34ab
乔灌木	0.24~3.14	1.13±0.97a	0.30~3.30	1.20±0.95b

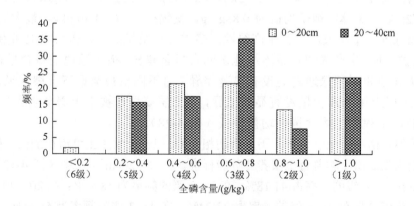

图 4-12　徐州市土壤全磷含量分布频率

7. 土壤全钾含量

研究显示（表 4-29），在 0～20cm 土层中，土壤全钾含量平均值为 23.91g/kg，变幅在 16.01～37.66g/kg，最大值和最小值均出现在防护绿地；在 20～40cm 土层中，平均值为 24.09g/kg，变幅在 13.72～37.07g/kg，最大值出现在防护绿地，最小值出现在道路绿地。多重比较结果显示，0～20cm 土层和 20～40cm 土层情况相同，除生产绿地全钾含量较低外，其他几种绿地类型没有显著差异；对于不同植被类型来说，除林地全钾含量平均值较低外，其他几种绿地类型没有明显差异（表 4-30）。

表 4-29 徐州市不同绿地类型土壤全钾含量 （单位：g/kg）

绿地类型	0～20cm		20～40cm	
	变幅	平均值±标准差	变幅	平均值±标准差
附属绿地	19.08～28.99	24.54±4.19ab	18.94～31.14	23.88±4.75ab
防护绿地	16.01～37.66	22.29±6.15ab	16.11～37.07	22.47±5.93ab
公园绿地	19.69～29.88	24.75±3.48a	20.37～29.72	24.93±3.75a
生产绿地	17.68～19.50	18.66±0.92b	16.62～19.42	18.11±1.41b
街头绿地	20.49～29.67	26.04±3.39a	18.26～31.18	26.72±4.17a
道路绿地	17.24～28.32	23.63±4.29ab	13.72～32.60	24.18±6.49ab
整体绿地	16.01～37.66	23.91±4.51	13.72～37.07	24.09±5.12

表 4-30 徐州市不同植被类型土壤全钾含量 （单位：g/kg）

植被类型	0～20cm		20～40cm	
	变幅	平均值±标准差	变幅	平均值±标准差
草灌木	25.82～29.28	27.55±2.45ab	21.14～28.86	25.00±5.46ab
灌木	23.04～28.80	25.88±2.47a	22.40～29.65	25.67±2.79ab
草坪	21.02～28.97	25.24±4.27ab	20.74～29.52	25.65±4.41ab
乔灌草	19.08～28.99	23.39±4.17ab	18.26～31.14	22.94±4.90ab
林地	16.01～37.66	21.51±5.62b	16.11～37.07	21.53±5.55a
乔灌木	17.24～29.88	24.62±3.99ab	13.72～29.88	25.69±5.39b

土壤有效钾含量反映了土壤钾素的现实供应指标，全钾含量则反映了土壤钾素的潜在供应能力。根据全国第二次土壤普查养分分级标准，徐州市绿地土壤全钾含量绝大部分处于 1～3 级水平，含量均处在中上等水平，不存在全钾含量不足的问题（图 4-13）。

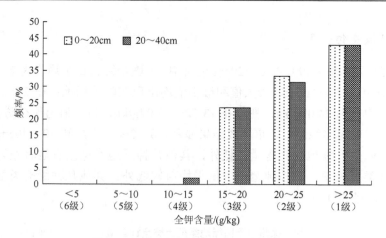

图 4-13　徐州市土壤全钾含量分布频率

四、土壤阳离子交换量

研究显示（表 4-31），在 0～20cm 土层中，附属绿地、防护绿地、公园绿地、生产绿地、街头绿地和道路绿地的土壤阳离子交换量平均值分别为12.81cmol(+)/kg、21.62cmol(+)/kg、14.93cmol(+)/kg、13.92cmol(+)/kg、13.45cmol(+)/kg 和 13.44cmol(+)/kg，整体平均值为 15.50cmol(+)/kg，变幅在 11.22～33.81cmol(+)/kg，最大值出现在防护绿地，最小值出现在街头绿地；在 20～40cm土层中，附属绿地、防护绿地、公园绿地、生产绿地、街头绿地和道路绿地全氮的含量平均值分别为 13.67cmol(+)/kg、18.69cmol(+)/kg、13.75cmol(+)/kg、12.69cmol(+)/kg、13.50cmol(+)/kg 和 12.80cmol(+)/kg，整体平均值为 14.54cmol(+)/kg，变幅在 10.05～25.66cmol(+)/kg，最大值出现在防护绿地，最小值出现在街头绿地。多重比较结果显示，除了防护绿地土壤阳离子交换量较高外，其他几种类型绿地土壤阳离子交换量没有显著差异。对于不同植被类型下土壤来说，在0～20cm 土层中，草坪土壤阳离子交换量最高，草灌木植被下土壤阳离子交换量最低；在 20～40cm 土层中，不同植被类型下土壤阳离子交换量没有显著差异（表 4-32）。

农业上一般认为阳离子交换量＜10cmol(+)/kg 为保肥力弱的土壤，在 10～20cmol(+)/kg 的为保肥力中等土壤，＞20cmol(+)/kg 的为保肥力强的土壤（黄昌勇，2000）。参照这一标准，徐州市绿地土壤保肥能力处于中等及中等以上水平（图 4-14）。但对城市绿地土壤来说，为达到园林植物较好的观赏效果，对土壤理化性质的要求就更高，阳离子交换量的控制标准也可适当提高。根据张琪等（2005）的研究，阳离子交换量的园林土壤控制标准可考虑定在大于等于 14cmol(+)/kg，而且根据调查，满足这一指标的土壤，其理化性质均较好，基本上能达到园林植物的正常生长要求。

表 4-31　徐州市不同绿地类型土壤阳离子交换量（单位：cmol(+)/kg）

绿地类型	0～20cm		20～40cm	
	变幅	平均值±标准差	变幅	平均值±标准差
附属绿地	12.38～13.32	12.81±0.32a	12.15～15.90	13.67±1.27a
防护绿地	14.05～33.81	21.62±5.57b	11.48～25.66	18.69±4.97b
公园绿地	11.43～27.59	14.93±4.72a	11.03～19.09	13.75±2.58a
生产绿地	13.56～14.42	13.92±0.44a	12.29～12.92	12.69±0.35a
街头绿地	11.22～16.94	13.45±1.61a	10.05～20.75	13.50±2.96a
道路绿地	11.27～16.76	13.44±1.65a	11.28～16.47	12.80±1.71a
整体绿地	11.22～33.81	15.50±4.79	10.05～25.66	14.54±3.68

表 4-32　徐州市不同植被类型土壤阳离子交换量（单位：cmol(+)/kg）

植被类型	0～20cm		20～40cm	
	变幅	平均值±标准差	变幅	平均值±标准差
草灌木	12.83～13.14	12.95±0.16a	12.70～19.09	14.79±2.92a
灌木	12.51～21.19	15.77±4.72b	11.48～23.33	14.62±5.81a
草坪	12.38～23.63	17.29±5.75b	11.65～17.28	14.57±2.82a
乔灌草	12.52～13.56	13.03±0.52a	12.01～12.88	12.38±0.45a
林地	12.63～27.59	15.63±5.88b	12.92～15.24	13.50±0.98a
乔灌木	12.81～26.82	16.87±5.57b	11.29～25.66	15.75±5.79a

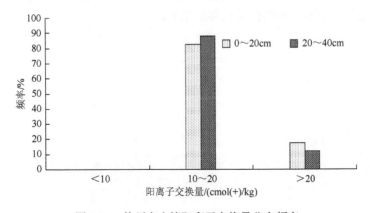

图 4-14　徐州市土壤阳离子交换量分布频率

五、小结

徐州市城市绿地土壤 0～20cm 土层土壤有效磷含量和有效钾含量平均值分别为 2.22mg/kg 和 200.19mg/kg，不同类型绿地土壤没有显著差异，水解性氮含量平均值为 85.50mg/kg，防护绿地含量平均值最高，附属绿地含量平均值最低；在 20～40cm 土层中，有效磷含量平均值为 1.87mg/kg，不同绿地类型土壤没有显著差异，有效钾含量平均值为 167.54mg/kg，水解性氮含量平均值为 59.51mg/kg，公园绿地有效钾含量最高，防护绿地水解性氮含量最高，道路绿地有效钾含量和水解性氮含量最低。在 0～20cm 土层中，全磷含量平均值为 0.94g/kg，街头绿地含量平均值最高，生产绿地含量平均值最低。全氮含量平均值为 0.96g/kg，防护绿地含量平均值最高，街头绿地含量平均值最低；全钾含量平均值为 23.91g/kg，街头绿地含量平均值最高，生产绿地含量平均值最低；在 20～40cm 土层中，全磷和全钾含量平均值分别为 0.88g/kg 和 24.09g/kg，公园绿地全磷含量平均值最高，街头绿地全钾含量平均值最高，全钾和全磷在生产绿地含量平均值最低。全氮含量平均值为 0.73g/kg，防护绿地含量平均值最高，附属绿地含量平均值最低。在 0～20cm 土层中，阳离子交换量平均值为 15.50cmol(+)/kg；在 20～40cm 土层中，阳离子交换量平均值为 14.54cmol(+)/kg，在上层（0～20cm）和下层（20～40cm）中，防护绿地土壤有机质含量和阳离子交换量均达到了最大值。电导率在 0～20cm 土层中的平均值为 0.15mS/cm，防护绿地最高，生产绿地最低，20～40cm 土层电导率平均值为 0.16mS/cm。不同绿地类型土壤 pH 没有显著差异，pH 在 7.5～8.5 的约占 93%，徐州市城市绿地土壤总体呈碱性。

总体来看，土壤有机质、全氮、有效磷含量普遍偏低，可能会限制园林植物的生长；土壤有效钾富集，能满足植物对钾的需求，土壤保肥能力处于中等及中上水平，盐分含量不会影响园林植物的生长。

第五章　城市林业土壤生物学性质

城市林业土壤的生物特性对环境变化敏感,能够较迅速地反映土壤质量变化。例如,在重金属污染高的土壤中,脲酶和过氧化氢酶活性均显著下降(史长青,1995;刘树庆,1996),土壤微生物生物量下降,但微生物呼吸强度和生理活动却显著提高(杨元根等,2001);在生活污染物和有机毒害物质较多的地区,脲酶活性较高(王焕华等,2005)。土壤生物性质的指标主要有土壤动物与微生物的种群和数量、微生物生物量、酶活性等。

长期以来,相关学者逐渐重视城市土壤生物特性的研究并取得了一些成果。杨元根等(2001)认为,重金属显著积累的土壤中,土壤微生物生物量下降,但微生物呼吸强度和生理活动却显著高于相对应的农村土壤。彭涛等(2006)用分拣法和干漏斗法对北京市土壤节肢动物进行调查,结果表明土壤节肢动物的平均密度和丰富度在不同功能区以公园最高,不同地表植被以林地最高,表层土最高。杨冬青等(2005)对上海市三种生境类型下的土壤动物进行调查,共捕获土壤动物 3863 个,属 27 个类群,其中绿地中的类群数和个体数多于农田和废弃地。随着城市化水平的提高,土壤中微生物的数量有明显的减少趋势,其中变化较大的是细菌,而真菌和放线菌的变化不明显(孙福军等,2006)。土壤环境的变化迅速影响土壤生物活性,现有的研究结果表明:重金属污染能够显著降低土壤的生物活性,加快微生物的代谢周期;有机污染物对土壤生物有选择性;城市表层土壤多为客土,通常受人为扰动较多,其生物活性一般高于底层土壤;由于受人为扰动小,环境特征与天然林地相近的城市林地、公园和旅游风景区土壤的生物活性明显高于其他类型土壤。

土壤酶活性是土壤肥力评价的重要指标之一,土壤酶活性与土壤理化特性、肥力状况和农业措施有着显著的相关性。在目前已知的、存在于生物体内的近2000 种酶类中,约有 50 种累积在土壤中。土壤酶来自微生物、植物和动物,植物对土壤酶含量的直接影响表现为植物活根能够分泌胞外酶,间接影响表现为活根或残体都能刺激土壤微生物的活性,通过微生物释放更多的酶。土壤酶在碳、氮、磷等有机元素的生物地球化学循环中的作用主要是对含碳、氮、磷等有机物的分解,如蔗糖酶、蛋白酶、磷酸酶、磷脂酶等。土壤中的酶有六大类:①氧化还原酶类,如脱氢酶、过氧化氢酶、抗坏血酸氧化酶等;②转移酶类,如葡聚糖蔗糖酶、果聚糖蔗糖酶等;③水解酶类,如磷酸酶、纤维素酶、淀粉酶、核酸酶、脲酶等；④裂解酶类，如天冬氨酸脱羧酶、谷氨酸脱羧酶等；⑤异构酶；⑥连接酶。土壤中酶活性的研究主要涉及前四类酶，研究最多的是氧化还原酶类和水解酶类（Allison et al.，2006；刘建新，2009；周礼恺，1987）。土壤酶主要源于土壤微生物和动植物的活动和分泌物，以及它们残体腐解过程中的释放，土壤酶是生态系统的物质循环和能量流动过程中的重要动力，土壤中所进行的一切生物学和化学过程都要通过酶的催化作用才能完成（Martens，2000；邱莉萍等，2004）。土壤酶活性对土壤环境变化反应敏感，研究土壤酶活性能够较直观地了解土壤管理方式或经营方式对土壤质量的影响。长期以来，土壤研究者通过对土壤的理化性质和环境特性（重金属和有机污染物）的研究，对城市林业土壤的质量状况有了初步了解（张甘霖，2001）。但城市林业土壤的特点是客土较多，受人为干扰大，土壤往往无发生诊断特征，变异性大。这就使得单用传统的理化性质不能准确评价城市林业土壤的质量状况。本章通过对城市林业土壤的微生物生物量和酶活性的测定，以及酶活性与养分间的相关性研究，以期了解城市林业土壤的生物学特征并揭示土壤酶活性对城市林业土壤肥力的指示作用。

第一节　南京市城市林业土壤生物学性质

以南京市不同功能区林业土壤为研究对象，采集0~20cm和20~40cm土层土壤。功能区分为城市公园（玄武湖、月牙湖、情侣园、南京国防园、莫愁湖等）、道路绿化带（以绿化面积较大的立交桥绿化带为主要采样点）、大学校园（南京体育学院、南京理工大学、南京农业大学等）、城郊天然林带（紫金山、幕府山、栖霞山、乌龙山等），共设 44 个采样点。采样点的植被类型有乔灌草和草坪，土壤类型有客土和原土。研究区的植物品种：乔木有水杉（*Metasequoia glyptostroboides*）、三球悬铃木（*Platanus orientalis*）、侧柏（*Platycladus orientalis*）、荷花玉兰（*Magnolia grandiflora*）、香椿（*Toona sinensis*）、樟（*Cinnamomum camphora*）、棕榈（*Trachycarpus fortunei*）、木犀（*Osmanthus fragrans*）等；灌木有雀舌黄杨（*Buxus bodinieri*）、桃叶珊瑚（*Aucuba chinensis*）、绣球荚蒾（*Viburnum macrocephalum*）和檵木（*Loropetalum chinense*）等；草本有红花酢浆草（*Oxalis corymbosa*）、白车轴草（*Trifolium repens*）等。

一、土壤微生物生物量

土壤微生物生物量是指土壤中活的微生物数量，虽然只占土壤有机物的 3% 左右，但由于其直接或间接地参与几乎所有的土壤生物化学过程，在土壤物质的能量循环和转化过程中起重要作用（Jenkinson and Powlson，1976）。南京市城市林业土壤微生物生物量分布特征为：上层土壤变幅为 0～601.1mg/kg，平均值为119.14mg/kg；下层土壤变幅为 0～670.68mg/kg，平均值为 102.21mg/kg。城市林业土壤的微生物生物量分布不均，与正常情况相比，城市林业土壤的微生物生物量偏低。不同功能区、不同植被类型、不同土壤类型及上下层间土壤的微生物生物量没有显著性差异（表 5-1 和表 5-2）。

表 5-1　南京市不同功能区土壤微生物生物量　　（单位：mg/kg）

功能区	0～20cm		20～40cm	
	变幅	平均值±标准差	变幅	平均值±标准差
公园	12.61～252.83	91.59±76.26a	0～670.68	107.00±187.33a
道路绿化带	23.91～83.89	54.13±30.00a	8.45～83.67	39.00±34.6a
大学校园	69.01～134.39	113.45±30.23a	22.18～110.28	66.23±62.30
城郊天然林	0～601.10	175.03±145.14a	11.71～262.15	114.27±90.48a
裸地（对照）	20.58～81.69	51.13±35.28a	41.35～308.76	126.81±126.27a

表 5-2　南京市不同植被类型土壤微生物生物量　　（单位：mg/kg）

植被类型	土壤类型	0～20cm		20～40cm	
		变幅	平均值±标准差	变幅	平均值±标准差
林灌草	原土	39.63～601.1	163.86±144.40a	6.14～240.40	100.30±78.42a
	客土	12.60～199.9	83.60±53.26a	0.00～308.76	64.90±104.89a
草坪	客土	20.58～252.8	117.68±90.04a	8.45～670.70	109.20±190.19a

二、土壤酶活性

土壤酶参与土壤中各种生物化学过程，如腐殖质的分解与合成，动植残体和微生物残体的分解及其合成有机化合物的水解与转化，某些无机化合物的氧化还原反应等。土壤酶的活性大致反映了某一种土壤生态状况下生物化学过程的相对强度，测定相应酶的活性，可间接了解某种物质在土壤中的转化情况。土壤酶活性对环境变化的响应敏感、迅速，因此与观察或研究植物的生长相比，研究土壤酶活性能更快速获取关于土壤质量的信息，利于林业管理者判别不同的物种或管理措施对土壤质量的可能影响，以便及时采取有效措施，提高土壤的性能（曹慧等，2003）。与土壤酶活性相比，有机质含量、全氮含量和有效磷含量等化学指标的变化则需要较长时间才能表现出来。

1. 土壤过氧化氢酶活性

南京市城市林业土壤过氧化氢酶活性上层变幅为 0.08～0.43mg/g，平均值为 0.25mg/g；下层变幅为 0.12～0.52mg/g，平均值为 0.31mg/g。不同功能区城市林业土壤的过氧化氢酶活性没有显著性差异（表 5-3）。土壤过氧化氢酶活性的差异主要表现为客土显著高于原土，而不同植被类型下和在 0～40cm 的土层内没有显著性差异（表 5-4）。相关分析表明，土壤过氧化氢酶活性与有机质和全氮含量呈负相关，其中与全氮含量的负相关达到显著性水平。周礼恺（1987）认为，过氧化氢酶的活性与土壤有机质的含量有关，并随土层的深度而降低，但与微生物的数量没有多大关系。可见，过氧化氢酶在一定程度上能表征土壤的主要养分状况。

表 5-3　南京市不同功能区土壤过氧化氢酶活性　　　　（单位：mg/g）

功能区	0～20cm		20～40cm	
	变幅	平均值±标准差	变幅	平均值±标准差
公园	0.08～0.37	0.27±0.09a	0.12～0.52	0.33±0.12a
道路绿化带	0.23～0.41	0.30±0.10a	0.26～0.43	0.38±0.07a
大学校园	0.19～0.43	0.27±0.11a	0.31～0.43	0.36±0.06a
城郊天然林	0.12～0.41	0.22±0.08a	0.15～0.44	0.25±0.09a
裸地（对照）	0.19～0.37	0.28±0.11a	0.30～0.31	0.31±0.01a

表 5-4　南京市不同植被类型土壤过氧化氢酶活性　　　　（单位：mg/g）

植被类型	土壤类型	0～20cm		20～40cm	
		变幅	平均值±标准差	变幅	平均值±标准差
林灌草	原土	0.08～0.28	0.19±0.05d	0.12～0.40	0.23±0.09cd
	客土	0.15～0.43	0.30±0.09ab	0.28～0.52	0.37±0.07a
草坪	客土	0.12～0.37	0.27±0.08bc	0.22～0.51	0.34±0.09a

2. 土壤脱氢酶活性

通常认为，土壤中具有活性的脱氢酶是生物细胞的必要组成部分，只能存在于生物体内。由于土壤中不可能存在脱离活体的脱氢酶，测得的脱氢酶活性多表征土壤微生物的瞬时代谢活性（周礼恺，1987）。南京市城市林业土壤的脱氢酶活性上层变幅为 0～149.74mg/g，平均值为 31.38mg/g；下层变幅为 0～98.06mg/g，平均值为 20.91mg/g。南京市不同功能区土壤的脱氢酶活性没有显著差异（表 5-5）。

0～20cm 土层土壤中，林灌草植被下土壤脱氢酶的活性显著高于草坪土壤（$P<$ 0.01），20～40cm 土层中各类土壤间脱氢酶活性差异不大，而草坪下层土壤的脱氢酶活性显著高于上层土壤（表 5-6）。草坪的根系主要分布在 0～20cm 土层土壤中，根系与微生物对养分和生存空间的竞争可能会抑制土壤微生物数量及其多样性。相关分析表明，城市林业土壤的脱氢酶与有机质和全氮含量呈极显著正相关，有机质和全氮含量高的土壤中生物活性和微生物代谢较高。林灌草对城市土壤肥力质量的改良要优于草坪。

表 5-5　南京市不同功能区土壤脱氢酶活性　　　　（单位：mg/g）

功能区	0～20cm		20～40cm	
	变幅	平均值±标准差	变幅	平均值±标准差
公园	0.88～149.74	32.14±42.67a	0～98.06	28.46±28.57a
道路绿化带	1.54～41.40	16.30±21.84a	0～46.20	14.76±21.26a
大学校园	1.04～86.71	37.40±41.97a	11.12～18.29	14.85±3.60a
城郊天然林	0～126.83	39.39±36.71a	0～75.56	15.43±20.70a
裸地（对照）	2.53～4.60	3.57±1.20a	4.76～43.17	23.96±22.17a

表 5-6　南京市不同植被类型土壤脱氢酶活性　　　（单位：mg/g）

植被类型	土壤类型	0～20cm		20～40cm	
		变幅	平均值±标准差	变幅	平均值±标准差
林灌草	原土	9.47～90.79	39.33±24.04ab	0～56.70	13.01±16.5bc
	客土	2.53～149.74	48.03±49.75a	0～75.56	27.59±24.24ab
草坪	客土	0.38～8.74	3.91±2.69c	0～98.06	22.57±28.72ab

3. 土壤碱性磷酸酶活性

南京市城市林业土壤碱性磷酸酶活性上层变幅为 0～79.70mg/kg，平均值为 16.70mg/kg；下层变幅为 0～47.07mg/kg，平均值为 9.50mg/kg。南京市不同功能区土壤的碱性磷酸酶活性没有显著性差异（表 5-7），但林灌草植被下原土的酶活性较高，上层土的酶活性较高（表 5-8）。相关分析表明，土壤碱性磷酸酶活性与土壤 pH 呈极显著负相关，与有机质和全氮含量呈显著正相关。在土壤缺磷的条件下，植物根和细菌能够分泌出磷酸酶，酶活性与土壤有机磷含量存在显著的正相关关系，而与无机磷含量在一定浓度范围内存在负相关关系（周礼恺，1987）。

表 5-7　南京市不同功能区土壤碱性磷酸酶活性　　（单位：mg/kg）

功能区	0～20cm		20～40cm	
	变幅	平均值±标准差	变幅	平均值±标准差
公园	0～79.70	23.07±21.26a	0～47.07	12.10±13.06a
道路绿化带	0～9.93	3.31±5.73a	0～5.43	1.09±2.43a
大学校园	0～13.34	4.97±6.38a	0～7.68	3.24±3.97a
城郊天然林	0～46.88	19.08±17.52a	0～43.63	13.30±15.71a
裸地（对照）	4.30～15.57	9.93±6.51a	0～3.18	1.59±1.84a

表 5-8　南京市不同植被类型土壤碱性磷酸酶活性　　（单位：mg/kg）

植被类型	土壤类型	0～20cm		20～40cm	
		变幅	平均值±标准差	变幅	平均值±标准差
林灌草	原土	0～79.7	25.7±23.29a	0～47.07	15.82±17.68ab
	客土	0～32.33	9.47±11.29b	0～18.84	5.29±6.66b
草坪	客土	0～43.59	13.9±11.57ab	0～28.98	6.61±8.57b

4. 土壤纤维素酶活性

纤维素酶能催化纤维素水解，是表征土壤碳素循环速度的重要指标（韩玮等，2006）。城市林业土壤中枯落物比较多，理论上纤维素酶活性应该较高。但研究结果表明，南京市城市林业土壤纤维素酶活性都比较低，上层土壤变幅为 0～0.0061mg/g，平均值为 0.0018mg/g；下层土壤变幅为 0～0.4962mg/g，平均值为 0.014mg/g（表 5-9）。在 20～40cm 的草坪土壤中检测不到该酶的活性（表 5-10），表明纤维素酶的活性在土壤中不是普遍存在的，纤维素酶的活性与土壤养分之间没有明显的相关性（表 5-11 和表 5-12）。

表 5-9　南京市不同功能区土壤纤维素酶活性　　（单位：mg/g）

功能区	0～20cm		20～40cm	
	变幅	平均值±标准差	变幅	平均值±标准差
公园	0～0.0059	0.0018±0.0018a	0～0.0362	0.0033±0.0092a
道路绿化带	0～0.0007	0.0002±0.0004a	0～0.4962	0.0996±0.2200b
大学校园	0～0.0027	0.0013±0.0015a	0～0.0014	0.0006±0.0007a
城郊天然林	0～0.0061	0.0021±0.0020a	0～0.0036	0.0010±0.0012a
裸地（对照）	0.0011～0.0049	0.0030±0.0022a	—	—

表 5-10　南京市不同植被类型土壤纤维素酶活性　（单位：mg/g）

植被类型	土壤类型	0～20cm		20～40cm	
		变幅	平均值±标准差	变幅	平均值±标准差
林灌草	原土	0～0.0061	0.0020±0.0019a	0～0.0036	0.0011±0.0011a
	客土	0～0.0059	0.0015±0.0019a	0～0.0036	0.0010±0.0012a
草坪	客土	0～0.0052	0.0019±0.0017a	—	—

表 5-11　上层土壤酶活性与理化指标的相关系数

	X_1	X_2	X_3	X_4	X_5	X_6	X_7
Y_8	0.614**	0.085	−0.094	0.115	−0.031	0.185	−0.183
Y_9	−0.083	0.523**	0.644**	0.022	−0.144	0.020	0.289
Y_{10}	−0.579**	0.369*	0.475*	0.113	0.052	0.014	0.265
Y_{11}	0.079	−0.043	−0.034	−0.152	−0.056	−0.231	0.042

注：X_1 为 pH；X_2 为有机质含量；X_3 为全氮含量；X_4 为有效钾含量；X_5 为有效磷含量；X_6 为阳离子交换量；X_7 为微生物生物量；Y_8 为过氧化氢酶活性；Y_9 为脱氢酶活性；Y_{10} 为碱性磷酸酶活性；Y_{11} 为纤维素酶活性，下同。
*表示显著相关（$P<0.05$）；**表示极显著相关（$P<0.01$），下同。

表 5-12　下层土壤酶活性与理化指标的相关系数

	X_1	X_2	X_3	X_4	X_5	X_6	X_7
Y_8	−0.088	−0.039	−0.0189	−0.102	0.165	0.975**	−0.107
Y_9	0.213	0.436*	0.422	0.140	−0.050	−0.160	0.084
Y_{10}	−0.620**	0.548**	0.532**	0.005	−0.133	−0.074	0.120
Y_{11}	−0.102	−0.036	−0.013	−0.112	0.156	0.975**	−0.108

三、小结

南京市城市林业土壤微生物生物量偏低、分布不均。南京市城市林业土壤过氧化氢酶活性上层变幅为 0.08～0.43mg/g，平均值为 0.25mg/g；下层变幅为 0.12～0.52mg/g，平均值为 0.31mg/g；脱氢酶活性上层变幅为 0～149.74mg/g，平均值为 31.38mg/g；下层变幅为 0～98.06mg/g，平均值为 20.91mg/g；碱性磷酸酶活性上层变幅为 0～79.70mg/kg，平均值为 16.70mg/kg；下层变幅为 0～47.07mg/kg，平均值为 9.50mg/kg；纤维素酶活性都比较低，上层土壤变幅为 0～0.0061mg/g，平均值为 0.0018mg/g；下层土壤变幅为 0～0.4962mg/g，平均值为 0.014mg/g。城市林业土壤过氧化氢酶活性的差异主要表现为客土显著高于原土，过氧化氢酶活性能表征土壤主要养分状况，但不能表征土壤微生物数量和种群。土壤类型、有机碳含量和全氮含量是影响过氧化氢酶活性的主要因素。林灌草植被下土壤脱氢酶的活性显著高于草坪土壤，有机质和全氮含量高的土壤中脱氢酶活性较高，相应区域的生物活性和微生物代谢速度也较高。林灌草植被下原土和上层土碱性磷酸酶活性较高。城市林业土壤纤维素酶活性都比较低，各类土壤间没有显著差异。

城市林业土壤客土过氧化氢酶活性显著高于原土；林灌草植被下土壤脱氢酶和碱性磷酸酶活性高于草坪土壤，上层土高于下层土；土壤纤维素活性普遍较低，在 20～40cm 土层草坪土壤中甚至检测不到该酶的活性。相关分析表明，过氧化氢酶和碱性磷酸酶与土壤 pH、有机碳和全氮含量有显著相关性，脱氢酶与土壤有机碳和全氮含量有极显著相关性。过氧化氢酶、脱氢酶和碱性磷酸酶是指示城市林业土壤肥力的重要生物学指标。相关典型分析表明，土壤酶活性的综合指数与土壤养分综合指数有显著相关性。城市林业土壤酶活性与土壤 pH、有机质含量、全氮含量和阳离子交换量等养分指标的相关性最高。土壤酶活性的综合指数能够较好地反映城市林业土壤肥力状况。

第二节　徐州市城市林业土壤生物学性质

城市林业土壤是城市生态系统的重要组成部分和园林植物生长的载体，其质量的好坏直接影响绿地质量。因此，城市绿地土壤受到学者越来越高的重视，相关研究不断增多（简兴和苗永美，2009；包兵等，2007；刘艳等，2010）。土壤酶作为土壤环境的重要组成部分，对土壤物质转化、能量流动及土壤肥力的形成起重要作用（Schloter et al.，2003；曹慧等，2003），土壤酶活性与土壤肥力的关系已经成为研究重点之一（耿玉清等，2006；郑诗樟等，2008；Badiane et al.，2009）。长期以来，对于土壤酶的研究，大多集中在耕作土壤（刘建新，2009；马宁宁等，2010；范君华等，2010），关于城市绿地土壤酶的相关研究还不多见，主要有卢瑛等（2007）、程东祥等（2010）、薛文悦等（2009）对其进行了研究。本节以徐州市城市绿地土壤为研究对象，对绿地土壤酶活性与理化性质相关性进行分析，并探讨将其作为土壤肥力评价指标的可能性，为土壤酶作为城市绿地土壤质量评价指标的可能性提供参考。

一、土壤酶活性

土壤酶活性是维持土壤肥力的一个潜在指标，它的高低反映了土壤养分转化的强弱。土壤酶学的研究与土壤肥力的研究联系非常紧密。有关研究表明，土壤过氧化氢酶、蔗糖酶活性等可以用来评价土壤肥力的状况。

1. 土壤脲酶

土壤脲酶是作用于线型酰胺的 C—N 键（非肽）的水解酶，能酶促土中尿素水解成氨。研究显示（表 5-13），在 0～20cm 土层中，土壤脲酶活性平均值为 6.37mg/kg，变幅在 1.62～57.85mg/kg，最大值出现在防护绿地，最小值出现在街头绿地；在 20～40cm 土层中，土壤脲酶活性平均值为 5.82mg/kg，变幅在 1.12～ 44.65mg/kg，最大值出现在公园绿地，最小值出现均出现在街头绿地。多重比较显示，在 0～20cm 土层中，不同绿地类型之间没有显著差异；在 20～40cm 土层中，除了公园绿地显著较高外，其他几种绿地类型没有显著差异。在不同植被类型下，林地土壤脲酶含量最高，其他植被类型没有显著差异（表 5-14）。

表 5-13　徐州市不同绿地类型土壤脲酶活性　　　（单位：mg/kg）

绿地类型	0～20cm		20～40cm	
	变幅	平均值±标准差	变幅	平均值±标准差
附属绿地	2.00～13.97	5.91±4.00a	2.31～13.50	5.31±3.96ab
防护绿地	2.15～57.85	9.18±12.52a	3.17～30.27	7.70±8.14ab
公园绿地	3.15～44.65	8.77±10.63a	2.62～44.65	8.87±11.87a
生产绿地	3.86～9.05	6.39±1.87a	3.86～6.13	5.03±1.14ab
街头绿地	1.62～5.20	2.71±0.76a	1.12～3.64	2.63±0.52b
道路绿地	2.15～8.75	3.88±1.80a	2.78～4.91	3.41±1.19ab
整体绿地	1.62～57.85	6.37±8.24	1.12～44.65	5.82±7.24

表 5-14　徐州市不同植被类型土壤脲酶活性　　　（单位：mg/kg）

植被类型	0～20cm		20～40cm	
	变幅	平均值±标准差	变幅	平均值±标准差
草灌木	3.64～6.69	5.16±1.67a	3.64～6.52	5.08±2.04a
灌木	2.68～7.97	4.26±2.04a	2.32～6.71	4.25±1.77a
草坪	2.37～7.19	4.46±2.04a	2.62～7.09	3.86±2.16a
乔灌草	1.23～13.97	5.21±3.98a	1.62～13.50	4.74±3.95a
林地	2.15～57.85	8.59±11.13b	3.09～30.27	7.13±7.25b
乔灌木	3.52～47.34	6.57±9.72a	2.15～44.65	6.49±10.71a

2. 土壤过氧化氢酶

过氧化氢酶是参与土壤物质和能量转化的一种重要氧化还原酶，具有分解土壤中过氧化氢的作用，过氧化氢酶活性的增加对土壤中污染物的降解有极显著的促进作用（陈彩虹和叶道碧，2010）。研究显示（表 5-15），在 0～20cm 土层中，土壤过氧化氢酶活性平均值为 1.97mg/g，变幅在 1.38～2.09mg/g，最大值出现在公园绿地，最小值出现在街头绿地；在 20～40cm 土层中，平均值为 1.98mg/g，变幅在 1.38～2.08mg/g，最大值出现在附属绿地，最小值出现在道路绿地。多重比较显示，在 0～20cm 土层中，附属绿地和生产绿地没有显著差异。在 20～40cm 土层中，附属绿地土壤过氧化氢酶活性最强，道路绿地土壤过氧化氢酶活性最低。对于不同植被类型的土壤来说，过氧化氢酶活性没有显著差异（表 5-16）。

表 5-15　徐州市不同绿地类型土壤过氧化氢酶活性　　　　（单位：mg/g）

绿地类型	0～20cm		20～40cm	
	变幅	平均值±标准差	变幅	平均值±标准差
附属绿地	2.00～2.08	2.04±0.02a	2.03～2.08	2.06±0.03a
防护绿地	1.68～2.07	2.03±0.09a	2.01～2.07	2.05±0.02a
公园绿地	1.95～2.09	2.04±0.03a	1.93～2.05	2.00±0.05a
生产绿地	2.00～2.08	2.04±0.03a	1.84～2.06	2.00±0.07a
街头绿地	1.38～2.05	1.83±0.19b	1.89～2.07	2.04±0.05a
道路绿地	1.72～2.07	1.88±0.12b	1.38～2.07	1.86±0.20b
整体绿地	1.38～2.09	1.97±0.14	1.38～2.08	1.98±0.14

表 5-16　徐州市不同植被类型土壤过氧化氢酶活性　　　　（单位：mg/g）

植被类型	0～20cm		20～40cm	
	变幅	平均值±标准差	变幅	平均值±标准差
草灌木	1.04～2.08	2.04±0.03a	2.03～2.08	2.06±0.03a
灌木	1.31～2.27	2.15±0.02a	2.01～2.07	2.04±0.02a
草坪	1.75～2.06	1.99±0.11a	1.93～2.05	2.00±0.05a
乔灌草	1.69～2.06	1.98±0.12a	1.84～2.06	2.00±0.07a
林地	1.68～2.07	2.03±0.08a	1.89～2.07	2.04±0.05a
乔灌木	1.38～2.07	1.87±0.17	1.38～2.07	1.86±0.20

3. 土壤磷酸酶

磷酸酶是土壤中广泛存在的一种水解酶，能够催化磷酸酯或磷酸酐的水解反应，其活性高低直接影响着土壤中有机磷的分解转化及其生物有效性（陈彩虹和叶道碧，2010）。研究显示（表 5-17），在 0～20cm 土层中，磷酸酶活性平均值为 2.38mg/g，变幅在 0.03～17.34mg/g，最大值出现在防护绿地，最小值出现在街头绿地；在 20～40cm 土层中，平均值为 1.94mg/g，变幅在 0.07～13.10mg/g，最大值出现在防护绿地，最小值出现在街头绿地。多重比较显示，在 0～20cm 土层中，防护绿地和其他几种绿地之间有显著差异，磷酸酶活性较高；在 20～40cm 土层中，不同绿地类型的土壤间差异不显著。在 0～20cm 和 20～40cm 土层中，林地土壤磷酸酶活性均最高，草灌木地土壤磷酸酶活性均最低（表 5-18）。

表 5-17　徐州市不同绿地类型土壤磷酸酶活性　　（单位：mg/g）

绿地类型	0～20cm		20～40cm	
	变幅	平均值±标准差	变幅	平均值±标准差
附属绿地	0.24～4.63	1.50±1.19a	0.24～2.53	1.17±0.90a
防护绿地	0.24～17.34	6.65±4.63b	0.24～13.10	5.20±3.99b
公园绿地	0.04～2.80	1.00±0.92a	0.13～2.35	0.82±0.76a
生产绿地	0.82～1.60	1.26±0.27a	0.66～1.48	1.20±0.34a
街头绿地	0.03～6.68	0.96±1.44a	0.07～6.68	1.30±1.99a
道路绿地	0.07～6.19	1.55±1.74a	0.09～1.65	0.89±0.67a
整体绿地	0.03～17.34	2.38±3.28	0.07～13.10	1.94±2.68

表 5-18　徐州市不同植被类型土壤磷酸酶活性　　（单位：mg/g）

植被类型	0～20cm		20～40cm	
	变幅	平均值±标准差	变幅	平均值±标准差
草灌木	0.57～1.42	0.87±0.38a	0.74～0.74	0.74±0.00a
灌木	0.23～2.35	0.90±0.71a	0.27～2.35	1.02±0.82a
草坪	0.04～6.68	1.54±2.25b	0.03～6.68	2.15±3.11b
乔灌草	0.03～4.63	1.19±1.28a	0.07～2.53	0.97±0.96a
林地	0.28～17.34	5.50±4.66c	0.24～13.10	4.34±3.89b
乔灌木	0.07～6.19	1.30±1.37a	0.34～1.81	0.82±0.65a

4. 土壤蔗糖酶

蔗糖酶能酶促土壤中蔗糖水解成葡萄糖和果糖。研究显示（表 5-19），在 0～20cm 土层中，土壤蔗糖酶活性平均值为 0.20mg/g，变幅在 0.01～1.67mg/g，酶活性顺序为防护绿地＞道路绿地＞附属绿地＞生产绿地＞街头绿地（公园绿地），在 20～40cm 土层中，平均值为 0.16mg/g，变幅在 0.01～1.67mg/g，酶活性顺序为防护绿地＞附属绿地＞生产绿地＞道路绿地＞街头绿地＞公园绿地。多重比较显示，在 0～20cm 和 20～40cm 土层中，防护绿地和其他几种绿地类型之间有显著差异，蔗糖酶活性较高。附属绿地、公园绿地、生产绿地、街头绿地和道路绿地之间没有显著差异。对于不同植被类型来说（表 5-20），上层（0～20cm）和下层（20～40cm）林地土壤蔗糖酶活性均最高，其平均值分别为 0.43mg/g 和 0.36mg/g，草灌木最低，其值分别为 0.07mg/g 和 0.06mg/g。

表 5-19 徐州市不同绿地类型土壤蔗糖酶活性　　（单位：mg/g）

绿地类型	0～20cm		20～40cm	
	变幅	平均值±标准差	变幅	平均值±标准差
附属绿地	0.01～0.30	0.12±0.09a	0.01～0.30	0.12±0.10a
防护绿地	0.01～1.67	0.52±0.49b	0.01～1.67	0.43±0.53b
公园绿地	0.01～0.39	0.09±0.10a	0.01～0.15	0.07±0.05a
生产绿地	0.05～0.15	0.10±0.04a	0.06～0.13	0.10±0.04a
街头绿地	0.01～0.27	0.09±0.06a	0.01～0.11	0.08±0.03a
道路绿地	0.02～0.42	0.14±0.11a	0.02～0.23	0.09±0.07a
整体绿地	0.01～1.67	0.20±0.29	0.01～1.67	0.16±0.28

表 5-20 徐州市不同植被类型土壤蔗糖酶活性　　（单位：mg/g）

植被类型	0～20cm		20～40cm	
	变幅	平均值±标准差	变幅	平均值±标准差
草灌木	0.01～0.21	0.07±0.04a	0.02～0.10	0.06±0.06a
灌木	0.01～0.31	0.08±0.08a	0.01～0.15	0.07±0.05a
草坪	0.02～0.19	0.12±0.05a	0.03～0.10	0.07±0.03a
乔灌草	0.01～0.30	0.12±0.08a	0.01～0.30	0.12±0.10a
林地	0.01～1.67	0.43±0.47b	0.01～1.67	0.36±0.48b
乔灌木	0.01～0.42	0.13±0.11a	0.01～0.23	0.07±0.05a

5. 土壤过氧化物酶

研究显示（表 5-21），在 0～20cm 土层中，土壤过氧化物酶活性平均值为 5.93mg/g，变幅在 2.55～9.05mg/g；在 20～40cm 土层中，平均值为 6.02mg/g，变幅在 2.39～10.35mg/g。多重比较显示，在 0～20cm 和 20～40cm 土层中，不同绿地类型和不同植被类型土壤均没有显著差异，说明绿地类型和植被类型对土壤过氧化物酶活性没有影响（表 5-21 和表 5-22）。

表 5-21 徐州市不同绿地类型土壤过氧化物酶活性 （单位：mg/g）

绿地类型	0～20cm		20～40cm	
	变幅	平均值±标准差	变幅	平均值±标准差
附属绿地	2.86～8.74	5.64±2.70a	2.55～8.89	5.88±2.88a
防护绿地	3.54～9.05	5.87±2.56a	2.86～10.35	6.21±2.65a
公园绿地	3.43～9.00	5.86±2.54a	2.39～9.62	5.59±2.81a
生产绿地	3.85～4.58	4.10±0.40a	4.00～4.78	4.47±0.41a
街头绿地	3.33～8.79	7.25±2.01a	2.91～8.79	7.00±2.16a
道路绿地	2.55～8.63	5.38±2.70a	3.07～8.94	5.86±2.68a
整体绿地	2.55～9.05	5.93±2.44	2.39～10.35	6.02±2.53

表 5-22 徐州市不同植被类型土壤过氧化物酶活性 （单位：mg/g）

植被类型	0～20cm		20～40cm	
	变幅	平均值±标准差	变幅	平均值±标准差
草灌木	3.90～5.72	4.49±0.85a	3.95～5.72	4.84±1.25a
灌木	2.39～5.72	4.04±0.82a	2.39～5.72	3.94±1.03a
草坪	3.17～5.04	3.97±0.66a	3.17～5.04	3.99±0.92a
乔灌草	2.55～4.99	3.76±0.87a	2.55～4.99	3.63±1.05a
林地	2.86～6.60	4.28±0.84a	2.86～6.60	4.45±1.06a
乔灌木	2.55～5.15	4.01±0.75a	3.07～5.15	4.07±0.69a

6. 土壤多酚氧化酶

研究显示（表 5-23），在 0～20cm 土层中，土壤多酚氧化酶活性平均值为 0.10mg/g，变幅在 0.03～0.47mg/g，最大值出现在街头绿地，平均值为 0.15mg/g，最小值出现在公园绿地，平均值为 0.07mg/g；在 20～40cm 土层中，多酚氧化酶活性平均值为 0.10mg/g，变幅在 0.03～0.47mg/g，最大值出现在街头绿地，平均值为 0.17mg/g，最小值出现在公园绿地，平均值为 0.07mg/g。

多重比较显示，在 0～20cm 土层中，街头绿地与防护绿地、公园绿地与生产绿地之间有显著差异，街头绿地土壤多酚氧化酶活性较强，附属绿地、街头绿地和道路绿地之间没有显著差异。在 20～40cm 土层中，街头绿地和其他几种绿地类型之间有显著差异，街头绿地土壤多酚氧化酶活性较强。除街头绿地之外，其他几种类型绿地之间土壤多酚氧化酶活性没有显著差异。不同植被类型下土壤多酚氧化酶活性差异也不显著（表 5-24）。

表 5-23　徐州市不同绿地类型土壤多酚氧化酶活性　（单位：mg/g）

绿地类型	0～20cm		20～40cm	
	变幅	平均值±标准差	变幅	平均值±标准差
附属绿地	0.07～0.20	0.11±0.04ac	0.07～0.16	0.09±0.03ab
防护绿地	0.04～0.17	0.08±0.04bc	0.04～0.15	0.07±0.04b
公园绿地	0.03～0.19	0.07±0.04b	0.03～0.19	0.07±0.04b
生产绿地	0.04～0.07	0.05±0.01b	0.04～0.05	0.05±0.01b
街头绿地	0.04～0.47	0.15±0.13a	0.04～0.47	0.17±0.17a
道路绿地	0.05～0.25	0.12±0.06ab	0.05～0.25	0.14±0.08ab
整体绿地	0.03～0.47	0.10±0.08	0.03～0.47	0.10±0.09

表 5-24　徐州市不同植被类型土壤多酚氧化酶活性　（单位：mg/g）

植被类型	0～20cm		20～40cm	
	变幅	平均值±标准差	变幅	平均值±标准差
草灌木	0.07～0.19	0.13±0.06a	0.05～0.16	0.11±0.08a
灌木	0.05～0.20	0.10±0.04b	0.04～0.19	0.12±0.03b
草坪	0.04～0.22	0.11±0.07a	0.03～0.19	0.09±0.07b
乔灌草	0.05～0.47	0.11±0.10a	0.05～0.47	0.12±0.14a
林地	0.07～0.17	0.12±0.03b	0.04～0.15	0.07±0.03b
乔灌木	0.03～0.46	0.13±0.09a	0.04～0.46	0.14±0.12a

二、土壤酶活性相关性

1. 土壤物理性质与土壤酶活性相关性分析

土壤酶活性与土壤物理性质相关分析表明（表 5-25），总孔隙度、毛管孔隙度及田间持水量对测定的这几种酶活性没有影响，但刘艳等（2010）认为，总孔隙度对脲酶、过氧化氢酶及磷酸酶活性有抑制作用，田间持水量对脲酶及过氧化氢酶活性有促进作用。土壤密度和磷酸酶及蔗糖酶呈极显著负相关，对脲酶、过氧化氢酶、过氧化物酶、多酚氧化酶活性没有影响，这与耿玉清等（2006）对北京市八达岭地区土壤酶活性的研究结果不同，他们认为土壤密度对脲酶、过氧化物酶、过氧化氢酶、多酚氧化酶及淀粉酶活性均有显著影响；非毛管空隙度能显著提高磷酸酶、过氧化氢酶及蔗糖酶的活性；自然含水量除了对过氧化氢酶活性有影响外，对其他几种酶活性没有影响。程东祥等（2010）研究认为，自然含水量对多酚氧化酶活性有促进作用，对脲酶、过氧化物酶及过氧化氢酶活性没有影响。

表 5-25　徐州市土壤物理性质与土壤酶活性相关关系

性质	脲酶	过氧化氢酶	磷酸酶	蔗糖酶	过氧化物酶	多酚氧化酶
土壤密度	0.096	−0.175	−0.723**	−0.852**	−0.110	0.068
自然含水量	−0.181	0.779*	0.234	0.334	0.244	−0.013
田间持水量	0.252	−0.003	0.226	0.292	−0.255	0.065
非毛管孔隙度	−0.277	0.821**	0.808**	0.755**	0.291	−0.212
毛管孔隙度	0.336	−0.183	−0.336	−0.263	−0.249	0.050
总孔隙度	−0.014	0.342	0.314	0.316	0.088	−0.156

2. 土壤化学性质与土壤酶活性之间相关性分析

从表 5-26 可以看出,pH 对测定的几种酶活性没有影响,这与程东祥等(2010)、吴际友等（2010）的研究结果一致,但卢瑛等（2007）研究认为,pH 对脲酶、磷酸酶及蔗糖酶活性有促进作用;有效磷含量能显著抑制过氧化氢酶和过氧化物酶的活性,但与脲酶、磷酸酶、蔗糖酶及多酚氧化酶活性没有显著相关关系;有效钾含量能显著提高脲酶和过氧化物酶的活性,对其他几种脲酶活性没有显著影响;水解性氮和有机质含量对脲酶、磷酸酶及蔗糖酶活性有显著影响,对过氧化氢酶、过氧化物酶及多酚氧化酶活性没有影响;阳离子交换量对磷酸酶和蔗糖酶活性有显著影响,对其他几种酶活性没有影响。本章与其他学者的研究结果有相同之处,也有不同之处。例如,刘艳等（2010）对北京市崇文区绿地土壤酶活性进行的研究表明,有效磷含量与脲酶及磷酸酶活性没有相关性,这与本章的结果相同;本章研究表明有效磷含量对过氧化氢酶活性有显著影响,这与刘艳等（2010）、耿玉清等（2006）的研究不同,说明仅通过线性相关分析确定土壤质量的酶学评价指标也有待商榷之处。

表 5-26　徐州市土壤化学性质与土壤酶活性相关关系

性质	脲酶	过氧化氢酶	磷酸酶	蔗糖酶	过氧化物酶	多酚氧化酶
pH	−0.100	0.044	−0.192	−0.175	−0.083	0.142
有效磷含量	0.110	−0.736*	−0.223	−0.173	−0.874**	0.071
有效钾含量	0.873**	0.041	0.101	0.120	−0.726**	−0.063
水解性氮含量	0.685**	−0.038	0.894**	0.728**	0.063	0.207
阳离子交换量	0.191	0.221	0.726**	0.846**	−0.105	−0.065
有机质含量	0.782**	0.273	0.762**	0.689**	−0.043	−0.090

3. 土壤酶活性之间的相关性分析

对六种绿地土壤酶活性相关分析表明（表 5-27）,脲酶与过氧化物酶呈显著负相关，与蔗糖酶、磷酸酶呈极显著正相关；过氧化氢酶与磷酸酶呈显著正相关，与多酚氧化酶呈极显著负相关；磷酸酶与蔗糖酶之间呈极显著相关关系。分析表明，各种酶促反应既是专性的，又是相互联系、相互影响的（陈双林等，2010）。

表 5-27　徐州市土壤酶活性相关关系

	脲酶	过氧化氢酶	磷酸酶	蔗糖酶	过氧化物酶	多酚氧化酶
脲酶	1					
过氧化氢酶	−0.136	1				
磷酸酶	0.712**	0.705*	1			
蔗糖酶	0.850**	0.172	0.840**	1		
过氧化物酶	−0.857*	0.124	0.103	0.152	1	
多酚氧化酶	−0.207	−0.886**	−0.003	0.006	0.065	1

三、小结

徐州市城市林业 0～20cm 土层土壤中，不同绿地类型之间土壤脲酶活性没有显著差异；道路绿地土壤过氧化氢酶活性最高，防护绿地土壤活性最低；防护绿地土壤磷酸酶活性和蔗糖酶活性最高；街头绿地土壤多酚氧化酶活性最高；在 20～40cm 土层中，脲酶活性除了在公园绿地土壤显著较高外，在其他几种绿地类型土壤间没有显著差异；附属绿地土壤过氧化氢酶活性最高，道路绿地土壤活性最低；不同绿地类型土壤间磷酸酶活性没有显著差异；防护绿地土壤蔗糖酶活性最高，其他几种绿地类型土壤间没有显著差异；街头绿地土壤多酚氧化酶活性较高。

对于不同植被类型土壤来说，林地土壤中脲酶、磷酸酶、蔗糖酶活性最高，磷酸酶和蔗糖酶在草灌木地土壤中活性最低，过氧化物酶和过氧化氢酶活性没有显著差异。相关分析表明，总孔隙度、毛管空隙度、田间持水量及 pH 对城市绿地土壤酶活性没有影响，土壤密度能显著抑制磷酸酶及蔗糖酶的活性，非毛管孔隙度能显著提高磷酸酶、过氧化氢酶及蔗糖酶的活性，自然含水量影响过氧化氢酶活性；有效磷含量能显著抑制过氧化氢酶和过氧化物酶的活性，有效钾含量能显著提高脲酶和过氧化物酶的活性，水解性氮和有机质含量对脲酶、磷酸酶及蔗糖酶活性有显著影响，阳离子交换量对磷酸酶和蔗糖酶活性有显著影响；脲酶与过氧化物酶呈显著负相关，与蔗糖酶、磷酸酶呈极显著正相关；过氧化氢酶与磷酸酶呈显著正相关，与多酚氧化酶呈极显著负相关；磷酸酶与蔗糖酶之间呈极显著相关关系。

本章研究结果表明，土壤理化性质与土壤酶活性及土壤酶活性之间均有不同程度的相关性，说明土壤理化性质对土壤酶活性有一定的影响，土壤酶活性作为评价土壤质量指标是可行的。

第六章　城市林业土壤质量评价

随着人类社会发展和人口的增加，人类为了生存，过度开发和利用土地资源，导致土壤资源退化，并对农业可持续发展造成了严重威胁。在这种背景下，土壤质量的概念应运而生。研究土壤质量主要是为了探索土壤质量的演变机理和对动植物健康的影响，确定土壤质量的评价指标并建立评价系统，为保持土壤质量和可持续利用提供理论依据（张桃林等，1999）。

城市林业土壤是城市林业的载体和水肥供应者，在分布范围上，城市林业土壤属于城市土壤的一部分。不同于一般的农业和森林土壤，由于受人为的强烈干扰，城市林业土壤的特性发生了巨大改变，如土壤紧实，碎石、玻璃和木屑等外源侵入物含量高，偏碱性，有机质含量低和生物活性低等。因此，用传统的土壤学观念来指导城市林业土壤的生产和经营活动并不合适。加强城市林业土壤的肥力特性分析，对土壤肥力质量进行综合评价等一些基础工作就显得十分重要和必要，这对城市林业的可持续发展及城市生态系统功能的有效发挥具有促进作用。

第一节　土　壤　质　量

一、城市林业土壤质量

随着人们对土壤质量认识的不断深化，土壤质量的概念不断发展变化，国内外学者提出了各种不同的看法（Warkentin，1995；曹志洪等，2008）。目前国际上普遍接受的土壤质量概念是 Doran 和 Parkin（1994）提出的：主要指土壤在生态系统中保持生物生产力、维持环境质量和促进植物和动物健康的能力。Madison 等（1993）及 Wagenet 和 Hutson（1997）提出土壤质量是作用于一定生态系统下土壤维持生物生产力、保持环境质量和促进植物和动物健康的能力。我国著名土壤学家曹志洪（2001）结合我国的科学实践，经过长期的探索，提出的土壤质量定义为："土壤质量是土壤在一定的生态系统内提供生命必需养分和生产生物物质的能力，容纳、降解、净化污染物质和维护生态平衡的能力，影响和促进植物、动物和人类生命安全和健康的能力之综合量度"，这是迄今为止较为全面的土壤质量的概念。

目前还有一个与土壤质量并存的概念——土壤健康，这一术语主要强调土壤的生产性，农学家和生产者及大众媒体多采用这一概念。但是，随着人们对农业理解的深入，我们不应该把土壤健康的定义仅仅局限于其生产性，应该将其与生态系统及环境联系起来。为此，土壤学家、环境科学家更偏向于用土壤质量这一术语来代替土壤健康（张桃林等，1999）。

土壤质量是土壤肥力质量、土壤环境质量和土壤健康质量这三个既相对独立又相互联系的集合体。城市林业土壤质量除了具有这三种质量，还应包括满足城市居民的休息与娱乐的能力。在城市化高度发展、城市环境问题日益突出的今天，研究城市林业土壤质量有着积极的现实意义。

二、城市林业土壤肥力质量

关于土壤肥力质量的学说和观点很多，目前比较全面的观点是将地貌、水文、气候、植物等环境因子及人类活动等社会因子作为土壤肥力质量系统组分，认为从土壤-植物-环境整体角度来看，土壤肥力质量是土壤养分针对特定植物的供应能力，以及土壤养分供应植物时的综合体现。土壤养分、植物、环境条件共同构成土壤肥力的外延，土壤肥力高低不仅受土壤养分、植物的吸收能力和植物生长的环境条件等各因子的独立作用，更重要取决于各因子的协调程度（骆东奇等，2002）。城市林业土壤是城市林业的载体和水肥供应者，是城市生态系统的基础。研究城市林业土壤的肥力状况，对城市林业的可持续发展和生态城市的建设有重要意义。

第二节　城市林业土壤质量评价指标

土壤物理、化学及生物学特性的研究是城市林业土壤质量研究的基础，但同时也体现出一定的局限性，原因是通过对土壤的物理、化学或生物等特性对城市林业土壤质量进行分析时，缺乏对城市林业土壤质量的综合评价。对土壤质量进行综合评价，指标筛选是关键，指标筛选合适便能够准确表征土壤质量。

一、常用土壤质量评价指标

按照传统习惯，土壤质量评价指标通常分为描述性指标和分析性指标。土壤研究者通常用分析性指标对土壤质量进行定性或定量评价，包括物理指标、化学指标和生物指标（表6-1）。

表 6-1　常用土壤质量分析性指标

土壤质量物理指标	土壤质量化学指标	土壤质量生物指标
质地、结构体类型	pH	土壤酶活性
颜色	全氮含量	微生物量碳和氮
密度、孔隙度	有机质含量	潜在可矿化氮
团聚体稳定性	阳离子交换量	土壤呼吸量
土壤含水量、土壤持水特征	盐基饱和度	微生物量碳/总有机碳和氮
土壤温度	电导率	土壤呼吸碳/微生物量碳
土壤通气性	养分含量	土壤动物密度
土层和根系深度	污染物浓度	土壤动物类群丰富度
渗透率	污染物形态	土壤动物类群多样性指数

但不同的土壤类型或不同的研究目的要求对土壤指标进行重新分类。例如，按时间变异性，土壤指标可分为以下三类。

（1）稳定性指标，包括土壤质地、土壤厚度、土壤无机化学组成（全量组成，N、P 除外）、土壤含石量和土壤水分物理常数等。

（2）中度稳定指标，包括土壤密度、结构性、酸碱度、有机质含量、阳离子交换量等。

（3）极不稳定指标，包括土壤含水量、土壤温度、土壤有效养分状况等。

按功能，土壤指标又可分为肥力指标和环境指标等（张凤荣等，2002）。其中，土壤肥力指标包括酸碱度、有机质含量、全氮含量、有效磷含量、有效钾含量、孔隙度、质地等；环境指标包括 pH、镉、汞、砷、铜、铅、铬、锌、镍、六六六、滴滴涕等物理和化学指标，植物、土壤动物及土壤微生物等生物指标。由于在养分循环及分解和矿化过程中土壤酶活性起着重要作用，而且对土壤管理措施变化反应敏感，它也被选作土壤环境质量评价指标（Bandiack and Dick，1993）。

二、土壤酶活性作为土壤质量评价指标

土壤物理化学性质一直是表征土壤生产力的指标，但随着人口的不断增长，土地开发利用强度不断加大，为实现土壤资源持续利用和防止土壤质量退化，对土壤质量的评估和预测越来越重要，传统的理化指标已难以满足土壤质量评价的需要。寻找能较全面反映土壤质量变化、可以判别胁迫环境，以及对人为

扰动下土壤生态系统做出早期预警的指标，已成为现代土壤科学的一个重要任务，越来越多的证据表明了土壤酶活性在这一方面的潜力。土壤酶使生态系统的各组分间有了功能上的联系，使土壤有机质和有机残体分解成不同的中间产物和最终产物，为微生物和植物提供了营养物质和能量，同时还参与了植物对营养物质的同化。

通常认为土壤酶主要来源于土壤微生物，也可能来源于植物和土壤动物。植物对土壤酶的直接影响表现为植物活的根能够分泌胞外酶，间接影响表现为活根或残体都能刺激土壤微生物的活性，通过微生物释放更多的各种酶。国际生物化学联合会酶学委员会于 1961 年提出了一个分类系统，可将酶分为六大类型，即水解酶、裂合酶、氧化还原酶、转移酶、异构酶和连接酶，目前土壤中酶活性的研究主要涉及前四类酶。

土壤酶与土壤物理性质相关，在贫瘠的土壤中添加有机残体，能够促进土壤结构的改良（Chesters et al.，1957）。有报道指出，在土壤团聚体的稳定性与土壤微生物之间存在明显的相关性（Capriel et al.，1990）。因此，如果微生物是土壤酶的主要来源这一假设属实，那么在土壤酶活性和土壤结构性参数之间存在某种关联是有可能的。Martens 等研究分析了土壤酶活性与土壤密度之间的关系，在密植的和非密植的森林土壤中，土壤水解酶活性、磷酸酶活性和芳基硫酸酶活性与土壤密度之间存在显著负相关关系。在测定的 10 种酶中，有 7 种酶与土壤密度存在显著负相关关系，有 5 种酶与土壤水的累积入渗速率呈正相关关系（Martens et al.，1992）。

土壤酶与土壤化学性质也具有相关性，土壤酶的测试方法与土壤的化学分析互补，有助于土壤的养分评价。由于酶专一地作用于某一基质，个别酶活性只能反映土壤专一的分解过程或营养循环。例如，土壤磷酸酶活性可与土壤有机磷酸盐含量联系起来；蛋白酶活性可反映氮循环；纤维素酶和糖酶活性可反映枯枝落叶的分解速率。若想运用酶活性来划分土壤肥力等级，则需要确定一个酶活性群体作为指标。国内外学者的研究表明，不同土壤类型酶活性差异很大（吴松荫，1984；陈恩凤和周礼恺，1984；Dalal，1985）。在确定土壤肥力质量演变过程中，起关键作用的酶活性群体（表 6-2）作为肥力质量评价的参考指标时，首先应考虑土壤类型。生态环境是酶活性的主要影响因子，施肥等人为因素对酶活性的影响很小。通过对合肥市郊区菜园土壤中的酶活性与肥力因子关系的研究表明，蔗糖酶、多酚氧化酶、淀粉酶和磷酸酶的活性与土壤中有机质含量、全氮含量、有效磷含量的相关性达到了显著或极显著水平；而脲酶活性仅与水解性氮含量显著相关，与有机质含量呈极显著负相关；所有酶的活性几乎与全磷和各种形态的钾含量无关（於忠祥等，1996）。

表 6-2　不同土壤类型的土壤肥力质量分级酶活性综合指标

红壤土	黑土	水稻土	潮土	黑垆土
铁还原酶	磷酸酶	转化酶	蔗糖酶	转化酶
转化酶	脲酶	磷酸酶	脲酶	脲酶
蛋白酶	蔗糖酶	蛋白酶	磷酸酶	蛋白酶
脲酶	过氧化氢酶	过氧化氢酶	过氧化氢酶	过氧化氢酶
磷酸酶		多酚氧化酶、脲酶		碱性磷酸酶

三、土壤质量指标相关性用于土壤质量评价

土壤质量指标相关性也经常用于土壤质量评价，相关系数常用于说明土壤指标两两之间或某一土壤指标与作物生长量或产量之间关系的密切程度。土壤指标间相关性的主要应用有以下几点。

（1）土壤重金属的研究。研究土壤重金属可以推测重金属的来源是否相同，若重金属含量有显著的相关性，说明可能来源相同，否则来源可能不止一个。土壤中重金属含量在正常范围以内，并与土壤黏粒含量呈显著相关的重金属元素，主要来源为土壤母质（Wilcke et al.，1998）。

（2）筛选稳定性好、容易测定、有代表性的指标。Sarkar 等（1966）在进行土壤数值分类时，记载和分析了 61 个土壤质量指标，数据排成矩阵后分别两两计算相关系数（共 1830 个 r 值），若在各指标中按 $r>0.8$ 排除其中之一，则只保留 40 个指标，若按 $r>0.7$、$r>0.6$、$r>0.5$ 剔除，则分别削减为 38 个、28 个和 22 个指标，由原来的 61 个土壤质量指标与经过筛选保留的 22 个土壤质量指标，用聚类分析法分别绘制枝状聚类图，结果证明这两个聚类图之间只有少数几个土壤类型的位置稍有差别，而后者的分析工作量比前者少得多。

城市林业土壤由于受到的人为干扰大，土壤指标间相关性与自然土壤差异很大，传统的农林土壤的经验不能直接套用。例如，广州市城市绿地土壤碳/氮比极大或极小（管东生等，1998）。城市林业土壤中含石量高，加上游人或居民的踩踏，土壤表层往往密闭，土壤的渗透速率与孔隙度相关性不高，同一质地类型土壤的密度也有较大差异。因此，城市林业土壤的指标筛选比自然土壤困难，对城市林业土壤的质量评价所要分析的指标也多于自然土壤。

四、土壤质量评价的最小数据集

建立土壤指标的最小数据集（minimum data set，MDS），并采用其来评价

土壤质量是土壤研究的一个新的内容。纳入 MDS 中的指标要具备以下条件（Schoenholtz et al.，2000）：①是现有数据库中的一部分，综合了土壤物理、化学和生物学特性和过程；②容易测定，重复性好，测定费用不高；③能够定量化，与模型过程有关；④对外界条件变化敏感，能够准确监测、反映土壤的质量变化；⑤有一定的区域性和时间性，适用于特定的生态系统。

MDS 的作用主要是在不影响评价效果的基础上，最大限度地减少工作量，提高工作效率。一方面，一些在最小数据集之外，测定过于昂贵或者困难，但又较为重要的土壤质量指标可以通过土壤转换函数得到。土壤转换函数是在大量实验的基础上，综合各经验公式或模拟模型建立的一种指标转换函数，它将土壤的各种指标和性质互相联系，可以用来扩展 MDS，方便土壤质量的多方位评价（张华和张甘霖，2001）；另一方面，MDS 剔除了一些相关性较好、功能相近的指标，能够优化土壤质量评价体系、减少重复劳动、节省成本。

第三节　城市林业土壤质量评价方法

一、城市林业土壤质量评价的特殊性

城市林业土壤可分为动态土和静态土。动态土是由于施工或建设，处于不断上下翻动、混合和迁移状态的土壤，这类土壤质量变化剧烈，偶然性比较高，因此所测出的指标数据往往与估计偏差较大。对于这种情况，应该综合考虑分析数据、土壤的来源、机械作用程度及植物生长种类和状况等人为因素对土壤进行质量评价。城市林业土壤静态土主要分布在城市公园、花园和城郊农田、森林公园、动植物园、旅游胜地等。静态土局部受人为影响较大，但其过程相对缓和，且有一定的规律性，其最主要的特征是践踏引起土壤密实度的增加及修路、建房和搭桥引起的土壤表面密闭。另外，由于人类高频率光顾，某些区域土壤中的有机废弃物和重金属含量会增加。因此，对城市林业静态土中受人为影响大和受人为影响小的区域分别进行质量评价并进行分析比较，可以了解在同等条件下、一定时期内人类活动对土壤质量的改变程度，并对相应地区土壤质量的演变进行初步预测。

二、城市林业土壤质量评价体系和数学模型

城市林业土壤质量综合评价，要求建立城市林业土壤质量数据库，按照不同的生态功能要求，利用相关模型评价土壤质量。世界上影响较大的三大土壤质量评价系统（李笃仁和黄照愿，1989）有：①以美国农业部土地评价系统为代表的

限制性评价；②以联合国粮食及农业组织（Food and Agriculture Organization of the United Nations，FAO）土地评价系统为代表的适宜性评价；③俄罗斯、东欧国家采用的参数型评价方法。其中，②在世界范围内应用最为广泛。

在国内，目前还没有一个统一的土壤质量评价方法。以往的研究中通常用的评价方法有：应用地统计学克里金空间插值法研究土壤空间变异性、加权平均法、改进的内梅罗综合指数法、地积累指数法、富集因子分析、模糊C-均值聚类算法、分等定级评价、环境指数评价等（王建国等，2001；潘贤章和史学正，2002；张菊等，2006；Smith et al.，1993）。

1. 改进的内梅罗综合指数法

用改进的内梅罗综合指数法进行土壤肥力质量综合评价（邓南荣等，2009；阚文杰和吴启堂，1994；秦明周和赵杰，2000）。首先，对所选指标参数进行标准化以消除各参数之间的量纲差别，标准化处理的方法如下。

当 $C_i \leqslant X_{\min}$ 时：

$$P_i = C_i / X_{\min}, \quad P_i \leqslant 1 \tag{6-1}$$

当 $X_{\min} < C_i \leqslant X_{\mathrm{mid}}$ 时：

$$P_i = 1 + (C_i - X_{\min})/(X_{\mathrm{mid}} - X_{\min}), \quad 1 < P_i \leqslant 2 \tag{6-2}$$

当 $X_{\mathrm{mid}} < C_i \leqslant X_{\max}$ 时：

$$P_i = 2 + (C_i - X_{\mathrm{mid}})/(X_{\max} - X_{\mathrm{mid}}), \quad 2 < P_i < 3 \tag{6-3}$$

当 $C_i > X_{\max}$ 时：

$$P_i = 3 \tag{6-4}$$

式中，P_i 为分肥力质量指数；C_i 为指标的测定值；X 为指标分级标准值（可参照第二次全国土壤普查标准）。

改进的内梅罗计算公式为

$$P = \sqrt{\frac{P_{i\text{平均}}^2 + P_{i\text{最小}}^2}{2} \cdot \frac{n-1}{n}} \tag{6-5}$$

式中，P 为土壤综合肥力质量指数；$P_{\text{平均}}$ 为各分肥力质量指数的平均值；$P_{i\text{最小}}$ 为各分肥力质量指数的最小值；$(n-1)/n$ 为修正项。

采用 $P_{i\text{最小}}$ 代替原内梅罗公式中的 $P_{i\text{最大}}$ 是为了突出土壤肥力的限制性因子。根据 P 值定量评价土壤肥力质量，如 $P \geqslant 2.0$ 为优；$2.0 \sim 1.5$ 为良；$1.5 \sim 1.0$ 为中；<1.0 为差。用 $P_{i\text{最小}}$ 代替了原内梅罗综合指数法中的 $P_{i\text{最大}}$，突出了土壤中最差属性对土壤肥力质量的影响，能够反映植物生长的最小因子定律；另外增加修正项 $(n-1)/n$ 提高了评价的可信度，即参与评价的土壤属性越多，$(n-1)/n$ 值越大，可信度越高，同时使采用的评价参数不等时的评价结果可比性增加。改进的内梅罗综合指数法由

于使用简单、实用，结果可信度、可比性高，正逐渐被广大土壤研究工作者采用。

　　2. 富集因子 E_f 分析法

　　采用富集因子 E_f 分析法对土壤环境质量进行评价。富集因子是反映人类活动对自然环境扰动程度的重要指标（姬亚芹等，2006；王学松和秦勇，2006）。富集因子分析法要选择参比元素进行标准化，参比元素通常选择地壳中普遍大量存在的、人为污染源很少、化学稳定性好、挥发性低且易于分析的元素。已用过的参比元素有 Al、Ti、Fe、Mn、Ca、Zr、Cr、Si，通常多选用 Fe、Al 和 Ti 元素。E_f 的计算公式如下：

$$E_f = \frac{C_i / C_{ref}}{B_i / B_{ref}} \qquad (6\text{-}6)$$

式中，C_i 和 C_{ref} 分别为土壤样品中待评估元素和参比元素的浓度；B_i 和 B_{ref} 分别为待评估元素和参比元素的背景值。

　　用 E_f 值可定量评价土壤中重金属的污染情况，如 $E_f < 1$ 为无富集，$1 \sim 2$ 为轻微富集，$2 \sim 5$ 为中度富集，$5 \sim 20$ 为显著富集，$20 \sim 40$ 为强烈富集，> 40 为极强富集。

　　参比元素的选择是富集因子分析法的一个难点，也是目前争论比较大的焦点，因为不同的参比元素所计算的富集因子结果不同，反映的污染信息就不同。尽管富集因子分析中存在一定的缺陷，但该方法具有统一的公式，且相对简单易行，所以仍不失为一种评价土壤环境中元素富集程度和污染状况的好方法。

第四节　　城市林业土壤肥力质量评价

　　土壤质量是土壤特性的综合反映，也是指示土壤条件动态变化的最敏感的指标（赵其国等，1997）。土壤肥力质量是土壤质量的重要内容，它直接关系到植物生产的可持续性。本节研究地区分别为南京市和徐州市，该地区城市化高度发展，土壤普遍受到人为干扰，部分地区绿色植被也更换过多次，土壤的肥力特性已经发生巨大的变化。本节重点分析城市林业土壤肥力质量评价指标体系和城市林业土壤肥力质量的评价。

一、南京市城市林业土壤肥力质量评价

　　1. 土壤肥力质量指标筛选及指标体系

　　对 24 个土壤质量指标（包括物理指标、化学指标和生物学指标）作相关性分

析（表 6-3），分别以 $\alpha = 0.05$ 和 $\alpha = 0.01$ 显著性水平为标准，筛选土壤肥力质量评价指标，建立最小数据集。对原来的 24 个土壤质量指标与经过筛选保留的土壤质量指标，用聚类分析法分别做出枝状聚类图，以检验筛选出来的指标是否具有代表性和科学性。

表 6-3　土壤质量指标的相关系数和显著性检验

指标	X_1	X_2	X_3	X_4	X_5	X_6	X_7	X_8	X_9	X_{10}	X_{11}	X_{12}
X_1	1.00											
X_2	-0.51**	1.00										
X_3	-0.51**	-0.02	1.00									
X_4	-0.74**	0.47**	0.63**	1.00								
X_5	0.54**	-0.24	-0.28	-0.75**	1.00							
X_6	-0.75**	0.11	0.93**	0.72**	-0.41**	1.00						
X_7	-0.41**	0.19	0.16	0.37*	-0.43**	0.25	1.00					
X_8	0.22	-0.04	-0.10	-0.08	0.15	-0.14	-0.44**	1.00				
X_9	-0.07	0.10	0.14	-0.04	0.19	0.07	-0.25	-0.24	1.00			
X_{10}	-0.03	0.22	-0.27	0.10	-0.29	-0.17	0.17	0.20	-0.38*	1.00		
X_{11}	-0.66**	0.22	0.47**	0.53**	-0.32*	0.63**	0.04	0.04	0.005	-0.06	1.00	
X_{12}	-0.17	0.17	0.10	0.24	-0.15	0.11	0.31*	0.66**	-0.10	0.25	0.09	1.00
X_{13}	0.07	-0.05	-0.01	0.03	-0.16	-0.04	-0.08	-0.11	0.16	-0.13	-0.13	-0.14
X_{14}	0.19	-0.16	-0.04	-0.03	-0.09	-0.06	-0.11	0.34*	-0.43**	0.21	0.04	0.13
X_{15}	-0.46**	0.16	0.32*	0.26	-0.23	0.37*	0.56**	-0.39**	0.13	-0.14	0.06	0.12
X_{16}	-0.50**	0.13	0.44**	0.31*	-0.19	0.48**	0.47**	-0.44**	0.25	-0.23	0.13	0.02
X_{17}	0.05	0.11	-0.09	-0.06	-0.08	-0.17	-0.05	0.15	-0.04	0.20	-0.13	0.10
X_{18}	0.10	0.12	-0.17	-0.18	0.11	-0.23	-0.31*	-0.02	-0.03	0.11	-0.20	-0.32*
X_{19}	0.05	0.003	-0.12	-0.30*	0.30*	-0.08	-0.53	0.11	0.11	-0.09	-0.01	-0.30*
X_{20}	-0.21	0.10	0.21	0.26	-0.10	0.19	0.03	-0.23	0.38**	0.23	0.10	-0.09
X_{21}	-0.09	-0.01	-0.14	-0.05	-0.05	-0.03	-0.01	0.06	0.14	-0.001	0.13	0.11
X_{22}	-0.07	0.04	0.16	0.25	-0.28	0.19	-0.12	0.22	-0.24	0.24	0.15	0.16
X_{23}	-0.38*	0.16	0.33*	0.27	-0.03	0.39**	0.25	-0.13	0.05	0.02	0.17	0.11
X_{24}	-0.36*	-0.01	0.24	0.15	-0.12	0.32*	0.49**	-0.31*	-0.06	-0.19	0.11	0.08

指标	X_{13}	X_{14}	X_{15}	X_{16}	X_{17}	X_{18}	X_{19}	X_{20}	X_{21}	X_{22}	X_{23}	X_{24}
X_{13}	1.00											
X_{14}	-0.03	1.00										
X_{15}	0.09	-0.24	1.00									
X_{16}	0.20	-0.30*	0.93**	1.00								
X_{17}	0.14	0.16	0.13	0.08	1.00							
X_{18}	0.21	0.08	0.14	0.12	0.64**	1.00						
X_{19}	0.19	0.01	-0.08	-0.03	0.13	0.49**	1.00					

续表

指标	X_{13}	X_{14}	X_{15}	X_{16}	X_{17}	X_{18}	X_{19}	X_{20}	X_{21}	X_{22}	X_{23}	X_{24}
X_{20}	0.50**	−0.55**	0.35*	0.46**	0.08	0.12	0.06	1.00				
X_{21}	0.15	0.02	−0.003	−0.001	−0.07	−0.20	−0.28	0.05	1.00			
X_{22}	0.09	0.44**	0.17	0.03	0.02	0.15	0.20	−0.21	−0.03	1.00		
X_{23}	0.02	−0.11	0.52**	0.64**	−0.13	−0.006	0.004	0.21	0.03	0.16	1.00	
X_{24}	0.09	−0.14	0.51**	0.54**	−0.02	−0.19	−0.05	0.23	−0.04	−0.18	0.23	1.00

注：$n=44$；X_1 为土壤密度（g/cm³）；X_2 为非毛管孔隙度（%）；X_3 为毛管孔隙度（%）；X_4 为土壤通气度（%）；X_5 为土壤储水量（m³/hm²）；X_6 为最佳含水量下限（%）；X_7 为砂粒含量（2～0.05mm）（%）；X_8 为粉粒含量（0.05～0.002mm）（%）；X_9 为黏粒含量（<0.002mm）（%）；X_{10} 为分散系数（%）；X_{11} 为渗透性（K_{10}）（mm/min）；X_{12} 为可蚀性 K 值；X_{13} 为水稳性指数；X_{14} 为 pH；X_{15} 为有机质含量（g/kg）；X_{16} 为全氮含量（g/kg）；X_{17} 为有效磷含量（mg/kg）；X_{18} 为有效钾含量（mg/kg）；X_{19} 为阳离子交换量（cmol(+)/kg）；X_{20} 为碱性磷酸酶活性（mg/kg）；X_{21} 为纤维素酶活性（mg/g）；X_{22} 为过氧化氢酶活性（mg/g）；X_{23} 为脱氢酶活性（mg/g）；X_{24} 为微生物量碳含量（mg/kg）。

1）相关性分析及指标筛选

根据表 6-3，土壤密度（X_1）是较为稳定的指标，容易测定，土壤密度（X_1）与非毛管孔隙度（X_2）、毛管孔隙度（X_3）、土壤通气度（X_4）、土壤储水量（X_5）、最佳含水量下限（X_6）、砂粒含量（X_7）、渗透性（X_{11}）、有机质含量（X_{15}）和全氮含量（X_{16}）呈极显著相关性，与脱氢酶活性（X_{23}）和微生物量碳含量（X_{24}）呈显著相关性，因此土壤密度（X_1）是必须保留的指标。$\alpha=0.01$ 显著性水平时，查表得 $t_{0.005}$（42）$=2.704$，以其相对应的 $r_\alpha=0.385$ 为标准，剔除的指标有：非毛管孔隙（X_2）、毛管孔隙（X_3）、土壤通气度（X_4）、土壤储水量（X_5）、最佳含水量下限（X_6）、砂粒含量（X_7）和渗透性（X_{11}）。

有机质含量（X_{15}）和全氮含量（X_{16}）与密度均有极显著相关性，但有机质和全氮是土壤检测和评价的重要指标，其测定方法简单，结果准确、可信度高，且有机质和全氮与土壤的物理、化学和生物学指标均有相关性，所以应该保留有机质含量（X_{15}）和全氮含量（X_{16}）指标。有机质含量和全氮含量的相关系数达 0.93，因此，保留有机质含量（X_{15}）而剔除全氮含量（X_{16}）指标，同时以 $\alpha=0.01$ 显著性水平、$r_\alpha=0.385$ 为标准，剔除的指标有：粉粒含量（X_8）、脱氢酶活性（X_{23}）和微生物量碳含量（X_{24}）（Kinniburgh et al., 1976；姚贤良和程云生，1986；单秀枝等，1998）。

土壤质地是稳定性指标，在进行土壤质量评价时应当重点考虑土壤质地。土壤质地主要通过土壤的颗粒组成表现出来，即土壤砂粒含量、粉粒含量和黏粒含量。砂粒含量（X_7）与土壤密度（X_1）呈极显著相关性，粉粒含量（X_8）与土壤有机质呈极显著相关性，所以砂粒含量和粉粒含量均被剔除，黏粒含量（X_9）必须保留。以 $\alpha=0.01$ 显著性水平、$r_\alpha=0.385$ 为标准，剔除的指标有碱性磷酸酶活性（X_{20}）。

pH（X_{14}）与黏粒含量（X_9）呈极显著相关性，但土壤酸碱度是较稳定指标，是土壤质量评价的重要指标，且容易测定，结果可信度高，所以应当保留土壤 pH（X_{14}）指标。以 $\alpha=0.01$ 显著性水平，$r_\alpha=0.385$ 为标准，剔除的指标有过氧化氢酶活性（X_{22}）。

有效钾含量测定方法和操作过程简单，重复性好，测定结果可信度高，而且在本实验中与有效磷含量和阳离子交换量都呈极显著正相关，因此保留有效钾含量（X_{18}）指标，以 $\alpha=0.01$ 显著性水平，$r_\alpha=0.385$ 为标准，剔除的指标有：有效磷含量（X_{17}）和阳离子交换量（X_{19}）。另外，保留分散系数（X_{10}）、可蚀性 K 值（X_{12}）、水稳性指数（X_{13}）和纤维素酶活性（X_{21}）指标。

综合上述分析，最终以 $\alpha=0.01$ 显著性水平（查表得 $t_{0.005}$（42）$=2.704$）和其相对应的 $r_\alpha=0.385$ 为标准，保留的指标有：土壤密度（X_1）、黏粒含量（X_9）、分散系数（X_{10}）、可蚀性 K 值（X_{12}）、水稳性指数（X_{13}）、pH（X_{14}）、有机质含量（X_{15}）、有效钾含量（X_{18}）和纤维素酶活性（X_{21}）。剔除的指标有：非毛管孔隙度（X_2）、毛管孔隙度（X_3）、土壤通气度（X_4）、土壤储水量（X_5）、最佳含水量下限（X_6）、砂粒含量（X_7）、粉粒含量（X_8）、渗透性（X_{11}）、全氮含量（X_{16}）、有效磷含量（X_{17}）、阳离子交换量（X_{19}）、碱性磷酸酶活性（X_{20}）、过氧化氢酶活性（X_{22}）、脱氢酶活性（X_{23}）和微生物量碳含量（X_{24}）。

同理以 $\alpha=0.05$ 显著性水平（查表得 $t_{0.025}$（42）$=2.021$）和其相对应的 $r_\alpha=0.298$ 为标准，保留的指标有：土壤密度（X_1）、黏粒含量（X_9）、水稳性指数（X_{13}）、pH（X_{14}）、有机质含量（X_{15}）、有效钾含量（X_{18}）和纤维素酶活性（X_{21}）。剔除的指标有：非毛管孔隙度（X_2）、毛管孔隙度（X_3）、土壤通气度（X_4）、土壤储水量（X_5）、最佳含水量下限（X_6）、砂粒含量（X_7）、粉粒含量（X_8）、分散系数（X_{10}）、渗透性（X_{11}）、可蚀性 K 值（X_{12}）、全氮含量（X_{16}）、有效磷含量（X_{17}）、阳离子交换量（X_{19}）、碱性磷酸酶活性（X_{20}）、过氧化氢酶活性（X_{22}）、脱氢酶活性（X_{23}）和微生物量碳含量（X_{24}）。

2）指标的聚类分析

根据 24 个土壤肥力质量指标，用类平均法对 44 个土壤样品（编号为 1，2，3，…，44）进行聚类分析。根据聚类分析结果和聚类树状图（图 6-1），将 44 个土壤样品分为以下三类。

一类：36。

二类：30。

三类：1，2，3，…，29，31，…，35，37，…，44。

结果表明：除极个别土壤样品外，绝大多数城市林业土壤都属于一个大类。

根据以显著性水平 $\alpha=0.01$，$r_\alpha=0.385$ 为标准，筛选出 9 个指标，用类平均法对 44 个土壤样品进行聚类分析。根据聚类分析结果和聚类树状图（图 6-2），将 44 个土壤样品分为以下五类。

一类：30。

二类：4。

三类：36。

四类：5，7，8，9。

五类：1，2，3，6，10，…，29，31，…，35，37，…，44。

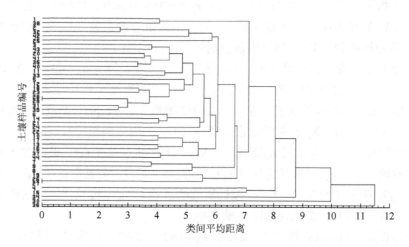

图 6-1　土壤样品聚类的树状图（24 个指标）

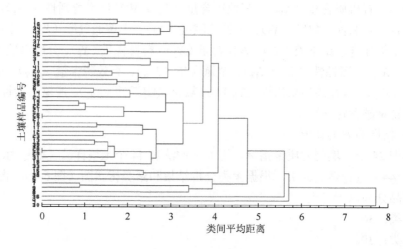

图 6-2　土壤样品聚类的树状图（9 个指标）

根据以显著性水平 $\alpha = 0.05$，$r_\alpha = 0.298$ 为标准，筛选的 7 个指标，用类平均法对 44 个土壤样品进行聚类分析。根据聚类分析结果和聚类树状图（图 6-3），将 44 个土壤样品分为以下五类。

一类：4。

二类：36。

三类：1，16，34，37，42，43，44。

四类：2，3，11，20，25，32，35，40，41。

五类：5，6，7，…，10，12，…，15，17，18，19，21，…，24，26，…，31，33，38，39。

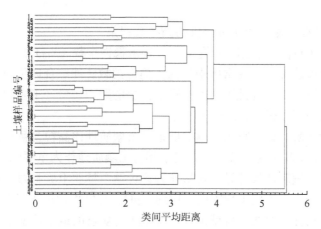

图6-3 土壤样品聚类的树状图（7个指标）

结果表明，随着指标数量的减少，土壤间的差异增大，分的类数越多，类与类之间的差异越大。可见，对不同土壤进行差异分析，并不是指标数越多越好。土壤指标数量过多，反而掩盖了土壤的特性，模糊了土壤间的差异，并不利于土壤质量的评价。

比较原来的24个土壤质量指标与经过筛选保留的9个土壤质量指标的聚类分析结果，后者比前者多分了两类，且多分出的类中的土壤都属于同一个采样功能区，这些功能区的土壤和环境都比较相近。因此，用筛选保留的9个指标对土壤进行分类，能够较好地反映土壤类别的本来状况，且更加细致和准确。

比较原来的24个土壤质量指标与经过筛选保留的7个土壤质量指标的聚类分析结果，两者差异较大。比较经过筛选保留的9个土壤质量指标与经过筛选保留的7个土壤质量指标的聚类分析结果，两者虽然都分为五类，但具体的分类方法上有较大差异。因此，用筛选的7个指标进行土壤分类，并进行土壤质量评价，存在较大风险。

综合上述分析，用筛选保留的9个指标对土壤进行分类并进行土壤质量评价比较可靠。另外，按指标的稳定性分类，这9个指标中包括了4个稳定性指标：黏粒含量（X_9）、分散系数（X_{10}）、可蚀性K值（X_{12}）和水稳性指数（X_{13}）；3个中度稳定性指标：土壤密度（X_1）、pH（X_{14}）和有机质含量（X_{15}）；2个不稳定指标：有效钾含量（X_{18}）和纤维素酶活性（X_{21}）。稳定性指标和中度稳定性指标居多，保证了土壤分类和评价的可靠性。按常规指标分类方法，这 9 个指标中包括5 个物理指标：土壤密度（X_1）、黏粒含量（X_9）、分散系数（X_{10}）、可蚀性 K 值（X_{12}）和水稳性指数（X_{13}）；3 个化学指标：pH（X_{14}）、有机质含量（X_{15}）和有效钾含量（X_{18}）；1 个生物学指标：纤维素酶活性（X_{21}）。用物理、化学和生物学指标组成的指标体系，以物理和化学指标居多，对土壤进行分类并进行评价，具有较高的可靠性。

3）城市林业土壤肥力质量评价的最小数据集

分散系数（X_{10}）、可蚀性 K 值（X_{12}）和水稳性指数（X_{13}）都是指示土壤对侵蚀的易损性或敏感性的，通常用来作为土壤侵蚀敏感性综合评价或土壤侵蚀等级划分的指标，以土壤的侵蚀等级间接评估土壤的肥力质量（王志明，1998；卢远等，2006；姚水萍和任佶，2006）。

黏粒含量（X_9）直接影响土壤的质地，土壤质地比黏粒含量更能全面体现土壤的质量状况，许多土壤质量评价方案中都将土壤质地作为重要的评价因子之一。因此，本书用土壤质地替代黏粒含量作为评价城市林业土壤肥力质量的指标。

综合上述分析，得到土壤密度、质地、pH、有机质含量、有效钾含量和纤维素酶活性 6 个指标，组成评价城市林业土壤肥力质量的最小数据集。

2. 评价指标等级标准的确定

土壤肥力质量评价指标分级标准参考第二次土壤普查（表 6-4）（刘建新，2009；张崇邦和张忠恒，2000）。

表 6-4　土壤肥力质量评价指标分级标准

指标	X_a	X_c	X_p
土壤密度/(g/cm³)	1.45	1.35	1.25
pH（＜7.0）	4.5	5.5	6.5
pH（＞7.0）	9.0	8.0	7.0
有机质含量/(g/kg)	10	20	30
有效钾含量/(mg/kg)	50	100	200
纤维素酶活性/(mg/g)	10	50	100

3. 评价指标的标准化

首先对所选指标参数进行标准化以消除各参数之间的量纲差别，标准化处理的方法如下。

当指标的测定值属于"极差"级时，即 $C_i \leqslant X_a$：

$$P_i = C_i/X_a, \quad P_i \leqslant 1 \tag{6-7}$$

当指标的测定值属于"差"级时，即 $X_a < C_i \leqslant X_c$：

$$P_i = 1 + (C_i - X_a)/(X_c - X_a), \quad 1 < P_i \leqslant 2 \tag{6-8}$$

当指标的测定值属于"中等"级时，即 $X_c < C_i \leqslant X_p$：

$$P_i = 2 + (C_i - X_c)/(X_p - X_c), \quad 2 < P_i < 3 \tag{6-9}$$

当指标的测定值属于"良好"级时，即 $C_i > X_p$：

$$P_i = 3 \tag{6-10}$$

式中，P_i 为分肥力质量指数；C_i 为指标的测定值；X 为指标分级标准值（表6-4），其中 X_a、X_c 和 X_p 分别为"差"级、"中等"级和"良好"级分级标准值。

质地的分级标准和标准化结果为：壤土类（砂质壤土、壤土、粉（砂）质壤土）：$P_i = 3$；黏壤土类（砂质黏壤土、黏壤土、粉（砂）质黏壤土）、粉土：$P_i = 2$；砂土类（砂土、壤质砂土）、黏土类（砂质黏土、壤质黏土、粉砂质黏土、黏土、重黏土）：$P_i = 1$（阚文杰和吴启堂，1994；邓南荣等，2009）。

土壤密度在 $1.14 \sim 1.26\text{g/cm}^3$ 时比较有利于幼苗的出土和根系的正常生长，其标准化后的指数数值应该较大。而大于或小于这个范围的土壤密度不利于植物生长，其标准化后的指数数值应该较小，因此，需要对土壤密度的标准化进行单独处理，本实验采用的方法如下：

当密度 $C_i \geqslant 1.45$ 时，有

$$P_i = 1.45/C_i \tag{6-11}$$

当 $1.35 \leqslant C_i < 1.45$ 时，有

$$P_i = 1 + (C_i - 1.45)/(1.35 - 1.45) \tag{6-12}$$

当 $1.25 \leqslant C_i < 1.35$ 时，有

$$P_i = 2 + (C_i - 1.35)/(1.25 - 1.35) \tag{6-13}$$

当 $1.14 \leqslant C_i < 1.25$ 时，有

$$P_i = 3 \tag{6-14}$$

当 pH < 7.0 时，适用式（6-11）～式（6-13）进行标准化处理，但当 pH > 7.0 时，同样需要对 pH 进行标准化单独处理，方法同密度的标准化处理。

4. 评价模型

用改进的内梅罗综合指数法对城市林业土壤肥力质量进行综合评价（式6-5）。

5. 城市林业土壤肥力质量评价

表 6-5 是不同采样点（1～31 号样地为林灌草覆盖，部分土壤裸露；32～44 号样地为草坪覆盖）土壤肥力质量评价指标测定结果。表 6-6 是土壤综合肥力质量评价结果，土壤综合肥力质量指数 P 变幅为 0.85～1.51，平均值为 1.19，变异

系数（coefficient of variation，CV）为 13.92%，城市林业土壤肥沃程度一般，且不同土壤样品间差异较小。其中，土壤肥力属于"差"（$P<1.0$）级的有 3 个样品，占土壤样品总数的 6.82%；属于"中"（$1.0 \leqslant P<1.5$）级的有 40 个样品，占土壤样品总数的 90.91%；属于"良"（$1.5 \leqslant P<2.0$）级的只有 1 个样品，占土壤样品总数的 2.27%。属于"差"一级的样品均采自草坪覆盖下的土壤，属于"良"一级的样品采自天然林下的自然土壤。草坪覆盖土壤肥力质量较低。

表 6-5 南京市不同采样点土壤肥力质量评价指标的原始测定值

编号	采样点	土壤类型	密度/(g/cm³)	质地类型（美国制）	pH	有机质含量/(g/kg)	有效钾含量/(mg/kg)	纤维素酶活性/(mg/kg)
1	大桥公园	客土	1.32	粉壤土	7.59	25.98	92.67	3.06
2	古林公园	原土	1.51	粉质黏壤土	7.48	9.53	112.55	1.05
3	南京国防园	原土	1.50	粉壤土	5.15	12.59	128.44	1.05
4	九华山公园	原土	1.29	粉质黏壤土	4.85	30.00	220.09	0.89
5	北极阁公园	客土	1.42	粉壤土	7.88	10.41	176.01	5.91
6	玄武湖公园	原土	1.41	粉壤土	7.67	18.07	167.58	0.00
7	玄武湖公园	客土	1.46	粉壤土	7.63	9.67	92.64	1.39
8	情侣园	原土	1.36	粉壤土	7.90	14.12	212.20	0.00
9	幕府山联珠村	原土	1.44	粉质黏壤土	6.87	10.39	80.73	1.89
10	南京化工厂（草坪）	原土	1.52	粉土	7.79	3.82	84.88	1.05
11	二桥公园	客土	1.51	粉土	7.67	9.18	108.88	2.57
12	乌龙山公园	原土	1.18	粉壤土	7.19	15.25	80.83	6.08
13	乌龙山公园	客土	1.40	粉壤土	5.76	5.74	73.15	0.22
14	栖霞山	原土	1.48	粉壤土	7.12	20.05	160.33	0.55
15	灵山	原土	1.15	壤质砂土	6.74	41.02	37.13	0.00
16	灵谷寺	原土	1.44	壤土	5.38	18.29	96.61	4.40
17	四方城	客土	1.30	粉壤土	7.62	25.05	152.68	0.00
18	紫金山板仓街附近	原土	1.48	粉壤土	7.52	9.15	88.77	3.90
19	紫金山王家湾附近	原土	1.49	粉壤土	6.74	16.63	88.71	0.00
20	城郊伊刘苗圃	原土	1.43	壤土	5.97	11.44	72.95	0.00
21	农场山	原土	1.27	粉壤土	5.65	16.11	121.16	3.59
22	柳塘立交桥	客土	1.36	粉壤土	7.67	8.00	104.46	0.00
23	东杨坊立交桥附近	原土	1.56	粉壤土	7.25	9.39	69.20	1.06
24	紫金帝豪花园	原土	1.40	壤土	6.10	14.89	84.91	2.56
25	紫金山黄马水库	原土	1.30	壤土	6.51	17.12	49.03	4.73

续表

编号	采样点	土壤类型	密度/(g/cm³)	质地类型（美国制）	pH	有机质含量/(g/kg)	有效钾含量/(mg/kg)	纤维素酶活性/(mg/kg)
26	马群立交桥	客土	1.39	粉壤土	7.87	11.43	130.23	0.00
27	南京体育学院	客土	1.48	粉壤土	7.76	29.80	164.33	0.00
28	南京理工大学	客土	1.40	粉质黏壤土	7.22	17.69	120.52	2.73
29	月牙湖公园	客土	1.37	粉壤土	7.76	21.81	156.66	0.72
30	南京理工大学紫金学院	客土	1.23	粉壤土	7.84	5.72	100.70	1.05
31	仙鹤门	原土	1.51	粉壤土	7.98	5.22	108.90	4.92
32	莫愁湖公园	客土	1.43	壤土	7.95	13.33	108.41	2.89
33	情侣园	客土	1.48	粉壤土	8.00	20.83	203.93	1.73
34	二桥公园	客土	1.41	粉壤土	7.68	5.73	83.03	1.73
35	乌龙山公园	客土	1.62	粉土	7.54	7.63	72.95	0.38
36	栖霞寺	客土	1.40	壤土	7.98	31.20	92.72	5.24
37	南京理工大学紫金学院	原土	1.21	粉壤土	7.67	5.39	99.81	1.03
38	仙鹤门	客土	1.59	粉壤土	7.96	5.22	108.90	4.83
39	中山陵音乐台	客土	1.43	粉壤土	7.80	11.44	57.08	1.89
40	柳塘立交桥	客土	1.63	粉壤土	7.65	3.13	104.82	0.72
41	紫金山黄马水库	客土	1.61	粉土	7.84	7.28	136.30	1.22
42	马群立交桥	原土	1.33	粉壤土	7.93	5.73	116.73	0.00
43	南京体育学院	客土	1.56	粉土	7.31	4.18	208.66	0.00
44	南京农业大学	客土	1.59	粉壤土	7.82	8.33	124.62	2.56

表 6-6　南京市土壤肥力质量评价结果

编号	采样点	土壤类型	P_i						P
			密度	质地类型（美国制）	pH	有机质含量	有效钾含量	纤维素酶活性	
1	大桥公园	客土	2.28	3	2.41	2.60	1.85	0.31	1.45
2	古林公园	原土	0.96	2	2.52	0.95	2.13	0.11	1.00
3	南京国防园	原土	0.97	3	1.65	1.26	2.28	0.11	1.07
4	九华山公园	原土	2.60	2	1.35	3.00	3.00	0.09	1.39
5	北极阁公园	客土	1.35	2	2.12	1.04	2.76	0.59	1.32
6	玄武湖公园	原土	1.39	3	2.33	1.81	2.68	0.00	1.29
7	玄武湖公园	客土	0.99	3	2.37	0.97	1.85	0.14	1.08
8	情侣园	原土	1.92	3	2.10	1.41	3.00	0.00	1.32
9	幕府山联珠村	原土	1.08	2	3.00	1.04	1.61	0.19	1.04

续表

| 编号 | 采样点 | 土壤类型 | P_i | | | | | | P |
			密度	质地类型（美国制）	pH	有机质含量	有效钾含量	纤维素酶活性	
10	南京化工厂（草坪）	原土	0.96	2	2.21	0.38	1.70	0.11	0.85
11	二桥公园	客土	0.96	2	2.33	0.92	2.09	0.26	1.00
12	乌龙山公园	原土	3.00	3	2.81	1.52	1.62	0.61	1.51
13	乌龙山公园	客土	1.47	3	2.26	0.57	1.46	0.02	1.01
14	栖霞山	原土	0.98	3	2.88	2.01	2.60	0.06	1.33
15	灵山	原土	3.00	1	3.00	3.00	0.74	0.00	1.24
16	灵谷寺	原土	1.08	3	1.88	1.83	1.93	0.44	1.21
17	四方城	客土	2.53	3	2.38	2.50	2.53	0.00	1.49
18	紫金山板仓街附近	原土	0.98	3	2.48	0.92	1.78	0.39	1.13
19	紫金山王家湾附近	原土	0.97	3	3.00	1.66	1.77	0.00	1.20
20	城郊伊刘苗圃	原土	1.22	3	2.47	1.14	1.46	0.00	1.07
21	农场山	原土	2.82	3	2.15	1.61	2.21	0.36	1.42
22	柳塘立交桥	客土	1.92	3	2.33	0.80	2.04	0.00	1.16
23	东杨坊立交桥附近	原土	0.93	3	2.75	0.94	1.38	0.11	1.05
24	紫金帝豪花园	原土	1.48	3	2.60	1.49	1.70	0.26	1.23
25	紫金山黄马水库	原土	2.45	3	3.00	1.71	0.98	0.47	1.38
26	马群立交桥	客土	1.61	3	2.13	1.14	2.30	0.00	1.17
27	南京体育学院	客土	0.98	3	2.24	2.98	2.64	0.00	1.36
28	南京理工大学	客土	1.51	2	2.78	1.77	2.21	0.27	1.23
29	月牙湖公园	客土	1.84	3	2.24	2.18	2.57	0.07	1.37
30	南京理工大学紫金学院	客土	3.00	3	2.16	0.57	2.01	0.11	1.25
31	仙鹤门	原土	0.96	3	2.02	0.52	2.09	0.49	1.10
32	莫愁湖公园	客土	1.23	3	2.05	1.33	2.08	0.29	1.17
33	情侣园	客土	0.98	3	2.00	2.08	3.00	0.17	1.30
34	二桥公园	客土	1.41	3	2.32	0.57	1.66	0.17	1.06
35	乌龙山公园	客土	0.90	2	2.46	0.76	1.46	0.04	0.88
36	栖霞寺	客土	1.48	3	2.02	3.00	1.85	0.52	1.42
37	南京理工大学紫金学院	原土	3.00	3	2.08	0.39	2.07	0.13	1.24
38	仙鹤门	客土	0.95	3	2.06	0.53	2.07	0.46	1.12
39	中山陵音乐台	客土	1.20	3	2.20	1.14	1.14	0.19	1.03
40	柳塘立交桥	客土	0.89	3	2.35	0.31	2.05	0.07	1.00
41	紫金山黄马水库	客土	0.90	2	2.16	0.73	2.36	0.12	0.96
42	马群立交桥	原土	2.24	3	2.07	0.57	2.17	0.00	1.16
43	南京体育学院	客土	0.93	2	2.69	0.42	3.00	0.00	1.04
44	南京农业大学	客土	0.91	3	2.18	0.83	2.25	0.26	1.10

　　从不同功能区来看，土壤综合肥力质量指数 P 平均值由高到低依次为城郊天然林（$P=1.29$）、城市公园（$P=1.19$）、居住区绿地（$P=1.15$）、文教单位绿地（$P=1.14$）和道路绿化带（$P=1.13$）（表 6-7），不同功能区土壤肥沃程度均为一般，需要加强城市林业土壤肥力改良措施。城市高频率的挖掘和堆填及外源污染物质的入侵是城市林业土壤肥力质量普遍较低的主要原因。另外，缺乏管理和维护（如道路绿化带和单位绿地）是造成土壤肥力质量下降的第二大原因。城郊天然林的土壤肥力系数虽然高于其他功能区，但仍属于中等肥力水平，不能完全满足林木生长的需要。

表 6-7　南京市不同功能区土壤综合肥力质量指数

功能区	样本个数	P		
		最大值	最小值	平均值
城郊天然林	8	1.51	0.96	1.29
城市公园	16	1.49	0.88	1.19
文教单位绿地	8	1.36	0.85	1.14
居住区绿地	4	1.23	1.04	1.15
道路绿化带	8	1.45	1.00	1.13

　　从植被和土壤类型来看，土壤综合肥力质量指数 P 平均值由高到低依次为林灌草覆盖客土（$P=1.24$）、林灌草覆盖原土（$P=1.19$）和草坪覆盖客土（$P=1.11$）（表 6-8），不同植被类型下土壤的肥沃程度一般，草坪覆盖下土壤肥力质量较低。因为草坪植被根系浅，生命力强，所以城市园林规划设计者或建设者通常在土层较浅、土壤侵入物较多、结构和质地较差的地方种植草坪。另外，草坪通常受到城市居民或游客的践踏，土壤物理属性一般较差，不利于土壤与外界的气、水、热和物质的交换，使土壤的自我改良能力下降。

表 6-8　南京市不同植被土壤综合肥力质量指数

植被和土壤类型	样本个数	P		
		最大值	最小值	平均值
林灌草，客土	15	1.45	1.00	1.24
林灌草，原土	16	1.51	0.85	1.19
草坪，客土	13	1.42	0.88	1.11

　　用改进的内梅罗综合指数法对城市林业土壤肥力质量进行综合评价，客观地反映出了城市林业土壤的肥力质量特征和分布趋势。但不足的是因为改进的

内梅罗法得出的是一个综合指数，所以不可避免地减小了土壤样品间的肥力特性差异。

6. 小结

（1）根据相关性分析和聚类分析，原来的 24 个土壤质量指标经过筛选，保留 9 个指标作为土壤质量评价因子。保留的指标为：土壤密度、黏粒含量、分散系数、可蚀性 K 值、水稳性指数、pH、有机质含量、有效钾含量和纤维素酶活性。

（2）建立城市林业土壤肥力质量评价的最小数据集。最后选取土壤密度、质地、pH、有机质含量、有效钾含量和纤维素酶活性 6 个指标，组成评价城市林业土壤肥力质量的最小数据集。

（3）用改进的内梅罗综合指数法对城市林业土壤肥力质量进行综合评价，结果显示，城市林业土壤综合肥力质量指数 P 变幅为 0.85～1.51，平均值为 1.19，CV 为 13.92%，城市林业土壤肥沃程度一般，且不同土壤样品间差异较小。其中，土壤肥力属于"差"（$P<1.0$)级的土壤样品占土壤样品总数的 6.82%；属于"中"（$1.0 \leqslant P<1.5$）级的土壤样品占土壤样品总数的 90.91%；属于"良"（$1.5 \leqslant P<2.0$）级的土壤样品占土壤样品总数的 2.27%。不同功能区，土壤肥力系数 P 平均值由高到低依次为城郊天然林（$P=1.29$）、城市公园（$P=1.19$）和道路绿化带（$P=1.13$），不同功能区土壤肥沃程度均一般，需要加强城市林业土壤肥力质量改良措施。不同植被和土壤类型间，土壤肥力系数 P 平均值由高到低依次为林灌草覆盖客土（$P=1.24$）、林灌草覆盖原土（$P=1.19$）和草坪覆盖客土（$P=1.11$），不同植被类型下土壤的肥沃程度一般，草坪覆盖下的土壤肥力质量最低。

（4）用改进的内梅罗综合指数法对城市林业土壤肥力质量进行综合评价，客观地反映出了城市林业土壤的肥力质量特征和分布趋势。

二、徐州市城市林业（绿地）土壤肥力质量评价

将徐州市城市绿地划分为 6 种类型，即附属绿地、防护绿地、公园绿地、生产绿地、街头绿地和道路绿地（表 2-3）。每种类型绿地设置 4 个或 5 个 30m×30m 标准地，每个标准地在代表性地段分别多点采集 0～20cm 和 20～40cm 土层土壤混合样品，重复 3 次。同时调查土壤的背景情况、利用现状和人为干扰强度等，记载样地编号、剖面位置，填写土壤剖面调查记载表（表 2-3）。

1. 城市绿地土壤质量评价最小数据集

指标体系的建立是土壤质量评价的基础，因此进行评价指标体系的研究，使

评价指标科学化、合理化显得尤为重要。根据土壤质量评价指标选择的代表性、主导性、稳定性、差异性、可比性等原则，采用主成分分析法建立土壤质量评价的最小数据集。

1）筛选模型的构建

设 $(X_1, X_2, \cdots, X_m)^T$ 为原始土壤评价指标构成的向量，用 λ_i（$i = 1$, 2, $\cdots$, m）表示向量 $(X_1, X_2, \cdots, X_m)^T$ 的相关系数矩阵的 m 个特征值。$(a_{1i}, a_{2i}, \cdots, a_{mi})^T$ 为 λ_i 所对应的单位特征向量，F_j 为第 j 个主成分向量，u_i 为累计方差贡献（张鹏飞等，2004；王玉杰和王千，2000；黄嘉佑，2000）。

2）筛选指标的选取

本节从反映徐州市绿地土壤质地、盐分含量、养分含量及碱性强弱等 22 项指标中进行筛选（表 6-9）。

表 6-9 徐州市不同绿地类型土壤测定的质量指标（0～20cm）

指标代号	测定指标	单位	指标代号	测定指标	单位
X_1	土壤密度	g/cm³	X_{12}	水解性氮含量	mg/kg
X_2	田间持水量	%	X_{13}	阳离子交换量	cmol(+)/kg
X_3	非毛管孔隙度	%	X_{14}	有机质含量	g/kg
X_4	毛管孔隙度	%	X_{15}	电导率	mS/cm
X_5	总孔隙度	%	X_{16}	脲酶活性	mg/kg
X_6	pH	—	X_{17}	过氧化氢酶活性	mg/g
X_7	全钾含量	g/kg	X_{18}	磷酸酶活性	mg/g
X_8	全磷含量	g/kg	X_{19}	蔗糖酶活性	mg/g
X_9	全氮含量	g/kg	X_{20}	过氧化物酶活性	mg/g
X_{10}	有效磷含量	mg/kg	X_{21}	多酚氧化酶活性	mg/g
X_{11}	有效钾含量	mg/kg	X_{22}	黏粒含量	%

3）计算特征值和方差贡献率

SPSS17.0 计算结果见表 6-10，从中可以看出，前 6 个主成分的累计方差贡献率已经达到了 86.552%，且主成分的特征根都大于 1。一般来说，提取主成分的累计贡献率达到 80%～85%就比较满意了，可由此决定选取主成分的个数，也可根据特征根确定入选主成分的个数，特征值在某种程度上可以看成表示主成分影响力度大小的指标，特征根小于 1 的主成分的解释力度还不如直接引入原变量大，因此一般可以用特征根大于 1 作为纳入标准。本节按照特征根大于 1 的原则，纳入 6 个主成分对徐州市绿地土壤质量指标进行筛选。

表 6-10 特征值及方差贡献率

主成分	特征值	方差贡献率/%	累计方差贡献率/%
λ_1	6.750	38.684	38.684
λ_2	3.824	17.380	56.064
λ_3	2.258	10.262	66.326
λ_4	1.937	8.806	75.132
λ_5	1.475	6.704	81.836
λ_6	1.038	4.716	86.552
λ_7	0.860	3.908	90.460
λ_8	0.738	3.353	93.813
λ_9	0.584	2.656	96.469
λ_{10}	0.519	2.360	98.829
λ_{11}	0.450	1.171	100

4）最小数据集的建立

计算出前 6 个主成分对各个土壤肥力质量指标的方差贡献（表 6-11），经反复聚类，最后确定 0.82% 为界限值对主要肥力因素指标进行筛选，由表 6-11 中前 6 个主成分对各肥力因素的方差贡献可知，土壤密度、pH、有效磷含量、有效钾含量、水解性氮含量、阳离子交换量、有机质含量、黏粒含量、电导率 9 项指标超过了临界值 0.82%，但是徐州市城市绿地土壤电导率符合植物生长的要求，因此将电导率删除，将土壤密度、pH、有效磷含量、有效钾含量、水解性氮含量、阳离子交换量、有机质含量、黏粒含量 8 项指标作为评价徐州市城市绿地土壤质量的最小数据集。

表 6-11 单位特征向量及前 6 个主成分对各评价指标的方差贡献

评价指标	λ_1	λ_2	λ_3	λ_4	λ_5	λ_6	对各指标的方差贡献 u_i
X_1	−0.047730	0.270006973	0.145741	0.497930	0.055990	−0.011780	0.827140[*]
X_2	−0.144340	0.204039361	−0.311450	−0.147300	−0.037880	0.338626	0.682021
X_3	−0.040410	0.074149642	−0.180350	−0.040960	0.636478	0.358257	0.794920
X_4	0.081599	−0.119662181	−0.507760	0.160947	−0.108690	−0.254210	0.816550
X_5	0.298683	0.068013120	−0.032610	0.065385	0.244546	−0.069690	0.723799
X_6	0.242102	0.183072910	−0.326090	0.110651	−0.261840	−0.096190	0.898348[*]
X_7	0.101614	0.062387975	0.076531	−0.099150	−0.630710	0.344515	0.816806
X_8	0.063509	−0.226539942	0.243567	0.402368	0.062577	0.078522	0.683206
X_9	0.127787	−0.333929079	0.047249	0.183221	0.039523	−0.235570	0.666603

续表

评价指标	λ_1	λ_2	λ_3	λ_4	λ_5	λ_6	对各指标的方差贡献 u_i
X_{10}	0.357572	0.006647899	0.041926	−0.035930	0.069988	0.056928	0.880267*
X_{11}	0.269430	0.172845373	0.172361	−0.256510	0.134212	−0.158030	0.851264*
X_{12}	0.267121	−0.005625145	−0.411270	0.168132	0.089749	−0.018650	0.930680*
X_{13}	−0.024630	0.309382990	0.262201	0.410271	−0.014820	−0.134470	0.870490*
X_{14}	0.358342	0.017386813	0.049911	−0.035210	0.109510	0.092263	0.902468*
X_{15}	0.356033	0.019943697	0.039929	−0.053170	0.069988	0.062818	0.877545*
X_{16}	0.287136	0.130401095	0.212955	−0.284530	0.048580	−0.024540	0.814865
X_{17}	0.124708	−0.397339807	−0.095830	−0.066820	−0.178670	0.129561	0.802604
X_{18}	−0.286370	−0.190232186	0.195652	−0.106340	−0.038700	−0.089320	0.810766
X_{19}	−0.023480	0.206596245	0.173691	0.264413	0.029642	0.433834	0.567142
X_{20}	0.233250	−0.270006973	0.047915	0.237110	−0.072460	−0.019630	0.768250
X_{21}	0.134330	−0.237790232	0.326753	0.045266	−0.149860	0.065762	0.620689
X_{22}	0.222857	0.321656035	0.033940	−0.002160	−0.223960	0.098152	0.827475*

*表示此指标贡献率大于临界值。

5）对筛选指标的验证

分别用 22 项指标和筛选出的 8 项主要指标，对 84 个土样品进行分别聚类分析，其并类过程基本相同，由此可见对徐州市城市绿地土壤肥力质量评价指标的筛选结果是可靠的。

本书所建立的土壤质量评价最小数据集与刘艳等（2010）所建立的绿地土壤质量评价数据集有所不同，刘艳等（2010）建立的北京市崇文区土壤质量评价的最小数据集包括过氧化氢酶活性、Zn 含量、土壤碳氮比、呼吸熵（respiratory quotient，RQ）、脱氢酶活性（DHA）5 个指标。最小数据集的不同可能是不同城市气候及土壤差异造成的，分析方法也会产生一定的影响。另外，住房和城乡建设部于 2016 年发布的《绿化种植土壤》（CJ/T 340—2016）规定，绿化种植土壤的主控指标和一般指标包括 pH、电导率、土壤密度、有机质含量、非毛管孔隙度、水解性氮含量、有效磷含量、有效钾含量、阳离子交换量含量、质地等，这些指标和本书研究结果基本相同，说明本书研究结果具有较高的可靠性。

2. 城市绿地土壤肥力质量评价

1）土壤肥力质量评价指标的选取

根据建立的徐州市绿地土壤质量评价最小数据集，选择土壤密度、pH、有效磷含量、有效钾含量、水解性氮含量、阳离子交换量、有机质含量、黏粒含量 8 项指标进行土壤肥力质量综合评价。

2）评价指标的确定

土壤肥力质量评价指标分级标准值（表 6-12）参考第二次土壤普查（傅慧兰等，1999；项建光等，2004；胡素英等，2003；黎妍妍和许自成，2006；张琪等，2005）。

3）土壤肥力质量评价指标的标准化处理

土壤黏粒含量在 20%～30%时比较有利于植物根系的生长，过高和过低都不利于土壤肥力功能的发挥，过高时土壤无效水含量增高，植物根系伸展受阻，过低时则土壤水分和养分保蓄能力差。因此本节对土壤黏粒含量进行单独化处理，即当黏粒含量在 $20\% \leqslant C_i \leqslant 30\%$ 时，$P_i = 3$；当土壤黏粒含量小于 20%或者大于 30%时，$P_i = 1$（阚文杰和吴启堂，1994；邓南荣等，2009；徐建明，2010）。

表 6-12　土壤肥力质量评价指标的分级标准值

土壤属性	X_a	X_c	X_p
土壤密度/(g/cm³)	1.45	1.35	1.0
有机质含量/(g/kg)	12.00	20.00	30.00
有效钾含量/(mg/kg)	60.00	100.00	200.00
有效磷含量/(mg/kg)	3.00	5.00	10.00
水解性氮含量/(mg/kg)	40	120	180
pH（<7.0）	4.50	5.50	6.50
pH（>7.0）	9.00	8.00	7.00
阳离子交换量/(cmol(+)/kg)	10	15	20

4）土壤综合肥力质量评价

土壤综合肥力评价方法有多种，主要包括加和法、平均值法、加权平均法等，本节采用改进的内梅罗综合指数法进行综合评价。

根据徐州市不同绿地类型土壤肥力质量评价结果（表 6-13），0～20cm 土层土壤综合肥力指数 P 大小依次为公园绿地（1.469）、防护绿地（1.326）、道路绿地（1.304）、街头绿地（1.300）、生产绿地（1.253）、附属绿地（1.102），各种绿地类型的肥沃程度均处于中等水平（1.0＜P＜1.5）。对于 20～40cm 土层，防护绿地、公园绿地和街头绿地土壤处于中等水平，附属绿地、生产绿地及道路绿地土壤处于较差水平。除了防护绿地、生产绿地外，其他绿地土壤均是客土，且都是近几年新建的，所以整体肥力较低。城市绿地缺乏管理和维护也是造成土壤肥力降低的重要原因。加强城市绿地土壤的管理，提高城市绿地土壤肥力质量，促进园林植物生长是提高土壤肥力的有效措施。例如，避免城市建筑垃圾进入绿地土壤，降低对土壤的不良影响；减少人为对土壤的压实和践踏，降低土壤密度；施用有机和无机肥料，增加土壤营养物质；将修剪掉的枝叶进行堆沤腐熟，并作为有机肥料归还给城市绿地土壤等。

表 6-13　徐州市不同绿地类型土壤肥力质量评价结果

土层	绿地类型	P_i								P
		土壤密度	有机质含量	有效磷含量	有效钾含量	pH	水解性氮含量	阳离子交换量	黏粒含量	
0～20cm	附属绿地	2.60	1.50	0.39	2.95	1.73	0.58	1.48	1	1.102
	防护绿地	3.00	3.00	0.37	3.00	1.93	0.78	1.81	1	1.326
	公园绿地	2.90	2.24	0.91	3.00	2.01	0.65	1.29	3	1.469
	生产绿地	2.50	1.58	0.73	2.67	2.04	0.88	1.71	1	1.253
	街头绿地	2.90	1.23	0.94	2.54	1.86	0.54	1.24	3	1.300
	道路绿地	2.90	1.67	1.10	2.82	2.04	0.97	1.25	3	1.304
20～40cm	附属绿地	3.00	1.10	0.24	2.49	1.12	0.82	1.43	1	0.992
	防护绿地	2.00	3.00	0.17	2.38	1.87	0.43	1.30	3	1.242
	公园绿地	2.10	1.36	1.02	3.00	1.99	0.65	1.21	1	1.169
	生产绿地	1.40	1.44	0.68	2.48	1.01	0.87	1.46	1	0.997
	街头绿地	2.00	1.40	1.19	2.47	1.85	0.58	1.01	3	1.247
	道路绿地	2.60	1.15	0.47	2.27	1.07	0.79	1.26	1	0.983

3. 小结

（1）根据相关性分析和聚类分析，24 个土壤质量指标经过筛选，保留土壤密度、黏粒含量、分散系数、可蚀性 K 值、水稳性指数、pH、有机质含量、有效钾含量和纤维素酶活性 9 个指标作为土壤质量评价因子。

（2）建立了城市林业土壤肥力质量评价的最小数据集。选取土壤密度、pH、有效磷含量、有效钾含量、水解性氮含量、阳离子交换量、有机质含量、黏粒含量 8 项指标组成评价徐州市城市绿地土壤肥力质量的最小数据集。

（3）采用改进的内梅罗公式对土壤质量进行了综合评价，0～20cm 土层土壤综合肥力质量指数 P 大小依次为公园绿地（1.469）、防护绿地（1.326）、道路绿地（1.304）、生产绿地（1.253）、街头绿地（1.300）、附属绿地（1.102）。各个绿地类型 0～20cm 土层土壤的肥沃程度均处于中等水平（1.0＜P＜1.5），对于 20～40cm 土层土壤，防护绿地、公园绿地和街头绿地处于中等水平，其他三种绿地处于较低水平（P＜1.0）。

第七章 城市林业土壤有机碳含量与分布

第一节 土壤有机碳概述

土壤有机碳是指土壤有机物质中的碳，包括土壤中动植物残体、微生物体及其不同分解阶段的中间产物含有的碳，也包括土壤腐殖质和惰性有机物质中的碳。土壤有机碳根据微生物可利用程度分为易分解有机碳、难分解有机碳和惰性有机碳。土壤有机碳含量反映的是进入土壤的生物残体等有机物质输入与以土壤微生物分解作用为主的有机物质损失之间的平衡状况。土壤有机碳含量可用质量百分数、体积百分数及特定土层有机碳储量表示。

土壤有机碳作为土壤有机质（soil organic matter，SOM）的主要组成部分，其生态作用主要通过土壤有机质来实现。土壤有机质作为土壤中最为活跃的组分，其生态作用主要表现为以下几个方面：土壤有机质在多个方面对土壤肥力有提升作用，其含量是土壤肥力水平的一项重要指标；土壤有机质可提供植物生长所需要的养分，并通过促进形成土壤团聚体、吸附阴阳离子来提升土壤肥力；土壤有机质还以提供土壤生物养分和能量的形式促进土壤生物生长，从而保证土壤养分转化的生物化学过程顺利而平稳地进行。另外，土壤有机质含有大量的活性官能团，可与金属离子进行螯合，并影响重金属离子的迁移和固定，同时这些官能团也可以通过不同机理结合农药等有机污染物，从而降低了这些有机、无机污染物的生物活性和危害。

一、土壤碳库构成

土壤生态系统是陆地生态系统最大的碳库，全球土壤碳库储量达到 $2.2 \times 10^3 \sim 3 \times 10^3 Pg$（$1Pg = 10^{15}g$），为植被碳库的 2～3 倍，大气碳库的 2 倍。土壤碳库的小幅度变化就可能影响全球碳平衡，导致全球气候变化。特别是大气碳库，其与土壤碳库的关系最为密切，土壤碳库的轻微扰动，包括稳定、增长或释放都对大气碳库的变化有重要的影响。土地利用方式变化导致的土壤碳库消耗是大气二氧化碳浓度升高的主要原因之一。自 18 世纪 60 年代开始工业化进程以来，土地利用方式的改变使土壤碳库的储量减少 156Pg，释放到大气碳库中的二氧化碳数量相当于人类活动引起的总排放量的 1/3（Feller and Bernoux，2008；Hutchinson et al.，

2007；Janzen，2004）。发挥土壤碳库的碳汇效应已成为降低大气温室气体浓度、减缓全球温室效应的最为简便有效的方法之一（潘根兴等，2005；Feller and Bernoux，2008；Hutchinson et al.，2007）。近年来，国内外学者在土壤碳库构成及其转化方面加强了研究，土壤碳库构成研究是探知土壤对碳的固定能力和土壤碳库变化内部机制的重要环节，也是进一步探讨节能减排措施有效性的重要途径。

一般认为，土壤碳库由土壤有机碳库和土壤无机碳库两部分组成。土壤无机碳库通过影响土壤团聚体的状况、微生物活性、土壤 pH、有机质的分解速率，进而影响土壤有机碳库（Hutchinson et al.，2007）；土壤有机碳库分解释放 CO_2 进入土壤溶液转化为无机碳（许乃政等，2011）。土壤有机碳是非常复杂的连续混合物，存在多种有机碳组分和形式，各类有机碳的性质不尽相同，它们在土壤碳库中的含量影响着土壤碳的转化，进而影响土壤质量变化及陆地生态系统碳循环。

1. 土壤无机碳库

土壤无机碳库是土壤碳库的重要组成部分。Pan 认为，土壤无机碳库包括土壤溶液中的 HCO_3^-、土壤空气中的 CO_2 及土壤中淀积的 $CaCO_3$，后者多以结核状、菌丝状存在于土壤剖面，土壤无机碳以 $CaCO_3$ 含量最多（Pan，1999）。前期研究表明，受限于钙离子供给，碳酸盐的形成是一个十分缓慢的过程，土壤中的无机碳库基本是一个"死库"，对现代碳循环的贡献几乎可以忽略不计（Schlesinger，1985）。无机碳相对于有机碳，在土壤中更加稳定，在碳循环中所占的比例也较小，因而早期研究对土壤中无机碳的关注不多，人们更多地把碳循环研究重点集中在有机碳上。因此，针对无机碳的调查，一般只作为土壤研究前期准备的一个环节，通过土壤石灰反应，来大致判定土壤剖面的酸碱状况。

但自 21 世纪初，相关研究人员开始关注无机碳对土壤质量及土壤有机碳的影响，无机碳库储量变化及其转化过程。研究表明，无机碳约占全球总碳的 38%，是陆地生态系统中除有机碳库外的第二大碳库（王海荣和杨忠芳，2011）。土壤无机碳主要存在于干旱、半干旱区的土壤中，研究表明，这些区域土壤中无机碳含量可达有机碳含量的 5 倍，全球约有 40%的干旱土地，而我国西北干旱地区土壤的无机碳含量约占全球无机碳含量的 1/20～1/15（Yang et al.，2010；潘根兴，1999）。土壤无机碳受气候变化与人类活动的影响，参与碳循环，进而影响全球温室效应，因此，研究土壤无机碳库对于土壤碳库计算及碳循环研究是必不可少的（Schuman et al.，2002）。

2. 土壤有机碳库

根据土壤有机碳的可被利用难易程度及碳循环周转速度的高低，土壤有机碳可分为活性有机碳（不稳定有机碳）和稳定性有机碳。

1）活性有机碳

土壤活性有机碳是土壤中可在一定时间内发生周转或转化，可为植物和微生物利用，且对碳平衡有重要影响的那部分有机碳。活性有机碳于 20 世纪 70～80 年代提出，但目前尚没有确定的定义。沈宏等认为，土壤活性有机碳是指受植物、微生物影响强烈，具有一定溶解性，在土壤中移动快、稳定性差、易氧化、矿化，并具有较高微生物活性的那部分有机碳（沈宏等，1999）。土壤碳库的变化主要发生在活性碳库中，虽然它只占土壤有机碳总量的较小部分。活性有机碳直接参与土壤生物化学转化过程，同时也是土壤微生物能源和土壤养分的驱动力，因此它对土壤碳库平衡和土壤化学、生物化学肥力的保持具有重要意义。活性有机碳在指示土壤质量和土壤肥力的变化时比有机质更灵敏，能够更准确、更实际地反映土壤肥力和土壤性质的变化，指示土壤的综合质量水平。

根据土壤活性有机碳测定方法和所指有机碳组分的不同，常用溶解性有机碳（dissolved organic carbon，DOC）、土壤微生物量碳（microbial biomass carbon，MBC）、易氧化态碳（readily oxidation carbon，ROC）和轻组有机碳（light fraction organic carbon，LFOC）等指标来表征。

（1）溶解性有机碳。

土壤溶解性有机碳是可溶于水或稀盐溶液的那一部分土壤有机碳。土壤溶解性有机碳是土壤有机质的重要组成部分，受植物和微生物影响强烈，在土壤中移动较快，易分解矿化。土壤溶解性有机碳的总量虽然较低，但活性较高，在一定的条件下可与土壤有机质的其他组分进行相互转化，处于动态平衡之中。土壤溶解性有机碳作为土壤中各种养分及环境污染物移动的载体因子，其含量动态及化学行为显著地影响其他养分元素如氮、磷、硫等的循环，重金属的吸附，环境有机污染物的降解，以及矿物的风化和土壤形成等，在陆地生态系统和水生生态系统的生物地球化学过程中起着重要的作用：一方面，土壤溶解性有机碳与土壤微生物量碳同样是土壤有机质的活性部分，容易被土壤微生物分解，为土壤提供养分元素；另一方面，土壤溶解性有机碳在水中可溶，对于调节土壤阳离子淋失、矿物风化、土壤微生物活动及其他土壤化学、物理和生物学过程具有重要意义。Zak 等（1990）研究发现，土壤溶解性有机碳与土壤微生物量碳高度相关，可以作为微生物生长和生物分解有效养分的一个指标。土壤溶解性有机碳的淋失是土壤有机质损失的主要途径，因此它对于研究碳素循环及其环境问题也具有重要意义。

水土比法是提取土壤中溶解性有机碳含量的一种较有效方法，在实验操作上通常是指能通过 0.45μm 微孔滤膜的溶解性有机物质。提取液可以是水也可以是稀盐溶液，常用的稀盐溶液有 $CaCl_2$、KCl、K_2SO_4 溶液，某些情况下也可使用磷酸盐缓冲溶液。提取出来的待测液包括水溶性有机质和土壤溶解性有机质，即存在于土壤溶液和渗出液中的可以通过 0.45μm 滤膜的溶解性有机质。土壤溶解有机质组分的分析主要采用红外光谱、核磁共振波谱等光谱分析方法。

（2）土壤微生物量碳。

土壤微生物量碳是指土壤中体积在 $5\sim10\mu m^3$ 的活的微生物中所含的有机碳，这部分微生物包含细菌、真菌、藻类和土壤动物，但不包括活的植物体，如植物根系等，是土壤有机质中最活跃的和最易变化的部分，也是土壤有机质转化和养分循环的动力，参与有机质的分解和腐殖质的形成，同时也是有机质库和有效养分的一部分，对植物养分转化、有机质代谢和污染物降解具有十分重要的作用，是重要的植物养分储备库，其变化可直接或间接地反映土壤耕作制度和土壤肥力的变化。土壤微生物量周转速度快，对环境变化敏感，是判断土壤肥力和土壤环境质量变化的重要依据之一，被视为土壤生态系统变化的预警及敏感指标。研究土壤微生物生物量对了解土壤肥力、土壤养分植物有效性及土壤养分转化过程和供应状况具有重要意义。土壤微生物是土壤养分的储存库和植物生长可利用养分的重要来源，而微生物量碳指标与微生物个体数量指标相比，更能反映微生物在土壤中的实际含量和作用潜力，因而具有更加灵敏、准确的优点（陈国潮，1999；高云超等，1993）。

目前广泛应用的土壤微生物量碳的测定方法包括氯仿熏蒸培养法、氯仿熏蒸浸提法、基质诱导呼吸法、精氨酸诱导氨化法和三磷酸腺苷法等，每种方法均具有其独特的优缺点和适用范围。1976 年，Jenkinson 和 Powlson（1976）根据熏蒸与未熏蒸土壤培养期间释放 CO_2 的量之差，以及死亡微生物体碳的矿化率估算了土壤微生物量碳。在熏蒸-培养法的基础上，Ocio 等（1991）提出了氯仿熏蒸直接提取法，即在氯仿熏蒸后直接浸提碳含量，并进行测定，以熏蒸和不熏蒸土壤中总碳的差值为基础计算土壤微生物量碳。氯仿熏蒸直接提取法比氯仿熏蒸培养法简单、快捷，测定结果重复性较好。此后，相关学者又对氯仿熏蒸直接提取法测定土壤微生物量碳的影响因子进行了研究，氯仿熏蒸提取法日趋成熟（李新爱等，2006）。如今，氯仿熏蒸-K_2SO_4 提取法已成为国内外最常用的测定土壤微生物量碳的方法。

（3）土壤易氧化态碳。

土壤易氧化态碳是土壤中最易氧化分解的那部分有机碳。在农业可持续发展系统中，土壤碳库容量的变化，主要发生在土壤易氧化有机碳库中，所以认为这一活性指标对衡量土壤有机质的敏感性要优于其他农业变量，可以指示土壤有机碳的早期变化。

土壤易氧化态碳的测定目前还没有统一的方法，但不同方法的测定原理基本相同，均采用较为温和的氧化剂对土壤碳进行不完全氧化，再根据土壤与氧化剂作用后有机质消耗氧化剂的剂量来确定土壤易氧化态碳的含量。常用的氧化剂有两种，即 $K_2Cr_2O_7$ 和 $KMnO_4$。用 $K_2Cr_2O_7$ 作氧化剂是在土壤有机质湿氧化测定方法的基础

上降低了 H_2SO_4 浓度和加热温度，如袁可能（1963）提出的 1∶3 H_2SO_4-$K_2Cr_2O_7$ 混合溶液在 130～140℃下加热 5min，并将此条件下被氧化的部分碳称为易氧化态有机碳（袁可能，1963）；李酉开等（1983）提出了水合热法，利用 H_2SO_4 加入 $K_2Cr_2O_7$ 中产生的热氧化有机质，并作用 30min。Loginow 等（1987）提出了 $KMnO_4$ 氧化法，根据有机质被三种不同浓度的 $KMnO_4$ 溶液（33mmol/L、167mmol/L 和 333mmol/L）氧化的数量，把易氧化有机质分成 3 个程度不同的级别。Lefroy 等（1993）研究发现，这 3 个级别活性有机质中，能被 333mmol/L $KMnO_4$ 溶液氧化的有机质在种植作物时含量变化最大，并将其称为不稳定有机碳。在后来的研究中，部分学者（林明月等，2012）将这种方法测得的土壤有机碳称为易氧化态碳。Weil 等（2003）认为，333mmol/L 的 $KMnO_4$ 溶液浓度太高，实验过程直接比色较困难，而且会过多氧化土壤有机碳（达总有机碳含量的 14%～27%），远大于土壤中的最不稳定的那部分有机碳，所以提出采用轻度碱性（0.1mol/L $CaCl_2$）的稀释（0.02mol/L）$KMnO_4$ 溶液来氧化土壤有机碳中最易被氧化的那部分有机碳。实验室和野外现场测定都能取得较好效果（$R^2 = 0.98$），作者认为 Weil 等的方法简便、快捷、有效，测定的土壤有机碳组分更能代表易氧化的最不稳定的那部分有机碳。

（4）轻组有机碳。

轻组有机碳是存在于土壤中的轻组有机质中的有机碳。轻组有机质一般认为是未与土壤矿质部分结合、呈游离状态存在的未分解或半分解的动植物残体和微生物体等各类有机物质，一般约占土壤有机质总量的 6%～25%，因土壤类型、利用情况、土层及样品处理方法等而异。轻组有机质周转期为 1～15 年，是植物残体分解后形成的一种过渡有机质库（Zeng et al.，2010）。除一些植物残体及其中间产物外，还包括孢子、种子、动物残体、微生物的残骸及一些吸附在碎屑上的矿质颗粒（王晓宇等，2009）。通过核磁共振技术分析轻组分的化学成分发现，轻组分含有丰富的木质素二聚物、油脂、固醇、软木脂和脂肪酸。轻组有机碳代表了中等分解速度的有机碳库或易变有机碳的主要部分，在 C 和 N 循环中起显著作用，具有很强的生物活性，是土壤养分的重要来源，被认为是土壤生物调节的重要成分和土壤肥力指标，是衡量土壤质量的一个重要属性。在实验室分析中，采用 1.7～1.8g/cm^3 重液分离出轻组有机碳组分，再用化学法或仪器测定轻组有机碳含量。国内外常用多钨酸钠或碘化钠来制备重液，也有学者采用溴仿-乙醇或氯化钙来制备（Li et al.，2006；Liang et al.，2010）。

2）稳定性有机碳

土壤稳定性有机碳是与土壤活性有机碳库相对的有机碳，它的稳定性强，对于土壤总碳库的稳定、土壤结构的形成具有重要意义，可分为"惰性"有机碳、矿物结合态有机碳、重组有机碳、煤炭、黑碳。

（1）惰性有机碳。

土壤惰性有机碳是在土壤中相对稳定性较高，不容易被微生物分解和植物利用的有机碳。它对农田管理措施反应不敏感，也是土壤肥力的一个重要指标。土壤惰性有机碳的主要成分为土壤碳库中的腐殖质，腐殖质主要通过微生物作用形成，其化学成分为结构复杂、较稳定的大分子有机分子的聚合及混合物，是土壤有机质的主要组成部分，一般占有机质总量的50%~70%（Meng et al.，2011）。腐殖质具有胶体特性，能吸附较多的阳离子，因而使土壤具有保肥和缓冲能力，还能使土壤疏松并形成团聚体，从而改善土壤耕性，是土壤结构维持健康的重要保障。土壤腐殖质根据其在酸碱溶液中的溶解度高低可分为胡敏酸、富里酸和胡敏素，但胡敏酸和富里酸是腐殖质的主要成分，二者的比例常常作为进一步评价土壤肥力的指标（Hung et al.，2012）。

（2）矿物结合态有机碳。

矿物结合态有机碳（mineral bound organic carbon，MOC）多为受土壤黏粒和粉粒保护的腐殖化有机物质，因此相对稳定，可以长时间保存。土壤矿物结合态有机碳与颗粒有机碳和团聚体结合碳之间存在密切关系，从而影响土壤有机碳的动态变化。矿物结合态有机碳可以稳定土壤有机碳库，从大的地域尺度和时间尺度来看，矿物结合态有机碳的变化可导致土壤有机碳的转化和储量产生较大规模的变化。

（3）重组有机碳。

重组有机碳（heavy fraction organic carbon，HFOC）是与轻组有机碳相对的一种稳定性有机碳类型，其主要成分是矿质颗粒。重组中的有机碳主要吸附在矿物表面或隐蔽在土壤微团聚体内部，与不同粒级的矿物颗粒紧密结合，形成有机-无机复合体，从而使其矿化速率大为减慢。因此，重组有机碳对土壤管理和作物系统变化的反应比轻组有机碳慢，但它反映了土壤保持有机碳的能力。以往的研究将大部分与粗粉砂粒（20~50μm）、细粉砂粒（2~20μm）、粗黏粒（0.2~2μm）和细黏粒（<0.2μm）结合的有机碳分在重组分中（Six et al.，1998）。长时间的耕作干扰会引起重组有机碳的比例变化，这可能是由于土壤侵蚀所造成的重组有机碳损失，也有可能是有机碳长时间随耕作在轻组分和重组分间重新分配或重组中有机碳与矿质颗粒结合状况产生变异所导致的变化（韩晓日等，2008）。部分研究表明，土壤重组有机碳与土壤微生物量关系密切（Bu et al.，2012）。

（4）煤炭。

煤炭是植物死亡、堆积并发生成煤作用后的产物。成煤过程可分为泥炭化作用（腐泥化作用）和煤化作用两个阶段，首先形成腐植煤或腐泥煤或褐煤，进一步形成烟煤和无烟煤。煤炭的主要成分为腐殖质，是一种晶质状腐殖质。烟煤和无烟煤具有较强的稳定性，腐植煤、腐泥煤和褐煤一般认为是未完全成形的煤产物，较烟煤和无烟煤稳定性差，含有大量的腐殖酸类物质，目前已经大量用于制备腐殖酸肥料和吸附材料。长期裸露的煤受风化或氧化作用，其组成、物理化学性质均会发生变化，这种经过风化的煤称为风化煤。风化煤进一步风化，碳含量和氢含量减少，氧含量增加，含氧酸性官能团增加，产生再生腐殖酸。目前部分学者已经开始对风化煤的应用价值进行研究，在改良土壤方面也开始有一些尝试（武瑞平等，2009）。表层土壤中，煤炭主要是外源输入，目前混入煤炭粒较多的土壤主要是煤矿区土壤，煤矿区采运煤过程中产生大量的煤灰颗粒随大气运动扩散到矿区的各个区域并沉降到土壤中。矿区采煤塌陷地利用煤矸石或粉煤灰充填复垦是煤炭粒进入土壤的又一途径，这部分煤炭粒有的随煤矸石充填掩埋到一定深度，有的则随机分布在复垦土壤剖面中。这些进入土壤中的煤粒（碳）可能会进一步风化分解并进入陆地生态系统的碳循环，并会对土壤质量产生一定影响。

（5）黑碳。

黑碳（black carbon，BC）是生物质或化石燃料不完全燃烧或者岩石风化的产物，是一种非纯净碳的混合物。它由一系列燃烧产生的高芳香化碳、元素态碳或石墨化碳构成，含有 60%以上的碳元素和氢、氧、氮、硫等其他元素，具有高度的惰性。由于黑碳的稳定性和相对漫长的降解过程，以黑碳形式存在的碳和氮（主要表现为芳香环结构和杂环氮结构）得以长期保存，从而退出地-气快速循环。因此，黑碳是土壤碳库中惰性组分的重要组成部分，是土壤腐殖质中高度芳香化结构组分的来源，可以稳定土壤有机碳库，是实现土壤可持续利用的前提。黑碳在大气、海洋、土壤中循环，对人类健康、地球碳循环和土壤碳储存都有重要影响，是地球缓效碳库的重要组成部分。同时由于黑碳高度的惰性和多孔隙性，其在有机污染物和重金属吸附方面发挥重要作用。全球每年通过生物质或化石燃料燃烧形成 50～200Tg（$1Tg = 10^9 kg$）黑碳，大部分黑碳残留在地表，占土壤有机碳总量的 5%～45%，有些土壤中甚至高达 60%以上（Dickens et al.，2004a）。土壤中黑碳的测量方法主要有显微镜法、热化学氧化法、分子标记物法和核磁共振法等。早期，黑碳被认为是几乎不可降解的，但是近来有许多证据表明黑碳是可以降解的，但降解缓慢，因此将黑碳列为稳定性有机碳类。但究竟将其列为何种类型的有机碳，目前还没有统一或一致接受的观点。

二、影响土壤有机碳库变化的因素

土壤有机碳库作为生态系统重要的碳库，是大气中 CO_2 的巨大碳源或碳汇，起着平衡全球碳素循环的重要作用，其质量和数量影响着土壤的物理、化学和生物特征及其过程，影响和控制着植物初级生产量，是土壤质量评价和土地可持续利用的重要指标。土壤碳循环过程受气候和生物多种因素的控制，如气温、水分、植被及土壤理化性质等。而土壤有机碳库也随着气候、自然植被、土壤类型、土地利用方法及管理方式而变化。土壤有机碳库的动态平衡不仅直接关系土壤肥力和作物产量，而且其固存和排放也影响温室气体含量与全球气候变化。因此，深入认识不同环境条件下土壤有机碳动态变化及其过程，是实现土地资源可持续利用的重要基础。

影响土壤有机碳库变化的因素有很多，主要分为自然因素和人为因素两种类型。

1. 自然因素

1）气候因素

气候是决定植被类型、作物长势和凋落物分解的主要驱动力。而气候主要通过温度和降水两个方面来影响土壤有机碳的储存和分解。温度和水分两个因素对土壤有机碳的积累作用是协同的，二者对土壤有机碳含量的影响与地域有关，存在区域性差异。二者的综合作用决定了土壤有机碳含量的地带性分布。温度的变化可以影响土壤微生物活性，使之成为影响有机质分解速度的关键因素。温度升高可以加快土壤有机碳分解，使土壤成为碳源。

但近年来，也有学者对温度对土壤有机碳含量的影响提出了不同的看法，Davidson 和 Janssens（2006）提出温度变化会影响土壤微生物的分解，温度与土壤有机碳之间存在复杂的回馈反应，在特定的环境条件下可能是正回馈，也可能是负回馈。黄耀等（2002）研究认为，温度对土壤有机碳的影响存在一个阈值，在环境温度较低的情况下，升温可以促进有机碳的分解，随着温度的持续升高，这种促进作用会降低。许信旺等（2009）认为，在年平均气温≤10℃的地区，表层土壤有机碳含量随气温的升高而减少，在年平均气温为10～20℃的地区，表层土壤有机碳含量是随气温的升高而增加的。降水会影响土壤水分含量和通气性，同时对有机碳的矿化分解和外源有机碳的降解产生影响。土壤水分含量同时会影响土壤团聚体，进而影响土壤有机碳含量。而对于活性有机碳，相关研究认为其含量随着土壤温度的季节性上升和微生物活性的增强而增加，冬季的土壤活性有机质含量低于其他季节。黄黎英等（2007）对不同地质背景下土壤水溶性有机碳的研究表明，无论是酸性土或石灰土，水溶性有机碳含量均为秋季最高，冬季或春季最低。温度升高，生物活性增强，土壤水溶性有机碳含量增加。土壤表层水溶性有机碳的移动状况受温度影响较大，温度的空间分异和水溶性有机碳组分的不同直接影响水溶性有机碳的运动。Cronan（1985）也发现，夏季表层土壤溶液水溶性有机碳平均含量比冬季增加16%～32%。

土壤活性有机碳含量的季节变化明显，主要与气候因素有关，降雨和灌水可显著提高活性有机碳的含量，冻融作用和淹水处理会增加土壤中水溶性有机碳的淋溶损失，这主要是因为低分子量的有机质易被淋溶，这一结果表明冻融作用和淹水处理都能够增加土壤中的水溶性有机碳含量（Wang and Bettany，1993）。Christ和 David（1996）对森林土壤的研究表明，随着淋溶次数的增多，土壤中淋洗出来的水溶性有机碳的总量增加。新鲜土壤中，土壤水分含量越高，活性有机质组分产生量也越高。

2）土壤性质

土壤成土母质、密度、pH 等理化性质对土壤水分状况、土壤结构、土壤团聚体的形成及土壤有机碳的转化和迁移都有着巨大影响。成土母质决定了土壤的类型，进而决定土壤物理和化学性质，并对土壤有机碳的积累产生影响。而从土壤类型来说，土壤有机碳含量与不同土壤类型中土壤粒径的大小密切相关，具体表现为与粉粒与黏粒呈正相关，与砂粒呈负相关。土壤含氮量和密度可显著影响土壤微生物的活性，进而影响土壤碳循环。较低的土壤碳氮比有利于微生物在有机质分解过程中释放养分，当土壤氮素增加时，土壤有机质的分解速率明显提高。周晨霓和马和平（2013）对西藏色季拉山土壤进行研究发现，该区域土壤有机碳含量和全氮含量之间存在显著的线性正相关关系，土壤有机碳含量与土壤密度之间呈现极显著的负相关关系。土壤 pH 较低时，土壤中微生物处于强酸环境，活性被抑制，降低了其分解、转移土壤有机碳的能力，有利于有机碳含量的增加。

3）地形

地形因素主要体现在海拔、坡度对土壤温度、水分及土壤表层风化速度的影响，继而影响土壤有机碳的输入和输出。随着海拔的升高，气温下降会导致微生物活性降低，土壤有机碳的分解速率也随之降低，其含量显著增加。坡度增大会使土壤径流增加，水土流失和土壤表层风化的程度都随之增大，土壤有机碳密度则在水土流失和风化的共同作用下降低。

4）植被

植被类型的不同引起根系分泌物和生物归还量的差异，决定了有机质进入土壤的含量及方式的差异，使土壤有机碳的分布和累积状况也产生差异（廖洪凯等，2012；刘伟等，2012；赵锐锋等，2013）。森林土壤有机碳的主要来源是树木的凋落物，易被土壤微生物分解，而草原土壤有机碳的主要来源则是草本植物的根系残留物，分解速率较低，因此草原土壤有机碳密度一般高于森林土壤。而农田土壤由于作物秸秆在收获时被人为移走，有机碳密度较森林土壤和草原土壤低。自然生境中，土壤有机碳含量在不同深度分布均呈现高草植被＞低草植被＞木本植被的规律，这与草本植物地表凋落物与地下根系残体回归分解形成的颗粒有机碳含量比木本植物高有密切关系。

2. 人为因素

1）土地利用方式

土地利用方式变化是人类活动对土壤表层最直接的作用，不仅直接影响土壤有机碳的含量和分布，还通过影响与土壤有机碳形成和转化有关的自然因素而间接影响土壤有机碳含量，是陆地生物圈碳素循环最主要的人为驱动力之一。不同的土地利用方式可显著改变土壤温度、水分等，使土壤有机碳组分发生变化，进而引起土壤有机碳含量升高或降低（简兴等，2016；徐同凯等，2013）。土地利用变化既可以通过影响地表净初级生产力和有机物质的滞留直接影响土壤有机碳的输入，也可以通过改变土壤的生物、化学与物理过程而间接影响土壤有机碳的输出。土地利用方式决定地表植被类型和植被覆盖的程度，而土壤是植被的基本载体，两者之间相互作用相互影响，密切相关。同时，土地利用变化对水交换、能量交换、作物生产、生物循环等主要生态过程也有影响，从而对土壤的物理、化学、生物的过程产生影响。因此，土地利用变化对土壤有机碳的输入和分解起着决定作用，这种变化直接和间接地影响土壤有机碳的含量和分布。

2）土地管理措施

耕作措施是引起农田土壤有机质含量下降的主要原因，尤其是传统耕作方式会导致土壤团聚体损失，破坏土壤有机质的物理保护层，加快土壤有机物的氧化和矿化，致使土壤有机质含量下降。同时，耕作的机械扰动会增强土壤呼吸作用，导致活性有机碳的分解和迁移，降低作物可利用的土壤有机碳含量。同时，耕种引起的土壤扰动还会使作物残体与土壤充分接触，比表层覆盖更能加速作物残体的分解，对土壤中的活性有机质含量有较明显的影响。而保护性耕作与传统耕作相比，增加了地表生物量归还，减弱了对农田表土的扰动，减少了土壤有机质的氧化与矿化，同时还可以增加土壤团聚体含量，团聚体内部有机质因耕作而产生的分解也随之减少，使得土壤有机碳含量提高，而土壤活性有机碳的含量对耕作方式的响应较有机碳更为明显。Bowman 和 Vigil（1999）指出，几乎在所有的情况下开垦都会造成自然生态系统有机碳含量的降低，在温带地区草地改为农田后，土壤有机碳含量损失 20%～40%。加拿大黑钙土开垦后，土壤有机碳含量减少 50%以上。Delprat 等（1997）认为，林地初次耕作可使土壤中活性有机碳含量提高 2～5 倍，而以后长期耕作会使土壤中活性有机碳明显降低。草地或林地被开垦或砍伐后，土壤有机碳含量均会严重降低，但草地开垦土壤有机碳损失量相对更大，说明草地土壤有机碳对人类干扰性活动的响应要较林地强烈，林地转化为草地是一个土壤有机碳的损失过程，而草地转化为林地则是一个土壤有机碳的累积过程（Silver and Miya，2001）。

3）秸秆还田和施加肥料

秸秆还田和施加有机肥是农田土壤有机质输入的主要途径，秸秆还田可显著提高土壤含水量，含水量的提高可降低土壤温度，导致有机碳的分解速率下降，有机质的积累程度也随之提高。秸秆还田可以显著增加土壤有机碳含量，尤其是土壤活性有机碳的含量，同时也可以显著增加土壤水解性氮、有效磷和有效钾等有效养分的含量。而施用有机肥可以迅速提高土壤有机碳含量，且这种影响是持久的。无机肥与有机肥的配施可以改变土壤活性有机碳含量的比例，促进土壤活性有机碳的转化。单独施用化肥则会提高非活性有机碳的含量，从而增强土壤有机碳的氧化稳定性。这是因为长期单施化肥会使土壤团聚体遭到破坏，微生物的生存环境恶化，导致土壤活性有机质的降低。而无机肥与有机肥的配施可提高土壤微生物对有机碳的利用率，并使土壤微生物量碳含量及其周转率增加，加速有机碳分解的同时弥补土壤原有碳的损失，促进轻组有机碳与重组有机碳的转化，从而使土壤活性有机碳组分增加。

三、城市林业土壤有机碳储量

近年来，随着城市化发展的加快，城市用地面积不断增加，城市土壤在全球碳循环中的作用显得日益重要。城市化进程可直接或间接地影响土壤碳库，导致土壤碳库的规模、分布及种类组成均发生较大变化。而城市土壤碳库作为土壤碳库的一部分，对温室效应和全球气候变化也存在一定的控制作用，储存在城市土壤中的碳减少了 CO_2 气体向大气的释放。

与其他土壤比较，城市林业土壤有机碳具有以下几个特点。

（1）城市林业土壤有机碳含量比农业土壤和一些自然土壤中的有机碳含量普遍较高，表现出明显的积累效应，城市林业土壤有机碳是城市生态系统碳循环中重要的碳库之一。美国城市土壤有机碳密度为（7.7±0.2）kg/m^2，城市草坪土壤有机碳含量甚至高于美国部分森林土壤（Pouyat et al.，2006）。而 Churkina 等（2009）估算美国包括城市及郊区在内的人类住区中土壤有机碳密度为 $23\sim42kg/m^2$，高于典型热带雨林，其总的碳储量约占全美国陆地碳储量的 10%。由此可见，城市土壤有机碳在全球碳循环中具有不可忽视的地位。

（2）城市林业土壤有机碳在空间分布上具有较大的变异性。因人为影响的差异和土地利用方式的变化，有机碳在土壤中的储存与分布在不同功能区表现出明显的不同，道路绿化带土壤受到交通环境的影响，其有机碳含量与其他功能区存在显著差异（罗上华等，2014；张小萌等，2016）。城市土壤有机碳的分布与距离城市中心的距离具有相关性。对美国纽约市建成区一乡村环境梯度上残存栎树林土壤的研究表明，林地表层（0～10cm）土壤有机质含量沿着城乡梯度变化较大，土壤有机质含量与到城市中心的距离存在显著的负相关关系，而有机碳密度与距离的相关性不显著，但有从城市到乡村逐渐下降的趋势（Pouyat et al.，1995）。我国杭州市城区表层土壤有机碳储量约为近郊和远郊区农业土壤的 4.3 倍和 5.7 倍（章明奎和周翠，2006）。

城市建成区内不同功能区间的土壤碳库特征表现出了较大的空间异质性，不同研究者的报道差异很大。美国纽约市土壤有机碳含量最高的区域是高尔夫球场，含量最低的区域是疏浚底泥堆场（Pataki et al，2006）。巴尔的摩市表层（0～15cm）土壤有机碳含量最高的区域为公共机构区和低人口密度居民区，而商业区最低（Pouyat et al.，2002）。德国斯图加特市则是公园和花园最高，而铁路附近土壤有机碳含量最低（Lorenz and Kandeler，2005）。我国开封市的城市土壤（0～100cm）有机碳密度在 6.39～11.02kg/m^2，不同功能区差异表现为文教区＞交通区＞工业区＞休闲区＞行政/居民区，而表层（0～10cm）土壤有机碳密度在 8.24～40.08kg/m^2（Sun et al.，2010）。

（3）在时间差异上，城市林业土壤有机碳随城市土壤年龄增加而增加，土壤碳储量随土壤形成时间增加而增长。美国丹佛市高尔夫草坪土壤中有机质含量在建成 1 年后增加了 1.76%，20 年增加了 3.8%（Qian and Follett，2002）；德国斯图加特市区土壤有机碳储量（0～30cm）建成初期下降，但之后逐渐增加，25 年左右累积量达最大值，累积速率超过了城区外自然草原土壤（Lorenz et al.，2006）；而地处干旱地区的菲尼克斯城市草坪土壤中碳的累积速率达（82±30）g/(m^2·a)（Raciti et al.，2011）。我国杭州城区绿地土壤的总有机碳、颗粒有机碳和微生物量碳等随绿地年龄增加而增加（刘兆云和章明奎，2010a）。Pouyat 等（2009）认为，干旱地区和湿润地区的城市土壤中有机碳含量和累积速率呈现类似特征，说明城市土壤在相似管理措施等人为作用影响下，其性质有趋同效应。

（4）城市林业土壤有机碳在垂直方向上分布基本与自然土壤类似，随深度的增加而降低。但不同于自然土壤的平缓递减规律，城市土壤有机碳含量常表现出非一致性降低的情况，在土壤剖面下部常会出现有机碳含量较高的土层。城市土壤深层往往含较多有机碳，受人类活动扰动，城市土壤被多次翻动和覆盖，原来的表层土壤可能被掩埋到底层，导致下部土层的有机碳含量较高。如果受人为扰动程度低，城市草坪土壤有机碳含量也呈现出随土层深度增加而降低的趋势。

（5）城市化不仅改变土壤碳库的规模，而且改变了土壤有机质组成及土壤微生物碳的特性。城市土壤有机碳中含有较高比例的黑碳、颗粒态碳和较低比例的易氧化态碳，表明城市土壤有机碳含量较为稳定。随着人为影响程度的增加，土壤黑碳、颗粒状碳含量相对增加，易氧化态碳的含量减少。城市土壤与自然土壤相比较，烷类和烃类有机碳含量减少，而芳香类有机碳的比例增加。

城市环境对于城市土壤碳库的影响复杂和多变，存在较多的未知领域，许多需要明确的问题尚待人们去探索。

第二节　南京市城市林业土壤有机碳含量与分布

城市化是社会经济发展的必然趋势，城市建设用地扩张引起土地利用方式的强烈变化。非城市用地向城市用地的转变，改变了生态系统的类型及相应的土壤有机碳输入，影响土壤碳库变化。随着城市建设用地面积的快速增加，城市土壤生态系统在全球碳循环中的作用显得越来越重要。城市林业土壤既承载着城市林业的发展，又是十分重要的碳库，它对探索人类社会经济活动对土壤碳循环的影响及城市绿地管理具有重要意义。

城市林业土壤有机碳作为土壤有机碳的重要组成部分，近年来也得到了越来越多的重视。城市林业土壤有机碳作为土壤肥力的重要组成，为园林植物提供了主要营养物质，其含量和分布直接关系到城市绿化及城市空气质量水平。相对于其他环境中的土壤有机碳，城市林业土壤有机碳的含量和分布有其独特性：与自然土壤相比，城市林业土壤中有机碳有显著富集的趋势；另外，其分布的空间变异性较大，且与土壤所在地的利用方式显著相关。人类活动是城市林业土壤有机碳含量和分布的重要影响因素。

南京作为典型的快速城市化都市，近年来城市发展和建设的速度较快，城市面貌日新月异。而城区内老新城区交错存在，不同功能区相间分布，且同一地域内土地利用方式变更频繁，土壤受人为活动扰动非常剧烈。因此，南京地区可作为典型的研究对象，以探寻不同时期和阶段城市化进程对城市林业土壤有机碳含量和分布产生的影响。

南京市城市林业土壤有机碳含量调查采用网格法采集样品。利用 GPS 对每个采样点进行定位，采用 1km×1km 网格取样法采集土壤样品 180 个（图 2-1）。采样方法为以网格中心点为圆心，在其周围再取 4 个点，以 5 个点的混合土壤作为该点的样本，取土深度为 0～10cm 和 10～30cm 两个层次。

城市林业土壤可按绿地作用和分布地点的差异分为不同的功能区，城市林业土壤中各类有机碳含量变化主要受人为活动影响。不同功能区中土壤受扰动程度也不尽相同，因此各功能区中各类有机碳含量变化规律也存在一定差异。本节按地点和作用的差异将南京市城市林业功能区划分为七种功能区（具体如表 7-1 所示），每种功能区选取南京市区中具有典型代表性的区域进行土壤调查和样品采集，各功能区树木等植物的种植年限均在 10 年以上。由于城市林业土壤的空间变异性较大，将各功能区中具有代表性的不同样地选取为采样点，每个采样点重复

6次，6次重复尽量均匀地分布在采样点区域上。在各采样点按照 0～10cm 和 10～30cm 分层采集土壤样品，采集到的土壤样品分为两部分，一部分新鲜土样过 2mm 筛，4℃条件下保存，测定土壤微生物量碳。其余土样风干、过筛，测定土壤中各类有机碳（DOC、ROC、LFOC）的含量。各个功能区的具体采样点见表 7-1。

土壤有机碳含量及其组成的测定见第二章。

表 7-1　南京市不同功能区及土壤采样点

功能区	采样点
道路绿化带	新庄立交桥
学校绿地	南京林业大学
公园绿地	玄武湖公园
居民区绿地	锁金村小区
城市绿地广场	和平公园
城区片林	紫金山国家森林公园
城郊天然林	老山国家森林公园

一、土壤有机碳及溶解性有机碳的含量与分布

1. 土壤有机碳

南京市不同功能区土壤有机碳含量为 1.88～28.76g/kg（表 7-2），空间变异性很强，其中道路绿化带土壤有机碳的含量最高，显著高于其他功能区（$P<0.05$）。居民区绿地土壤有机碳含量最低。对于 0～10cm 土层，城郊天然林、城区片林土壤有机碳含量显著高于公园和居民区绿地（$P<0.05$）；10～30cm 土层中，城郊天然林、城区片林、学校绿地、城市绿地广场和公园绿地土壤有机碳含量差异不显著（$P<0.05$）。

表 7-2　南京市不同功能区土壤有机碳含量　　　（单位：g/kg）

功能区	有机碳含量	
	0～10cm	10～30cm
道路绿化带	28.76±4.15a	22.93±6.51a
学校绿地	10.14±4.53cd	7.51±1.68b
公园绿地	6.46±3.42d	4.73±1.23bc
居民区绿地	5.10±1.13d	1.88±0.44c

续表

功能区	有机碳含量	
	0～10cm	10～30cm
城市绿地广场	10.05±2.98cd	6.07±1.98bc
城区片林	15.52±4.52bc	8.07±0.73b
城郊天然林	20.36±2.86b	9.04±2.29b

从南京市土壤有机碳含量的克里金空间插值预测图（图 7-1）可以看出，土壤有机碳含量的空间分布呈现出由中间向南北两侧递减，中间部分有由东部向西部递减的趋势。土壤总有机碳含量的空间分布较为连续，但是其含量的斑块分布比较琐碎。从预测图中可以看出，土壤中有机碳含量的分布有区域出现富集的现象，有的地区相对比较匮乏。对采样点所在区域结合预测图分析，东部总有机碳富集区为紫金山风景区，此区域由于受人为活动的扰动少，影响程度低，因此其土壤中有机碳的含量特征与自然森林土壤接近，总有机碳含量较高。而在土壤有机碳富集区出现了低含量区，这可能是一些正在开发或待开发区域，这些地区由于表层土壤被剥离或经常进行施工建设，使有机物质输入量受限，从而表现出有机碳

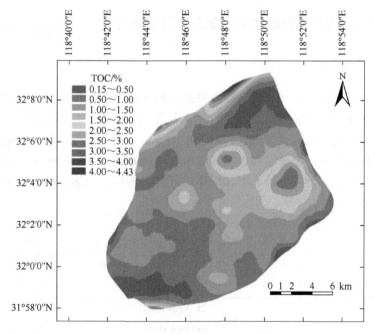

图 7-1　南京市土壤有机碳含量克里金空间插值预测图

含量相对贫乏的现象。因此，这一部分城市土壤面临着因有机质含量减少引起的土壤退化风险。从这些分析可以看出，人为活动的扰动确实会造成土壤中有机碳含量分布不均。

城市不同功能区土壤有机质含量存在差异的原因，显然与不同功能区的环境条件和土地利用方式不同有关。城市林业土壤受到城市建设及人为活动的影响，有机碳的含量、组成空间变化较大。南京市城市道路绿化带的土壤有机碳含量显著高于其他功能区，在道路绿化带高度富集。造成此种情况的原因可能是绿化带土壤大多是客土，在搬运回填过程中混入有机生活垃圾，也可能是通过交通污染、大量的机动车尾气排放、路面沥青物质进入路旁绿化带、燃料的不完全燃烧等途径向道路绿化带土壤输入有机碳。我国汽车保养维修和日常检查系统不够完善，单辆车排放污染物比国际水平高出数十倍。这些原因造成了交通密集区土壤有机碳含量较高，从而改变了土壤原本的有机碳分布。这与上海市、沈阳市等地区的研究结果不同，郝瑞军等（2011）对上海市城市土壤的研究结果显示，与城市其他功能区土壤相比，道路绿地土壤有机碳含量处于较低水平。段迎秋等（2008）对沈阳市城市土壤的研究结果显示，路边绿化带土壤有机碳含量仅高于郊区农用地，低于所研究的其他所有土地利用类型。这说明由于发展模式、管理方式及建设历史的差异，不同城市土壤有机碳含量也存在差异。而从有机碳含量的高低情况还可以看出，人为活动的扰动影响了土壤有机碳的分布，扰动强度越大，有机碳含量越低，受扰动小的天然林高于公园、文教区。居民区附近的土壤受人为活动影响最为强烈，有机碳含量最低。得不到树木凋落物的有机质和养分补充，加上部分地区的土壤表层被削去，而土壤又常常掺杂着许多煤渣、砖块和生活垃圾等外来物质，因此土壤有机碳含量偏低。这一部分城市土壤面临着因有机质含量减少引起的土壤退化风险。而城郊天然林、城区片林土壤有机碳含量高于居民区绿地、公园绿地和学校绿地，表明这两种功能区土壤受人为扰动程度较轻，也表明城市森林对土壤有机碳的积累有促进作用。

森林土壤表层有机碳含量一般高于下层土壤，城市建设和生活活动扰动或打乱了原有的土壤剖面，使土壤有机碳的垂直分布呈现不规则变化。城市生产和生活活动（如混合、填埋、覆盖等）对土壤的影响，使原有土壤的正常层序受到扰动或打乱，导致土壤剖面下层有机碳含量偏高，有机碳含量的垂直分布形态呈现出不规则变化。通常土壤发育时间越短，不规则程度就越明显。从表7-2可以看出，南京市不同功能区土壤有机碳含量的垂直分布不尽相同，城市土壤的形成不完全遵循自然土壤的发生规律。南京市不同功能区城市林业土壤表层有机碳含量均高于下层土壤，城市林带区土壤受人为活动的影响相对较少，土壤有机碳含量的垂直变化规律较为明显。天然林带土壤受到城市人为活动的影响较弱，土层分布规则，有机碳含量自上而下递减，表层有机碳含量约为下层的 2 倍，符合自然土壤有机碳的垂直变化规律。

2. 土壤溶解性有机碳

南京市城区林业土壤 DOC 分布没有明显的规律性，造成这样的结果主要是因为人为活动的扰动。在 0～10cm 土层，南京市不同功能区中以道路绿化带土壤溶解性有机碳含量最高（表 7-3），其次是城郊天然林，然后依次为城市绿地广场、城区片林、居民区绿地、公园绿地和学校绿地；道路绿化带与城郊天然林、城市绿地广场之间土壤 DOC 含量无显著差异（$P<0.05$）；学校绿地土壤 DOC 含量显著低于其他功能区（$P<0.05$）。10～30cm 土层中，城郊天然林 DOC 含量最高，其次是道路绿化带，然后依次为城市绿地广场、城区片林、公园绿地、居民区绿地和学校绿地；城郊天然林 10～30cm 土层中土壤 DOC 含量显著高于其他功能区（$P<0.05$）。

DOC 是可溶于水或稀盐溶液的那一部分土壤有机碳，对土壤的碳氮等元素的迁移转化起重要作用，DOC 的淋失是土壤碳损失的重要途径。Kalbitz 等（2000）通过对众多室内和原位研究结果显示，枯落物和腐殖质是土壤可溶性有机质的最重要的来源。城区土壤 DOC 含量明显低于城郊天然林，原因是城郊土壤受人为干扰较少，植被覆盖率高，地表接收的枯枝落叶较多。而城区土壤由于受到人类活动的强烈干扰，密集的草根层消失，土壤有机质的输入量和根系分泌物减少，导致 DOC 来源减少。在城区不同功能区，公园绿地、学校绿地、居民区绿地土壤 DOC 含量较低，这是因为公园绿地、学校绿地、居民区绿地土壤由于压实较为严重，土壤中有机质活性降低且新补充的有机质较少，土壤 DOC 含量较低。道路绿化带受交通车流影响较大，汽车尾气中有机物质的排放与沉降提高了土壤 DOC 含量。城郊天然林土壤 DOC 含量高于公园绿地、学校绿地和居民区绿地土壤，这可能与不同功能区的施肥、修剪等管理措施及汽车尾气排放物和大气颗粒物的沉降等有关，说明人类活动显著影响了城市林业土壤 DOC 的分布情况。

城市生产和生活活动会使土壤原有的正常层序受到扰动或打乱，可造成土壤剖面下层出现较高的有机碳含量值，而使 DOC 的垂直分布呈现出不规则变化。城郊天然林带土壤受到城市人为活动的影响较弱，呈现垂直变化规律。城区片林土壤中由于作为 DOC 重要来源的枯枝落叶常被清除，表现为 DOC 含量较低，土壤表层 DOC 的损失相较于深层土壤更严重。就土壤 DOC 垂直分布而言，南京市各功能区区域内 DOC 含量随土层深度增加而递减，但公园绿地、学校绿地土壤中 DOC 含量随土层变化并不明显，这可能与强烈的人为干扰下土壤发育层次被打乱有关。

表7-3 南京市不同功能区土壤溶解性有机碳、微生物量碳、易氧化态碳和轻组有机碳含量 （单位：mg/kg）

功能区	溶解性有机碳（DOC）		微生物量碳（MBC）		易氧化态碳（ROC）		轻组有机碳（LFOC）	
	0~10cm	10~30cm	0~10cm	10~30cm	0~10cm	10~30cm	0~10cm	10~30cm
道路绿化带	128.41±16.48a	59.40±19.65b	90.17±16.21de	67.18±26.95c	2.54±0.06c	2.00±2.05cd	5.58±1.97a	2.49±1.55a
学校绿地	29.14±13.88d	21.79±11.94c	195.23±90.80c	139.19±56.99b	6.73±2.94c	3.92±2.19b	2.36±1.40bc	0.83±0.30bcd
公园绿地	32.62±3.21bc	32.09±5.46c	78.75±52.34de	52.50±23.62c	3.28±1.18c	1.97±0.47cd	0.75±0.31d	0.45±0.38cd
居民区绿地	48.20±2.09c	24.49±2.03c	15.82±1.62e	8.24±0.40c	2.75±0.97c	0.85±0.16d	0.79±0.17d	0.18±0.07d
城市绿地广场	94.82±41.53ab	41.60±10.74bc	141.79±56.23cd	55.46±29.16c	6.86±2.97b	3.61±2.00bc	2.02±0.74cd	0.63±0.27bcd
城区片林	68.67±53.81bc	33.54±10.44c	366.71±107.95b	189.42±48.26b	10.43±5.31a	4.86±1.70b	3.54±1.30b	1.09±0.35bc
城郊天然林	124.03±26.08a	97.29±46.99a	715.32±144.36a	364.73±118.33a	12.98±1.46a	7.26±2.24a	4.92±1.18a	1.99±1.10b

二、土壤微生物量碳、易氧化碳及轻组有机碳的含量与分布

1. 土壤微生物量碳

土壤 MBC 是指土壤中体积在 $5\sim10\mu m^3$ 的活的微生物体中所含的有机碳，MBC 含量是土壤微生物生命活动的直接体现。南京市不同功能区土壤 MBC 含量表现为 $0\sim10cm$ 土层高于 $10\sim30cm$ 土层，垂直分布特征明显（表 7-3）。$0\sim10cm$ 土层中，土壤 MBC 含量的高低顺序依次为：城郊天然林、城区片林、学校绿地、城市绿地广场、道路绿化带、公园绿地和居民区绿地，城郊天然林土壤 MBC 含量平均值是居民区绿地的 45.22 倍。城郊天然林与城区天然林土壤 MBC 含量显著高于其他功能区（$P<0.05$）。$10\sim30cm$ 土层中土壤 MBC 含量除道路绿化带略高于城市绿地广场外，与 $0\sim10cm$ 土层相似。

城市林业土壤由于受到环境污染与人为作用等诸多因素的影响，土壤中的微生物群落结构会发生改变，加快了能源碳的消耗速度，微生物活性也随之降低。与城郊林业土壤相比，城市公园和居民区绿地土壤中 MBC 含量显著处于较低水平。城市林业管理过程中，清除地表凋落物使土壤有机碳输入减少，微生物碳源数量及生物量降低，土壤 MBC 含量降低。居民区绿地土壤由于人为踩踏严重，不利于土壤通气、排水，凋落物输入缺乏和水分供给的不足，最终影响植物根系生长和微生物活动，所以其 MBC 含量最低。道路绿化带 MBC 含量较低，主要是因为道路绿化带土壤受到汽车尾气所带来的重金属污染，在重金属污染下微生物群落的结构和功能性会发生显著改变，导致基底呼吸作用增强，微生物生物量降低。另外，有学者认为在城市一些区域，含重金属的市政污泥填埋的土壤中由于添加了有机碳成分而抵消了重金属影响，激活了土壤微生物和酶的活性，从而使微生物生物量增大（Madejón et al.，2001）。综合影响下，南京市道路绿化带 MBC 含量偏低，但高于受人为活动影响强烈的公园绿地和居民区绿地。城市林业土壤 MBC 含量的高低分布显示出人为扰动的强度对土壤 MBC 含量有很大影响，扰动强度越大，MBC 含量越低。

2. 土壤易氧化态碳

土壤 ROC 是土壤中最易氧化分解的那部分有机碳，土壤碳库容量的变化主要是发生在土壤易氧化有机碳库中。不同功能区土壤 ROC 含量平均值为 $0.85\sim12.98g/kg$（表 7-3），空间变异较大，$0\sim10cm$ 土层土壤 ROC 含量高于 $10\sim30cm$ 土层。$0\sim10cm$ 土层 ROC 含量高低顺序依次为：城郊天然林、城区片林、城市绿地广场、学校绿地、公园绿地、居民区绿地和道路绿化带，城郊天然林和城区片

林土壤 ROC 含量显著高于其他功能区（$P<0.05$）。10～30cm 土层土壤 ROC 含量从大到小依次为：城郊天然林、城区片林、学校绿地、城市绿地广场、道路绿化带、公园绿地和居民区绿地，城郊天然林 ROC 含量显著高于其他功能区（$P<0.05$）。

表 7-3 的数据表明，人类活动对土壤 ROC 的含量有明显影响，城区林业土壤 ROC 含量低于城郊林业土壤，城郊林业土壤 ROC 含量处于最高水平，道路绿化带总有机碳含量最高，ROC 含量却偏低，这是因为机动车尾气中含有大量有机污染物和黑碳物质，这些含碳组分经沉降进入土壤，提高了道路绿化带总有机碳的含量，但其性质稳定、惰性强，对 ROC 含量并无贡献。章明奎和周翠（2006）对杭州市土壤的研究结果也显示出城市土壤中 ROC 含量占土壤总碳的比例明显低于郊区。

南京市林业土壤在垂直方向上不同层次 ROC 的含量随深度增加含量降低，而道路绿化带土壤大部分为客土，上下层次混乱，导致 ROC 分布无明显区别。不同功能区土壤受人为活动的影响程度有差异，这直接或间接影响着土壤 ROC 的分解和合成。同时，随着土层深度加深，土壤微生物活性减弱，对有机化合物分解速率降低，导致土壤易氧化有机碳含量随土层深度加深而下降，而且土层越深，土壤有机碳驻留时间越长，有效性越低。因此，相对于深层土壤来说，ROC 更易在表层土壤积累。

3. 土壤轻组有机碳

LFOC 存在于土壤中的轻组有机质中，代表了中等分解速度的有机碳库或易变有机碳的主要部分，具有很强的生物活性，是土壤养分的重要来源，是衡量土壤质量的重要属性之一。0～10cm 土层中土壤 LFOC 含量平均值高低顺序依次为：道路绿化带、城郊天然林、城区片林、学校绿地、城市绿地广场、居民区绿地和公园绿地（表 7-3），道路绿化带和城郊天然林土壤 LFOC 含量显著高于其他功能区（$P<0.05$）。10～30cm 土层不同功能区土壤 LFOC 含量变化规律与 0～10cm 土层相似，道路绿化带土壤 LFOC 含量最高，居民区绿地和公园绿地土壤 LFOC 含量较低。

LFOC 主要由不同分解阶段的植物残体组成，植物凋落物是轻组组分的主要来源物质。LFOC 含量分布特征与城市林业土壤的特殊形成过程及城市管理措施有关。土壤 LFOC 含量的大小受碳输入的数量和质量的影响。与城郊天然林相比，城区绿地受人工管理，植被凋落物被定期扫除，导致土壤碳输入减少。同时，土壤养分含量越低，土壤微生物活性就越弱，凋落物分解也越慢。而且气候因子中的水热条件还会直接影响土壤微生物活性和凋落物分解过程中的淋溶作用，综合作用下城区土壤 LFOC 含量普遍偏低。由于道路绿化带土壤中交通尾气及大气颗粒物中有一定量的轻组组分经沉降输入，LFOC 出现比较明显的富集现象。同一地区 LFOC 含量垂直分布表现出一定的规律性，表层土壤更容易积累。0～10cm 土层中轻组有机质的植物来源包括地上凋落物和死细根，而 10~30cm 土层轻组有机质的植物来源仅为死细根，且 0~10cm 土层的温度、湿度变化比 10~30cm 土层更为剧烈，因此 0~10cm 土层 LFOC 含量的变化比 10~30cm 土层更明显。由于道路绿化带表层积累了较多的 LFOC，在渗透和迁移作用下，表下层土壤含量也明显高于其他功能区。

三、土壤有机碳与其活性组分的相关性

南京市城市林业土壤中 SOC 含量与 DOC、MBC、ROC、LFOC 含量之间的相关性均达到极显著水平（$P<0.01$）（表 7-4）。各活性组分之间也表现为极显著相关（$P<0.01$），这表明土壤活性有机碳组分与土壤有机碳含量密切相关，其含量在很大程度上依赖于有机碳总储量。同时土壤活性有机碳也能较快速灵敏地反映土壤有机碳含量的变化情况。而各活性组分间极显著相关的情况也说明土壤活性有机碳组分之间关系密切。虽然各类活性有机碳表述与测定方法不同，但都在一定程度上表征了土壤中活性较高部分的有机碳。

表 7-4　南京市土壤有机碳与活性有机碳的相关性

	SOC	DOC	MBC	ROC	LFOC
SOC	—				
DOC	0.653**	—			
MBC	0.452**	0.605**	—		
ROC	0.457**	0.595**	0.864**	—	
LFOC	0.897**	0.765**	0.670**	0.684*	—

四、小结

南京市城市林业土壤受到城市建设及人为活动的影响，土壤有机碳的含量、组成空间变化大。绿化带土壤有机碳含量道路显著高于其他功能区，与城市建设、交通、燃料的不完全燃烧等有关。城郊天然林、城区片林土壤有机碳含量高于居民区绿地、公园绿地和学校绿地，表明城市森林对土壤有机碳的积累有促进作用。上层森林土壤有机碳含量一般高于下层土壤，城市建设和人为活动扰动或打乱了原有的土壤剖面，使土壤有机碳含量的垂直分布呈现不规则变化。南京市不同功能区城市林业上层土壤有机碳含量均高于下层土壤，城郊天然林受人为活动的影响相对较少，土壤有机碳含量的垂直变化规律较为明显。

不同功能区城市林业土壤有机碳空间变异性很强，其中道路绿化带土壤有机碳的含量最高，显著高于其他功能区，而居民区绿地土壤有机碳含量最低。对于 0~10cm 土层，城郊天然林、城区片林土壤有机碳含量显著高于公园绿地和居民区绿地；10~30cm 土层中，城郊天然林、城区片林、学校绿地、城市绿地广场和公园绿地土壤有机碳含量差异不显著。

城区土壤 DOC 含量明显低于城郊天然林，这与城郊植被覆盖率高、土壤受人为干扰少、枯枝落叶较多有关，城区土壤受人类活动的强烈干扰，土壤 DOC 来源减少。公园绿地、学校绿地、居民区绿地等城区土壤压实较为严重，地表枯枝落叶常被清除，土壤 DOC 含量较低。另外，汽车尾气有机物质的排放提高了道路绿化带土壤 DOC 含量。

与城郊天然林土壤相比，公园绿地和居民区绿地土壤由于环境污染及人为活动等因素的影响，土壤微生物活性降低，进而导致 MBC 含量处于较低水平。城市林业管理过程中，清除地表凋落物使土壤有机碳输入减少，微生物碳源数量及生物量降低，土壤 MBC 含量降低。道路绿化带 MBC 含量较低，主要是土壤受到汽车尾气所带来的重金属污染引起的。

城郊天然林土壤 ROC 含量处于最高水平，道路绿化带总有机碳含量最高，ROC 含量却偏低，这是因为机动车尾气中含有大量有机污染物和黑碳物质，这些有机组分经沉降进入土壤，提高了道路绿化带总有机碳的含量，但其性质稳定、惰性强，对 ROC 含量并无贡献。

与城郊天然林相比，城区片林在人工管理措施综合作用下土壤 LFOC 含量普遍偏低。由于交通尾气及大气颗粒物中有一定量的轻组组分经沉降输入道路绿化带，其表层土壤更容易积累 LFOC。

第三节　徐州市城市林业土壤碳储量

土壤碳库储量反映了土壤生态系统的固碳能力，确定土壤碳库的储量和空间分布，是建立土壤碳库清单、评估其历史亏缺或盈余、预测土壤碳固持潜力的一项基础工作，对全面了解全球碳循环、气候变化及制定土地利用管理政策至关重要。土壤碳库由有机碳库和无机碳库两大部分组成，但目前我国相关研究在探讨土壤对大气 CO_2 的影响、土壤碳储量和密度分布时，研究领域多集中于土壤有机碳，对以碳酸盐形式存在的土壤无机碳研究相对薄弱。土壤无机碳库也是土壤碳库的重要组成部分，受气候变化与人类活动的影响，无机碳库不仅参与陆地碳循环，而且其变化影响着全球的温室效应，这部分碳在大气、植被、土壤碳库间的长期动态变化中起着重要作用。

为了更深入地了解徐州市城市绿地土壤碳储量情况,不仅需要分析徐州市城市绿地土壤有机碳特征,同时也需要掌握其无机碳特征,从而为徐州市城市绿地土壤碳库相关研究提供全面的实测统计信息,弥补徐州市绿地土壤碳库清单的空白,为研究区域土壤碳固定潜力提供参考数据。

依据国家《城市绿地分类标准》(CJJ/T-85—2017),结合徐州市绿地实际情况,将徐州市绿地划分为 6 种类型,即附属绿地、公园绿地、生产绿地、道路绿地、防护绿地和街头绿地,研究样地概况见表 2-3,土壤有机碳含量及其组成的测定见第二章。

一、土壤有机碳储量

土壤有机碳储量由地表植被状况、进入土壤的生物残体、组成植物根系等有机物质的输入与以土壤微物分解作用为主的有机物质的输出决定,其大小决定于土壤有机碳输入、输出及相关土壤性质。不同的植被类型、郁闭度、地表植被覆盖、土地经营活动及人为扰动程度都会影响土壤有机碳含量。徐州市城市绿地有机碳含量分布情况如表 7-5 所示,在 0～20cm 土层中,有机碳含量平均值为12.44g/kg,变幅为 3.01～53.05g/kg,最大值出现在防护绿地,最小值出现在街头绿地;在 20～40cm 土层中,有机碳含量平均值为9.69g/kg,变幅为1.51～37.54g/kg,最大值出现在防护绿地,最小值出现在街头绿地;在 40～100cm 土层中,有机碳含量平均值为 3.47g/kg,变幅为 0.21～13.86g/kg,最大值出现在防护绿地,最小值出现在道路绿地。多重比较结果显示,各土层防护绿地有机碳含量和其他绿地差异显著,防护绿地总有机碳含量较高,而附属绿地、公园绿地、生产绿地、街头绿地和道路绿地之间则无显著差异。从表 7-6 可以看出,除街头绿地 20～40cm 土层有机碳含量高于 0～20cm 土层外,其他绿地均呈现出随深度增加而逐渐降低的趋势,尤其是在 40cm 深度以下,降幅较大,这充分说明了城市绿地土壤有机碳在表层聚集的现象。

表 7-5　徐州市不同绿地类型土壤有机碳含量　　　　　　(单位: g/kg)

绿地类型	0～20cm		20～40cm		40～100cm	
	变幅	平均值±标准差	变幅	平均值±标准差	变幅	平均值±标准差
附属绿地	6.56～12.28	8.85±1.81a	3.84～9.32	6.38±1.65a	2.01～6.09	3.12±3.45a
防护绿地	10.1～53.05	26.85±12.71b	4.60～37.54	20.77±10.29b	4.09～13.86	8.43±9.12b
公园绿地	4.49～39.56	12.98±11.03a	3.63～21.12	7.90±4.80a	0.98～6.01	2.09±1.56a
生产绿地	8.82～9.63	9.19±0.41a	6.53～10.70	8.32±2.15a	1.21～7.45	3.01±0.98a

续表

绿地类型	0～20cm		20～40cm		40～100cm	
	变幅	平均值±标准差	变幅	平均值±标准差	变幅	平均值±标准差
街头绿地	3.01～12.35	7.15±2.61a	1.51～24.71	8.14±6.94a	1.09～5.32	3.19±0.72a
道路绿地	6.45～16.06	9.67±3.29a	3.65～15.43	6.66±3.77a	0.21～3.09	1.01±0.34a
整体绿地	3.01～53.05	12.44±4.67	1.51～37.54	9.69±6.89	0.21～13.86	3.47±1.23

注：同列不同字母代表有显著差异（$P<0.05$），下同。

徐州市不同绿地类型土壤有机碳密度分布如表 7-6 所示，徐州市城市绿地 0～20cm 土层土壤有机碳密度平均值为 2.96kg/m²，变幅为 1.00～7.93kg/m²，最大值出现在防护绿地，最小值出现在公园绿地；0～40cm 土层土壤有机碳密度平均值为 5.50kg/m²，变幅为 1.96～13.16kg/m²，最大值出现在防护绿地，最小值出现在公园绿地；0～100cm 土层土壤有机碳密度平均值为 6.52kg/m²，变幅为 2.35～15.45kg/m²，最大值出现在防护绿地，最小值出现在公园绿地。多重比较结果显示，防护绿地有机碳的碳密度显著高于其他几种绿地类型，主要原因在于防护绿地植被维持自然生长，凋落物经土壤动物和微生物腐化后继续参加碳循环，且防护林地的下层植被均为草本植物，生物量大、稳定时间长，因此向土壤输入的有机碳也较多。而其他几种绿地土壤的 80% 为新建绿地，且管理水平低。频繁的人类活动反复踩踏、干扰绿地土壤，使土壤板结、耕性变差，有机碳比较贫乏，且枯枝落叶等植被凋落物被定期清除，导致有机碳的输入远低于防护林地，因此有机碳密度也随之降低。

表 7-6 徐州市不同绿地类型土壤有机碳密度 （单位：kg/m²）

绿地类型	0～20cm		0～40cm		0～100cm	
	变幅	平均值±标准差	变幅	平均值±标准差	变幅	平均值±标准差
附属绿地	1.98～2.25	2.11±0.13a	3.50～3.74	3.60±0.122a	4.10～4.39	4.20±0.15a
防护绿地	2.38～7.93	5.39±2.71b	3.72～13.16	9.89±4.311b	4.26～15.45	11.69±5.08b
公园绿地	1.00～7.91	2.93±2.84a	1.96～11.41	4.75±3.79a	2.35～12.80	5.48±4.18a
生产绿地	2.29～2.77	2.51±0.23a	4.57～5.18	4.84±0.31a	5.41～6.34	5.77±0.49a
街头绿地	1.16～3.26	1.99±0.77a	2.48～7.81	4.94±2.06a	3.01～10.14	6.12±2.78a
道路绿地	2.01～3.76	2.77±0.81a	3.62～6.33	4.70±1.18a	4.18～8.05	5.47±1.77a
整体绿地	1.00～7.93	2.96±1.97	1.96～13.16	5.50±3.17	2.35～15.45	6.52±3.75

有机碳密度的垂直分布情况如下：附属绿地、公园绿地、道路绿地 0～20cm 土层土壤有机碳密度占剖面有机碳密度的 50% 以上，防护绿地与生产绿地也超过了 40%，这充分说明徐州市城市绿地土壤有机碳主要积累于 0～20cm 土层范围内（表 7-7）。

表 7-7　徐州市不同土层有机碳密度占 0～100cm 土层的比例

绿地类型	0～20cm		20～40cm		40～100cm	
	平均值/(kg/m²)	占剖面有机碳密度的比例/%	平均值/(kg/m²)	占剖面有机碳密度的比例/%	平均值/(kg/m²)	占剖面有机碳密度的比例/%
附属绿地	2.11	50.3	1.49	35.6	0.59	14.1
防护绿地	5.39	46.2	4.49	38.5	1.79	15.3
公园绿地	2.9	53.3	1.82	33.5	0.72	13.2
生产绿地	2.51	43.6	2.32	40.3	0.93	16.1
街头绿地	1.99	32.6	2.94	48.2	1.17	19.2
道路绿地	2.77	50.7	1.92	35.2	0.77	14.1
整体绿地	2.96	45.5	2.54	39.0	1.01	15.5

土壤有机质的输入方式是有机质积累是否具有表聚性的重要影响因素，一般木本植物下土壤有机碳的垂直分布表现为随土层深度的增加而锐减，具有表聚性特征；草本植物下土壤有机碳的垂直分布则较均匀，表现为随深度的增加而逐渐减少。徐州市附属绿地和公园绿地种植了大面积的草坪，90% 以上的有机产物位于地下，有机碳的积累深度较大，防护绿地和生产绿地主要是乔木，根系占树木有机质产量的比例较低，土壤有机碳来源主要为枯枝落叶，有机碳积累的程度低于公园绿地及附属绿地。道路绿地出现表聚的原因主要是我国汽车保养维修和日常检查系统不够完善，单辆车排放污染物比国际水平高出数十倍，导致道路临近区表层土壤较高的有机碳储存。

表层土壤对气候变化最为敏感，受人为活动的影响最大。根据各土壤类型的有机碳密度和面积，分别计算 0～20cm、0～40cm、0～100cm 土层深度土壤的有机碳储量（图 7-2 和图 7-3）。其中，0～20cm 土层土壤有机碳储量占 0～100cm 土层土壤有机碳储量的 49.63%，说明近半的有机碳集中在表层土壤。同时，也可以看出，0～20cm 土层土壤有机碳主要储存在附属绿地、防护绿地及公园绿地，分别占表层土壤有机碳储量的 17.76%、11.12% 和 16.04%；而生产绿地、街头绿地及道路绿地有机碳储量较少，分别占表层土壤有机碳储量的 0.21%、1.06% 和 3.44%。0～40cm 土层土壤集中了有机碳储量的 85.58%，其中，附属绿地储量最高占 30.31%，公园绿地次之占 26.00%，生产绿地储量最低占 0.40%。国际上以土壤剖面深度0~100cm深度作为土壤碳库计算的基准,本次研究进行0~100cm土层土壤碳库统计(图7-4和图7-5)。统计表明,徐州市城市绿地0~100cm土壤土层有机碳总储量为 $5.63×10^8$kg, 其中附属绿地有机碳储量最高, 为 $1.99×10^8$kg, 约占0~100cm土层土壤有机碳总储量的35.35%;公园绿地次之,有机碳总储量为 $1.69×10^8$kg, 占0~100cm土层土壤有机碳总储量的30.02%。生产绿地土壤有机碳储量最低, 为 $0.03×10^8$kg, 占0~100cm土层土壤有机碳总储量的0.53%。从图7-5可以看出, 徐州市绿地土壤有机碳储量出现了随着深度的增加而降低的现象,0~20cm土层土壤集中了49.63%的有机碳储量,这主要是因为随着土层深度的增加,植被凋落物和根系数量减少,土壤密度增加,水分减少,透气性变差,微生物分解的活性减弱,从而导致土壤有机碳储量下降。同时, 根系的垂直分布直接影响输入土壤剖面各个层次的有机碳储量。

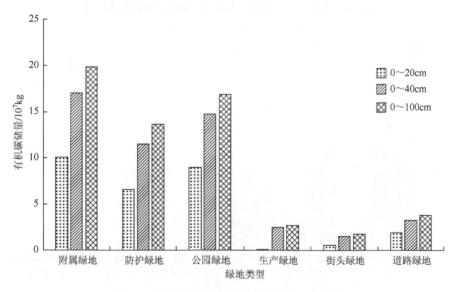

图7-2 徐州市不同绿地类型土壤有机碳储量

二、土壤无机碳储量

土壤无机碳主要是指土壤风化成土过程中形成的碳酸盐矿物态碳,是半湿润、半干旱及干旱地区土壤碳库的重要组成部分。土壤剖面中碳酸钙的淋溶和淀积特征与土壤发生关系密切,可作为判断土壤形成发生与分类的重要指标之一。

徐州市绿地0~20cm土层土壤无机碳含量平均值为1.79g/kg,变幅为0.31~5.93g/kg,20~40cm土层土壤含量平均值为1.95g/kg,变幅为0.63~4.50g/kg,40~100cm土层土壤含量平均值为2.69g/kg,变幅为0.38~5.60g/kg(表7-8)。在3个

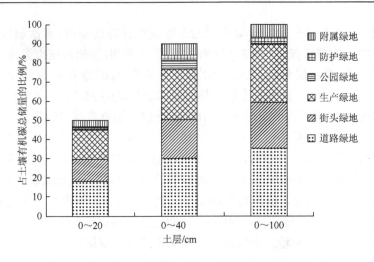

图 7-3　徐州市不同绿地类型占土壤有机碳总储量的比例

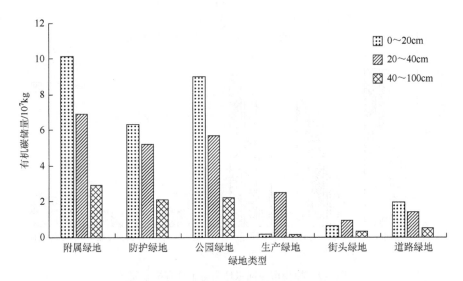

图 7-4　徐州市土壤有机碳储量的垂直变化

土层中，防护绿地土壤无机碳含量最高，街头绿地土壤无机碳含量最低。出现这种分布特征的主要原因在于土壤无机碳主要以碳酸盐的形式存在，而碳酸钙为碳酸盐的主要化学成分。防护绿地土壤碳酸钙含量显著高于其他几种绿地，而街头绿地土壤碳酸钙含量显著低于其他几种绿地类型。徐州市绿地土壤无机碳含量在垂直分布上出现了不规则变化，附属绿地、生产绿地、道路绿地土壤无机碳含量随着深度的增加逐渐增加，而公园绿地中，随深度增加，碳酸盐含量先下降后上升，曲线呈抛物线状。无机碳含量随着深度增加而上升的现象的主要原因在于：

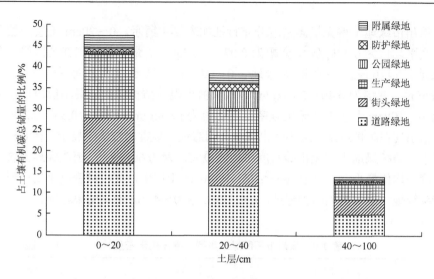

图 7-5　徐州市土壤有机碳储量的垂直分布

在土壤剖面上层，由于水通量大、土壤中微生物活性强、生命活动剧烈，土壤呼吸产生的 CO_2 浓度较高，而土壤的 pH 也较低，这些因素导致土壤中碳酸盐淋溶效应增强。当土壤水分下渗时，溶解的重碳酸钙随着水分由温度较高的上层土壤迁移到温度较低的下层土壤。在最高生物活性区下方，由于 CO_2 浓度下降至较低水平，土壤溶液中的重碳酸根离子会重新形成碳酸盐沉淀并在土壤中储存，这是土壤无机碳截存的一个重要机制（张伟畅等，2012）。

表 7-8　徐州市不同绿地类型土壤无机碳含量　　　（单位：g/kg）

绿地类型	0～20cm		20～40cm		40～100cm	
	变幅	平均值±标准差	变幅	平均值±标准差	变幅	平均值±标准差
附属绿地	1.15～1.29	1.22±0.07a	1.61～1.81	1.71±0.10a	0.9～2.41	1.88±0.78a
防护绿地	1.53～4.65	3.18±1.39b	1.14～4.50	3.10±1.42b	2.99～5.60	3.18±1.33b
公园绿地	0.67～5.93	2.14±2.19a	0.94～2.31	1.51±0.59a	0.38～4.63	2.20±1.60c
生产绿地	0.37～2.44	1.38±1.04a	1.01～2.02	1.63±0.54a	1.88～2.83	2.43±0.49c
街头绿地	0.31～1.85	1.01±0.58a	0.63～2.59	1.48±0.79a	1.19～3.63	2.15±0.93c
道路绿地	1.20～2.41	1.67±0.55a	1.68～3.37	2.33±0.78b	2.35～4.72	3.26±1.09b
整体绿地	0.31～5.93	1.79±1.35	0.63～4.50	1.95±0.95	0.38～5.60	2.69±1.30

徐州市绿地土壤无机碳密度分布特征如表 7-9 所示。0～20cm 土层土壤无机碳密度平均值为 0.42kg/m², 变幅为 0.07～1.19kg/m², 最大值出现在公园绿地和防护绿地, 最小值出现在街头绿地; 0～40cm 土层土壤无机碳密度平均值为 0.94kg/m², 变幅为 0.40～2.40kg/m², 最大值出现在防护绿地, 最小值出现在公园绿地; 0～100cm 土层土壤无机碳密度平均值为 1.65kg/m², 变幅为 0.55～3.23kg/m², 最大值出现在防护绿地, 最小值出现在公园绿地。多重比较结果显示, 在 0～20cm 土层中, 防护绿地土壤无机碳密度平均值最大, 为 0.66kg/m², 街头绿地土壤无机碳密度平均值最小, 为 0.25kg/m²; 在 0～40cm 土层中, 无机碳密度平均值最小的为街头绿地, 最大的为防护绿地, 0～100cm 和 0～40cm 土层结果相同。

表 7-9　徐州市不同绿地类型土壤无机碳密度　　　（单位：kg/m²）

绿地类型	0～20cm		0～40cm		0～100cm	
	变幅	平均值±标准差	变幅	平均值±标准差	变幅	平均值±标准差
附属绿地	0.30～0.34	0.31±0.02a	0.70～0.78	0.73±0.042a	0.95～1.43	1.21±0.24a
防护绿地	0.36～1.19	0.66±0.36b	0.69～2.40	1.49±0.70b	1.56～3.23	2.61±0.73b
公园绿地	0.15～1.19	0.49±0.42b	0.40～1.82	0.90±0.57a	0.55～3.09	1.50±1.00a
生产绿地	0.11～0.63	0.36±0.25a	0.42～1.17	0.81±0.37a	1.00～1.94	1.49±0.47a
街头绿地	0.07～0.49	0.25±0.15a	0.41～1.32	0.66±0.38a	0.75～2.49	1.26±0.70a
道路绿地	0.30～0.56	0.41±0.12b	0.74～1.39	1.01±0.30b	1.32～2.55	1.85±0.55a
整体绿地	0.07～1.19	0.42±0.28	0.40～2.40	0.94±0.49	0.55～3.23	1.65±0.79

从表 7-10 可以看出, 0～20cm 土层土壤无机碳密度占剖面无机碳密度的 25.6%, 20～40cm 土层土壤占剖面无机碳密度的 31.1%, 40～100cm 土层土壤占剖面无机碳密度的 43.3%。从分析数据可以看出, 几乎 50% 的无机碳集中在 40cm 土层以下。土壤无机碳密度和有机碳密度垂直变化相反, 土壤有机碳密度随着深度的增加而降低, 在表层集聚, 而土壤无机碳密度随着深度的增加而升高, 主要原因是淋溶作用使土壤表层无机碳质量分数降低（Guo et al., 2006）。同时, 祖元刚等（2011）研究表明, 土壤有机碳和无机碳密度与土壤 pH 有明显的相关性并且都呈现幂指数关系, 其中土壤有机碳密度随着 pH 的升高而下降, 而无机碳密度则表现为上升趋势。对于有机碳, 酸性（pH<7）土壤单位 pH 变化引起的含量变化程度远高于碱性（pH>7）土壤。而无机碳的变化规律则恰恰相反, 碱性土壤单位 pH 变化引起的含量变化程度远高于酸性土壤。徐州市绿地土壤属于碱性土壤, 有利于碳酸钙的积累。

表 7-10　徐州市不同土层土壤无机碳密度占剖面的比例

绿地类型	0~20cm		20~40cm		40~100cm	
	平均值/(kg/m²)	占剖面无机碳密度的比例/%	平均值/(kg/m²)	占剖面无机碳密度的比例/%	平均值/(kg/m²)	占剖面无机碳密度的比例/%
附属绿地	0.31	25.8	0.42	35.0	0.47	39.2
防护绿地	0.66	25.5	0.82	31.7	1.11	42.8
公园绿地	0.49	32.9	0.41	27.5	0.59	39.6
生产绿地	0.36	24.3	0.45	30.4	0.67	45.3
街头绿地	0.25	20.0	0.41	32.8	0.59	47.2
道路绿地	0.41	22.4	0.59	32.2	0.83	45.4
整体绿地	0.42	25.6	0.51	31.1	0.71	43.3

　　徐州市绿地土壤无机碳储量分布情况如图 7-6 和图 7-7 所示。0~20cm 土层土壤无机碳储量为 40.79×10⁶kg，占 0~100cm 土层土壤无机碳总储量的 26.93%，其中附属绿地土壤无机碳储量最高，为 15.00×10⁶kg，占 0~100cm 土层土壤无机碳总储量的 9.99%，生产绿地土壤无机碳储量最低为 0.17×10⁶kg，占 0.11%；0~40cm 绿地土壤集中了无机碳总储量的 58.86%，其中，附属绿地土壤储量最高，占 22.87%，生产绿地最低，占 0.25%。徐州市城市绿地 0~100cm 土层土壤无机碳总储量为 151.46×10⁶kg（约为 1.51×10⁸kg），其中附属绿地土壤无机碳储量最高为 57.41×10⁶kg，占 0~100cm 土层土壤无机碳总储量的 37.90%；公园绿地次之，土壤无机碳总储量为 46.27×10⁶kg，占 0~100cm 土层土壤无机碳总储量的 30.55%。生产绿地土壤无机碳储量最低为 0.69×10⁶kg，占 0~100cm 土层土壤无机碳总储量的 0.46%。

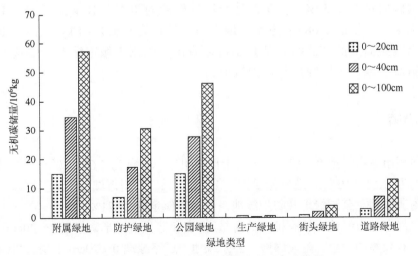

图 7-6　徐州市不同绿地类型土壤无机碳储量

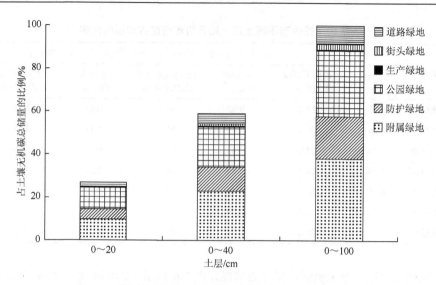

图 7-7　徐州市不同绿地类型占土壤无机碳总储量的比例

三、土壤碳储量

徐州市城市绿地土壤碳储量分布情况如图 7-8 和图 7-9 所示，总储量为 $7.14 \times 10^8 kg$，其中附属绿地土壤碳储量为 $2.56 \times 10^8 kg$，占 $0 \sim 100cm$ 绿地土壤碳储量的 35.85%；防护绿地土壤碳储量为 $1.66 \times 10^8 kg$，占 $0 \sim 100cm$ 绿地土壤碳储量的 23.25%；公园绿地土壤碳储量 $2.15 \times 10^8 kg$，占 $0 \sim 100cm$ 绿地土壤碳储量的 30.11%；生产绿地土壤碳储量为 $0.03 \times 10^8 kg$，占 $0 \sim 100cm$ 绿地土壤碳储量的 0.59%；街头绿地土壤碳储量为 $0.22 \times 10^8 kg$，占 $0 \sim 100cm$ 绿地土壤碳储量的 3.08%；道路绿地土壤碳储量为 $0.52 \times 10^8 kg$，占 $0 \sim 100cm$ 绿地土壤碳储量的 7.28%。从数据可以看出，徐州市城市绿地土壤碳主要储存在附属绿地、公园绿地及防护绿地。

四、小结

徐州市城市绿地 $0 \sim 100cm$ 土层土壤有机碳总储量为 $5.63 \times 10^8 kg$，无机碳总储量约为 $1.51 \times 10^8 kg$，总碳储量为 $7.14 \times 10^8 kg$。徐州市城市绿地土壤碳主要储存在附属绿地、公园绿地及防护绿地，占总碳储量的 89.21%。

徐州市城市绿地土壤有机碳的含量、密度和储量有近半富集于 $0 \sim 20cm$ 土层，在表层有聚集的现象。附属绿地、公园绿地、道路绿地 $0 \sim 20cm$ 土层有机碳密度占剖面有机碳密度的 50% 以上，防护绿地与生产绿地也超过了 40%。

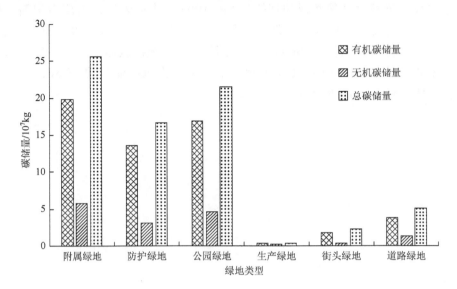

图 7-8 徐州市不同绿地类型的土壤碳储量

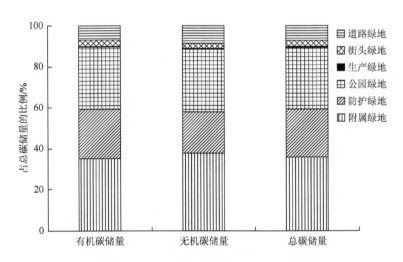

图 7-9 徐州市不同绿地类型占土壤总碳储量比例

徐州市绿地土壤的 3 个土层中，防护绿地土壤碳酸钙含量显著高于其他绿地，而街头绿地则显著低于其他绿地。徐州市绿地土壤无机碳含量在垂直分布上为不规则变化，附属绿地、生产绿地、道路绿地无机碳含量随着深度的增加逐渐增加，而公园绿地中随深度增加，碳酸钙含量先下降后上升，曲线呈抛物线状。由于淋溶作用和土壤 pH 影响，土壤无机碳密度垂直变化表现出和有机碳密度截然相反的规律。40～100cm 土层无机碳密度占剖面无机碳密度的 43.3%，即近半无机碳集中于在 40cm 以下土层。0～20cm 土层无机碳储量占无机碳总储量的 26.93%，其中附属绿地无机碳储量最高，生产绿地无机碳储量最低。0～40cm 土层绿地土壤集中了无机碳储量的 58.86%，其中，附属绿地储量最高，生产绿地最低。

第八章 城市林业土壤黑碳含量与分布

城市林业土壤是支撑城市发展的空间和基础，城市林业土壤受人为扰动大，其物理、化学和生物学特性与自然土壤相比有很大的不同，城市林业土壤碳库的含量、组成分布及特征也随城市化进程的快速发展表现出其特有的规律。目前，针对城市林业土壤碳库中有机碳的研究已有较多成果，而对黑碳的研究尚未受到重视，相关的报道较少。黑碳是生物质和化石燃料不完全燃烧的产物，具有生物化学和热稳定性，广泛分布于大气、土壤、沉积物、水体和冰雪等环境中。在城市中，化石燃料的使用和生活垃圾的燃烧都相对比较集中，并产生了规模可观的黑碳类物质。这些黑碳类物质在水体、土壤和大气中均有分布，其中大部分最终沉积在土壤中。黑碳作为一种人为活动的排放产物，包含了有关人类活动的记录，在生态系统中所起的作用十分复杂，正面和负面效应都有。由黑碳形成的气溶胶是大气成分中导致全球升温效应的占第二位权重的物质，同时也是多种空气污染物（SO_2、NO_x、O_3、PAHs 等）的吸附载体及光化学烟雾的催化中心。

黑碳具有高度的化学惰性和多孔隙性，土壤中的黑碳可稳定土壤中的有机质，优化土壤结构，显著并持续地提高土壤的耕性和保肥能力。因其良好的吸附能力，黑碳还可以固定土壤中各种有机、无机污染物，降低污染物的生物有效性并改良土壤生态环境，但土壤中微生物转化降解有机污染物的速率也随着污染物被黑碳的吸附固定而降低。在全球碳循环过程中，黑碳也占有重要地位，有研究显示黑碳可能是全球碳循环中不能合理解释的"丢失的碳汇的一部分，还可能是大气中CO_2 的汇"（Druffel，2004）。本章以城市化进程快速的南京市为例，调查分析不同土地利用方式下城市林业土壤的黑碳含量，分析城市林业土壤的黑碳的可能来源，为城市林业土壤生态功能评价及管理提供依据。

第一节 土壤黑碳概述

全球每年产生的黑碳为 50～270Tg，有 80%～90%进入土壤和沉积物中（Druffel，2004），其中化石燃料燃烧产生的黑碳中 12～24Tg 排入大气中，生物燃烧产生的黑碳中也有 5～6Tg 排入大气中，而进入土壤中的则有 40～241Tg（Schmidt and Noack，2000）。由于黑碳超强的抗降解能力，黑碳可以将从生物-

大气碳循环中捕获的碳储存到土壤中，长期来看，可减少大气中温室气体含量以减缓温室效应，同时增加土壤中有机质含量以提高土壤肥力。另外，由于其超强的吸附能力，黑碳可以吸附有机污染物与重金属以降低污染物的环境风险，也可以吸附营养盐以增加土壤肥力。此外，黑碳还可以用来指示历史火事件（汪青，2012），因此，研究土壤黑碳具有重要的生态环境意义。

一、土壤黑碳的概念

黑碳是生物质或化石燃料不完全燃烧或者岩石风化的产物。生物质不完全燃烧产生的黑碳包括一系列物质，如轻微炭化的生物质、炭化物质、木炭、烟炱、石墨态黑碳（Masiello，2004；Gélinas et al.，2001）等。其中，烟炱也可能由化石燃料的不完全燃烧产生，石墨态黑碳也可能由含石墨岩石风化产生。

尽管这些不同形式的黑碳具有一些共性，如富含碳元素、以芳香结构为主等，但是黑碳的理化性质往往表现出很明显的异质性，如粒径在数毫米到数纳米，比表面积在每克数平方米到数百平方米，H/C、O/C 和 N/C 值的变异也很大（Rockne et al.，2000；Koelmans et al.，2006）。由于黑碳的异质性，在不同研究领域中其关注的侧重点也不同，有时候关注的是黑碳的整体，但大多数时候关注的是其中的某一组分或属性，文献中所使用的名称也因此而各异。例如，大气科学关注其吸光性，称之为元素碳（元素碳可能包括一些来自类腐殖质、生物气溶胶或焦油的非黑碳物质）；生物地球科学关注其火成因，称之为火成碳；全球有机碳循环研究关注其抗氧化性，称之为稳定的碳；而污染物环境科学关注其吸附性，称之为活跃的碳（Grossman and Ghosh，2009）。土壤和沉积物中的相关研究则倾向于使用黑碳一词，但主要是指木炭和烟炱（Czimczik and Masiello，2007）。工程材料科学中的炭黑指的是碳含量更多、杂质更少、理化性质更确定的一种工业产品，不同于烟炱，但是按照 Goldberg 对碳的定义，也可归属于黑碳；另一种常见工业产品活性炭从本质上说是经活化处理的黑碳；近年来备受关注的生物质炭也属于黑碳的一种类型。

二、土壤黑碳的特征

黑碳中含有大量植物所需的营养元素，除 C 含量较高外，N、P、K、Ca 和 Mg 的含量也较高，C 和 N 的含量由于燃烧和挥发随温度的升高而降低，而 K、Ca、Mg 和 P 的含量随温度的升高而增加（Cao and Harris，2010）。由于热解过程中某些养分被浓缩和富集，生物质炭中 P、K、Ca、Mg 的含量高于其制备物料中的含量。

生物质炭含有一定量的碱性物质，一般呈碱性。采用厌氧热解的方法分别于300℃、500℃和700℃下制备了油菜秸秆、玉米秸秆、大豆秸秆和花生秸秆的生物质炭，研究发现生物质炭的碱含量和pH均随制备温度的升高而增加。生物质炭是一种含碳的聚合物，红外傅里叶变换光声光谱分析表明生物质炭表面含有丰富的—COOH、—COH和—OH等含氧官能团（陈学榕等，2008），这些含氧官能团使得生物质炭表面具备亲水、疏水和对酸碱的缓冲能力，这些性质决定了生物质炭在土壤中的功能。生物质炭表面的—COOH和—OH是其表面带负电荷的主要原因，—COOH和—OH含量随热解温度的升高而减少，使得生物质炭表面所带的负电荷减少。生物质炭表面丰富的含氧官能团所产生的表面负电荷使得生物质炭具有较高的阳离子交换量，向土壤中施加生物质炭可以提高土壤的阳离子交换量（Singh et al.，2008）。

生物质炭的孔隙度决定了生物质炭表面积的大小，按生物质炭孔径的大小可将其孔隙分为小孔隙（＜0.9nm）、微孔隙（＜2nm）和大孔隙（＞50nm）。大孔隙可以影响土壤的通气性和保水能力，同时也为微生物提供了生存和繁殖的场所；小孔隙可以影响生物质炭对分子的吸附和转移。

三、土壤黑碳的来源与辨析

土壤黑碳的来源包括天然源和人为源，天然源包括岩石风化、天热火引起的生物质源；人为源包括人为引起的生物质燃烧、化石燃料燃烧。其中，生物质源又可根据生物质类别分为浮游生物、C_3植物、C_4植物等。黑碳来源辨析方法包括同位素分析、粒径形态特征分析及特殊成分比值分析。

1）同位素分析

同位素分析包括$\delta^{14}C$和$\delta^{13}C$分析，$\delta^{14}C$分析结合地层年代，可辨析生物质源、化石燃料源、岩石源。现代生物质燃烧产生的黑碳中的$\Delta^{14}C$（$\Delta^{14}C$：相对于1890年树木的^{14}C浓度与现代大气中的值相当，$\Delta^{14}C$相应较大，接近于0‰；化石燃料源和岩石源的黑碳中几乎不含$\Delta^{14}C$，$\Delta^{14}C$相应较小，接近于−1000‰（Masiello and Druffel，2003）。工业化之前的地层中若出现$\Delta^{14}C$很小的黑碳，则可认为是来源于岩石风化（Dickens et al.，2004b；Wakeham et al.，2004）。利用同位素质量平衡模型可进一步计算出生物质源和化石燃料源各自所占百分比。根据$\delta^{13}C$分析，可辨析陆地C_3植物源、C_4植物源及淡水生物源、海洋生物源。已有的研究表明，C_3和C_4植物的$\delta^{13}C$值的变化范围分别为−34‰～−22‰和−19‰～−9‰，淡水藻与海水藻的$\delta^{13}C$值分别为−32‰～−27‰和−28‰～−17‰。基于生物的$\delta^{13}C$值在死后保持不变这一假设，通过测定黑碳的$\delta^{13}C$值，可以区分其来源于哪一类生物（Masiello and Druffel，2003）。

2）粒径形态特征分析

粒径形态特征分析可辨析本地源、外来源；结合粒径形态特征和密度分析，可辨析石墨质黑碳（graphitic black carbon，GBC）的燃烧源、岩石源。由于不同粒径的搬运能力有差异，一般来说，较大粒径如毫米级的黑碳基本源自百米范围之内，而更小粒径的黑碳反映的是区域范围内的大气背景值。Dickens 等（2004b）将细而轻（粒径<3μm、密度<2g/cm^3）的 GBC 归于燃烧产生的烟炱，将粗而重（粒径3~63μm、密度>2g/cm^3）的 GBC 归于岩石风化产生的石墨。根据粒子形态特征分析，可辨析生物质源、化石燃料源。Brodowski 等（2005）分析了显微镜下黑碳颗粒的形态和表面纹理，得出燃油黑碳呈球形，质地均匀；燃煤黑碳呈多孔的球形或者不规则形状；生物质炭呈细长形或不规则形状，有细胞和纤维等结构残留，表面光滑，边缘棱角清晰。

3）特殊成分比值分析

对多环芳烃（PAHs）的特殊成分进行分析，可辨析黑碳来源于生物质源还是化石燃料源。这是基于部分 PAHs 成分与黑碳的同源性（二者都与不完全燃烧紧密联系）和共生性（黑碳可以吸附同源的 PAHs），所以 PAHs 来源辨析的结论可应用到黑碳尤其是浓缩态黑碳的来源分析上（Shrestha et al.，2010）。Mitra 等（2002）使用 BaA/Chr、BbF/BkF、BaP/BeP 等几种 PAHs 异构体比率，分析得出密西西比河口颗粒黑碳中的 27% 来自化石燃料的使用。根据黑碳/有机碳（BC/OC），可辨析生物质源、化石燃料源。在大气科学研究中，大气气溶胶中 BC/OC 可以反映黑碳来源，比值在 0.1 左右反映为生物质燃烧，比值在 0.5 左右反映为化石燃料燃烧（Gatari and Boman，2003）。根据苯多羧酸（benzene polycarboxylic acid，BPCA）分子标志物法比值分析，可辨析生物质源和化石燃料源的比例大小。Brodowski 等（2007）假设化石燃料源黑碳的芳香程度高于生物质源，并且被 HNO$_3$ 氧化后的 BPCAs 中羧酸团数量也更多，先计算只有生物质源黑碳土壤的 B4CAs/B6CA 和 B5CAs/B6CA，再测得混合源黑碳土壤中的 B4CAs 和 B5CAs 含量，通过计算即可得到生物质源黑碳在混合源中的比例。

四、土壤黑碳的生态环境效应

1. 黑碳的生态效应

1）黑碳对温室气体排放的影响

黑碳影响陆地大气碳氮温室气体通量，由于黑碳的稳定性和相对漫长的降解过程，以黑碳形式存在的碳和氮（主要表现为芳香环结构和杂环氮结构）得以长期保存，从而退出土壤-大气快速循环过程。因此，长期看来，黑碳能从土壤-大气碳氮循环过程中捕获并固定碳氮，减少土壤中温室气体的释放。也有研究人员据此提出，可通过人为制造黑碳的途径来实现碳的捕获与储存以应对全球气候变化（Lehmann et al.，2003）。

黑碳通过影响土壤微生物活性与碳氮的生物地球化学循环，进而影响温室气体排放。有研究表明，黑碳能促进土壤中有机碳降解，Hamer 等（2004）的实验表明，黑碳较高的比表面积和较多的孔隙为微生物生长提供场所，促进了易降解有机物产生 CO_2。Wardle 等（2008）研究发现，黑碳会造成土壤腐殖质的质量损失。Major 等（2010）研究发现，黑碳添加导致土壤有机碳呼吸量在培养的第 1 年和第 2 年分别提高 40%和 6%，土壤总呼吸量分别提高 41%和 18%。但是，也有研究发现黑碳能抑制有机碳降解，Liang 等（2010）向土壤中添加有机质培养，结果表明黑碳含量丰富的土壤总矿化率比黑碳含量少的土壤低 25.5%，他们将此解释为黑碳增加了土壤团聚体结构，保护土壤有机质不被矿化。究竟促进作用和抑制作用哪一种占据主导，目前还存在争议。Lehmann 等（2003）研究发现，黑碳添加到土壤中后减少了氮的淋失。DeLuca 等（2006）研究发现，黑碳增加了土壤硝化速率和有机氮矿化速率。Novak 等（2010）研究认为，黑碳能固定土壤中的氮，从而可能会造成硝态氮的暂时性短缺。Yanai 等（2007）的培养实验发现黑碳减少了土壤中 85%的 N_2O 排放。Knoblauch 等（2011）则认为，将秸秆制成黑碳还田能比秸秆直接还田减少约 80%的 CH_4 排放。

2）黑碳对土壤稳定碳库的影响

由于其内在稳定性，黑碳在土壤稳定碳库中具有非常重要的地位。腐殖质也被认为具有内在稳定性，是土壤稳定碳库的重要成分，其结构模型包括杂聚物和聚合体两种，前者指单核或多核的芳香环上的羟基和羧基结合了醚、酯、脂族等成分，具有大分子量；后者指处于不同降解阶段的小分子的生物聚合物在氢键结合和弱色散力作用下形成超分子结构。Haumaier 和 Zech（1995）研究发现，黑碳氧化后的腐殖酸和土壤中高芳香性的腐殖酸在光谱特征和化学组成上有显著的相似性，认为黑碳可能是土壤腐殖质来源之一。Chiou 等（2000）鉴于胡敏素的高表面积，认为黑碳是胡敏素的组成之一。Poirier 等（2000）利用高分辨率透射电子显微镜对法国一处森林土壤中胡敏素结构进行研究，发现了黑碳成分。

2. 黑碳的环境效应

1）黑碳与土壤重金属污染

Corapcioglu 和 Huang（1987）很早就研究过活性炭对 Cu、Pb、Ni 和 Zn 的吸附，认为吸附过程可由配位化合物形成模型解释。现在一般认为，黑碳吸附重金属的机制主要有两种，一种是黑碳表面吸附，吴成等（2007a）研究了玉米秸秆黑碳对 Hg、As、Pb 和 Cd 的吸附，发现用 Langmuir 方程拟合黑碳等温吸附过程最佳，表明其主要为有限的非线性表面吸附，以这种方式被吸附的重金属极易解吸，30min 内的洗脱率均在 85%以上；另一种是黑碳上的官能团与重金属之间的静电相互作用，包括离子交换和部分配位反应。Qiu 等（2008）研究认为，稻草黑碳和秸秆黑碳对 Pb 的吸附属于静电相互作用机制，被吸附的重金属相对较稳定。黑碳阳离子交换量与其吸附重金属能力呈正相关关系（吴成等，2007b），表明第二种机制是黑碳吸附重金属的主要机制。尽管吴成等认为，黑碳的阳离子交换量比土壤环境中其他吸附剂（如腐殖酸和黏土）要小，其对重金属离子吸附量相对不大，但是 Liang 等（2006）研究认为，黑碳可通过自身氧化或吸附其他有机质提高土壤的阳离子交换量。张文标等（2009）研究了以竹子为原料的不同炭化温度黑碳对 Pb、Hg、Cr 和 Cd 的吸附，结果表明黑碳的比表面积、孔径及 pH 等均会影响到吸附重金属能力，溶液中同时存在的多种重金属离子之间存在着协同和阻碍两方面的效应。

2）黑碳与土壤有机污染

土壤中的有机污染物包括憎水性有机物（hydrophobic organic compounds，HOCs）和持久性有机污染物（persistent organic pollutants，POPs），具体包括多环芳烃（polycyclic aromatic hydrocarbons，PAHs）、多氯联苯（polychlorinated biphenyls，PCBs）等，其中对 PAHs 的研究最多。在很多土壤和沉积物样品中，黑碳和 PAHs 具有显著的相关性，这种相关性多数被解释为是黑碳对 PAHs 的吸附，其理由是基于黑碳对 PAHs 吸附能力的室内实验，这些实验表明黑碳对 PAHs 的吸附能力要比一般有机质对 PAHs 的吸附能力强几十到几千倍，而且被黑碳吸附的 PAHs 很难解吸（Jonker et al.，2005）。因此，黑碳的存在能影响 PAHs 在环境中的分配行为和被生物利用累积的状况。

黑碳吸附 PAHs 的机制包括表面吸附机制和微孔捕获机制，对于火成 PAHs 来说，还包括锢因于黑碳结构内部这一机制。黑碳吸附 PAHs 的一个非常重要的机制是表面吸附，因为黑碳的比表面积很大，可以提供很多的吸附点。因此，针对某些研究发现的不同类型黑碳及不同方法测定的黑碳对 PAHs 的吸附能力有很大不同这一问题，有学者提出把黑碳标准化到比表面积可以明显消除这种变异性（van Noort et al.，2004）。而在分析黑碳的比表面积时，样品是否磨细代表了不同的环境意义，磨细的样品代表潜在有效的比表面积和吸附能力，没有磨细的样品代表实际有效的比表面积和吸附能力。

微孔捕获机制也很重要。根据 Rouquerol 等的分类方法，微孔是指直径小于 2nm 的孔隙，相当于烟炱结构中的石墨烯层间距大小，与许多 POPs 分子厚度相当。Rockne 等（2000）发现，烟炱中微孔的孔隙容积占颗粒内部总容积（微孔加中孔，<50nm）的 10%～20%，并指出这些微孔可能是烟炱吸附 HOCs 的重要场所。Jonker 和 Koelmans（2002）进而研究发现，烟炱的平均孔径对 PAHs 的烟炱-

水分配系数有很大的影响，表现为负相关关系。Karanfil 和 Kilduff（1999）的研究表明，在活性炭吸附 HOCs 过程中，孔隙大小比比表面积更重要，并且随着微孔数量增加，吸附能力增强。关于其具体机制，Jonker 和 Koelmans（2002）认为，主要是平面的 PAHs 分子嵌入黑碳颗粒中的微孔和分子层间空隙，从而接触更多的黑碳表面吸附点，本质上还是表面吸附在起作用。

在生物质不完全燃烧的过程中，会同时生成黑碳和 PAHs，而且 PAHs 是烟炱形成的一种前体物质，在烟炱颗粒不断增大的过程中会锢囚一部分 PAHs 在其结构内部，另一部分 PAHs 则被吸附在黑碳的表面上和微孔中。这些与黑碳同源的 PAHs 往往称为"原生的"PAHs，与"添加的"PAHs 相对，锢囚的 PAHs 不能释放到水中，但是可以被 PAHs 测定时使用的化学试剂提取，因此，锢囚的 PAHs 会导致黑碳-水分配系数表象性地增加（Jonker and Koelmans，2002）。黑碳对原生 PAHs 的吸附系数与 PAHs 的分子体积呈负相关关系，这也与锢囚机制有关，PAHs 分子体积越大就越难从黑碳结构内部逃脱。

环境中黑碳对 PAHs 的吸附能力要小于理论上的由分配系数实验得到的新鲜黑碳对 PAHs 的吸附能力，原因主要是原生 PAHs 会降低黑碳对添加 PAHs 的吸附能力，因为它优先占据了黑碳表面的高能吸附点位和微孔；环境中粗粒的黑碳真正起作用的比表面积小于实验中磨细的黑碳的比表面积。实验表明，新生成的黑碳中含有高浓度的 PAHs，而环境中 PAHs 与黑碳之比要小得多，而且黑碳在环境中可能会解吸一部分原生的 PAHs（由于吸附竞争）。综上所述，黑碳吸附 PAHs 的过程受诸多因素影响，其与 PAHs 含量的相关性不能简单地解释为黑碳对 PAHs 的吸附。

第二节　基于 GIS 的城市林业土壤黑碳含量与分布

一、土壤黑碳含量的统计分析

研究区域为南京市主城区，包括长江以南绕城公路以内地区，面积约 222km²。借助 GIS 技术，采用网格布点的采样方法进行采样，采样范围约 180km²（图 2-1，图 2-2）。共设置了 180 个采样方格，结合 GIS 技术，以 1km×1km 区域为网格单元，进行调查采样，记录每个采样点的功能区类型、植被类型，并利用 GPS 记录每个采样点的坐标位置，共采集混合土壤样品 180 个。具体土壤样品采集、处理及黑碳测定方法见第二章。

测定南京市城市林业土壤 180 个采样点的土壤样品黑碳含量，对黑碳含量进行传统的描述性统计分析（图 8-1、表 8-1）。其中，平均值与中值表示土壤样品所分析的含量的中心，是中心趋向周围分布的一种测度。标准差是真误差平方和的平均数的平方根，变异系数是标准差与平均数的比值，两者能够表示数据集的离散程度。

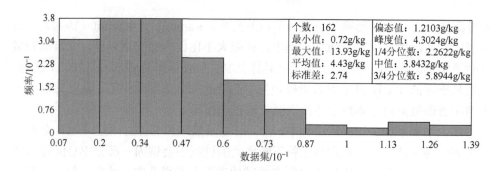

图 8-1　南京市城市林业土壤黑碳含量直方图

表 8-1　南京市城市林业土壤黑碳含量描述性统计分析及正态分布检验表

对象	最小值/(g/kg)	最大值/(g/kg)	平均值/(g/kg)	标准差	变异系数CV/%	中值/(g/kg)	偏斜系数/%
黑碳含量	0.72	13.93	4.43	2.74	61.85	3.84	13.2

从图 8-1 和表 8-1 可以看出以下几点规律。

（1）南京市主城区城市林业土壤中黑碳的含量为 0.72～13.93g/kg，平均值为 4.43g/kg，空间差明显异，这可能与不同区域城市林业土壤的利用方式不同及城市中人类活动带来的影响有关。

（2）在研究土壤成分空间分布时，通常用变异系数 CV 来表示相关数据的变异或离散程度，一般分为三级：CV≤10%时为弱变异性，10%＜CV＜100%时为中等变异性，CV≥100%时为强变异性。黑碳含量的变异系数为 61.85%，属于中等变异。城市林业土壤中黑碳含量发生变异的主要原因可能是城市不同功能区土地利用方式不同。

（3）黑碳含量的平均值略高于中值，其差值为 0.59g/kg，表示其中心趋向正态分布，但可能存在个别异常值影响。

（4）偏斜系数是中值偏斜的平均百分数，能够直观地表现黑碳含量分布的偏移量，判断其分布的正态性。一般以 5%为分界线，大于 5%为偏斜元素，小于 5%为不偏斜元素。当分布服从正态分布时中值要接近或等于平均值。由此看出，黑碳含量分布的偏斜系数为 13.2%（大于 5%），发生偏斜，而造成偏斜的原因应该也是不同功能区土地利用不同及人类活动的影响。

二、基于 GIS 的城市林业土壤黑碳含量探索性空间分析

在进行城市林业土壤黑碳含量空间分布特征的研究，以及样点插值时，GIS

探索性空间分析具有独特优势。通过对采样点含量属性的空间插值，可使点状分布的采样点空间信息扩展到面，并通过一系列处理可最终获得黑碳含量的空间分布信息。但是 GIS 探索性空间分析建立在一定的假设基础上，如果这些假设不存在，则空间统计分析缺乏依据，插值结果的误差较大，结果不可信。因此，必须进行空间数据的探索性分析，即对空间数据进行数据结构分析、方向分析、全局趋势分析、全局离群值、局部离群值及确定合理的步长和分组等。在黑碳含量空间数据的探索性分析的基础上，根据空间数据的特点最终确定空间插值方法，获得更符合假设条件的预测值，使得预测结果与实际值之间的误差尽可能小。

1. 特异值的查找与剔除和数据结构分析

由于特异值的存在会对变异函数有显著影响，有必要在数据处理前剔除这些特异值。采用域法识别特异值，即样本平均值±3 倍标准差，在此区间以外的数据均定为特异值，将其剔除，然后分别用正常的最大值和最小值代替特异值。特异值可能是局部土壤受到人工施肥及周围施工修路等人为因素造成的。为了便于分析，需要剔除这些异常值，这是因为半方差函数的模型要求数据呈正态分布，否则会存在比例效应。在消除特异值后，黑碳含量数据对数转换后呈对数正态分布。

黑碳含量采样点数据的结构分析，主要是利用 QQ-plot 图来检验数据是否呈正态分布。QQ-plot 图是根据变量分布的分位数对所指定的理论分布分位数绘制的图形，是一种用来检验采样点数据分布的统计图，如果被检验的采样点数据符合所指定的分布，则代表采样点的点簇在一条直线上。符合正态分布的 QQ-plot 图中的点由数据中的每一个采样点数据（Y 轴坐标值）与正态分布的期望值（X 轴坐标值）所组成。这些点落在斜线上越多，则说明数据的分布越接近正态。如果被检验的变量值的分布与已知分布基本相同，那么在 QQ-plot 图中的散点应该围绕在一条斜线的周围。如果两种分布完全相同，那么在 QQ-plot 图中，点应该与斜线重合。如果数据呈正态分布，那么这些点应该随机地聚集在一条通过零点的水平直线周围。

数据的非正态分布会使得半变异函数产生比例效应，从而造成实验半变异函数产生畸变，抬高基台值和块金值，因此需消除比例效应。本节中，土壤中黑碳的含量经对数转换后满足正态分布，从而消除了比例效应。用 QQ 分位图思想绘制 QQ-plot 图，直线表示正态分布。如果不属于正态分布，则要求对其进行变换，变换的方法包括平方根变换、对数变换、Box-Cox 变换、反正弦变换等。

对研究区域采样点的土壤黑碳含量的数据结构分析表明：不经转换的原数据 QQ-plot 图不趋于一条直线，不满足正态分布（图 8-2）。为此，对该数据进行对数转换，经过对数转换后的采样点概率呈正态分布（图 8-3）。

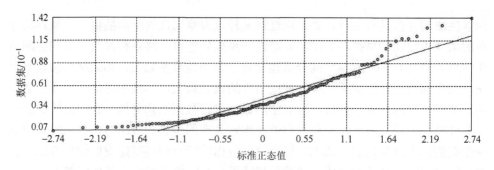

图 8-2　南京市主城区城市林业土壤黑碳含量 QQ-plot 图

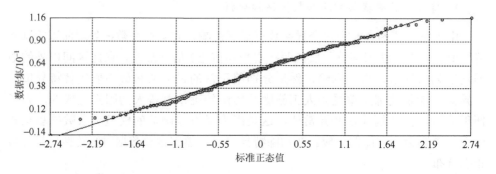

图 8-3　对数转换后的南京市主城区城市林业土壤黑碳含量 QQ-plot 图

可以结合 SPSS 软件进一步确认正态分布检验。在 SPSS 统计软件中，使用单样本柯尔莫哥洛夫-斯米诺夫（Kolmogorov-Smirnov（K-S））正态分布检验，可以得到 σ 值，表示为显著性概率，以 0.05 为分界线，当显著性概率 $P_{K\text{-}S} > 0.05$ 时，则认为数据服从正态分布；当 $P_{K\text{-}S} < 0.05$ 时，则认为数据不呈正态分布，需要对数据进行对数转换。黑碳含量经过对数转换后的 σ 值为 0.858，大于 0.05，服从正态分布。进一步确定了南京市主城区采样点土壤黑碳含量经过对数转换后，服从正态分布，满足地统计学的要求，可以进行半方差分析及克里金空间插值分析。

2. 趋势分析、方向分析及半方差函数/斜方差函数分析

通常一个表面主要由两部分组成，即确定的全局趋势和随机的短程变异。全局趋势反映了空间物体在空间区域上变化的主体特征，它主要揭示了空间物体的总体规律，而忽略局部的变异。趋势面分析是根据空间抽样数据，拟合一个数学曲面，用该数学曲面来反映空间分布的变化情况。它可分为趋势面和偏差两大部分，其中趋势面反映了空间数据总体的变化趋势，受全局性、大范围的因素影响。如果能够准确识别和量化全局趋势，在 ArcGIS 地统计建模中可以

方便地剔除全局趋势，从而能更准确地模拟短程随机变异。

全局趋势分析的关键在于选择合适的透视角度，准确地判定趋势特征。同样的采集数据，透视角度不同，反映的趋势信息也不相同。趋势分析过程中，透视面的选择应尽可能使采集数据在透视面上的投影点分布较为集中，通过投影点拟合的趋势方程才具有代表性，才能有效反映采集数据的全局趋势。如果拟合曲线为平直的，说明没有全局趋势；如果拟合的曲线为确定的曲线（二次函数曲线和指数函数曲线等），则存在某种全局趋势。一旦存在全局趋势，则可以通过确定性内插进行插值。从研究区域采样点土壤黑碳含量的趋势分析（图 8-4）中可以看到，X 轴表示南北方向，Y 轴表示东西方向，东西和南北方向黑碳含量分布均呈轻微的倒 U 形，但南北方向程度更大，这就表明样点存在南北方向和东西方向的二维函数趋势。因此对采样点进行空间插值时可以用二维函数趋势剔除。

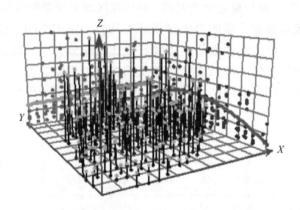

图 8-4　南京市主城区城市林业土壤黑碳含量趋势分析图

半方差函数的全局趋势被剔除后，半方差函数的曲线形状也将随方向的改变而改变，称之为半方差函数的方向效应，也称各向异性。方向效应的产生原因通常是未知的，所以一般把它作为随机误差，但是它也可以量化和计算。在 GIS 软件 ArcMap 中，可以通过方向搜索设置角度和带宽，进行方向分析。半变异函数和协方差函数将邻近事物比远处事物更相似这一假设加以量化。半变异函数和协方差函数都将统计相关性的强度作为距离函数来测量。对半变异函数和协方差函数建模的过程就是将半变异函数或协方差曲线与经验数据拟合。目标是达到最佳拟合，并将对现象的认知纳入模型，之后模型便可用于预测。在拟合模型时，浏览数据中的方向自相关。基台、变程和块金是模型的重要特征。如果数据中有测量误差，需使用测量值误差模型。跟踪这一链接可以了解如何将模型与经验半变异函数拟合，模型的拟合和数据可以在进行插值时确定。

综上所述，基于 GIS 探索性空间数据分析技术对采样点土壤黑碳含量分析可以得知：研究区域土壤黑碳含量数据经对数转换后呈正态分布，有空间相关性，黑碳含量存在东南方向和西北方向的二阶函数趋势。根据分析结果，本次实验不仅确定选择克里金空间插值进行土壤黑碳含量空间预测，并且合理确定了克里金空间插值中需设置的各种参数，这为取得更符合假设条件的预测值奠定了基础。

三、城市林业土壤黑碳含量空间插值分析

本次实验以 GIS 探索性空间数据分析为基础，对研究区域土壤黑碳含量进行空间插值。城市林业土壤黑碳含量经过对数变换后呈正态分布，符合克里金空间插值的条件，且采样点数据存在东南方向和西北方向的二阶函数趋势。

南京市主城区城市林业土壤黑碳含量平均值为 4.43g/kg，变幅为 0.72～13.93g/kg。以 GIS 空间数据分析为基础，对研究区域土壤黑碳含量进行空间插值，南京市主城区城市林业土壤的黑碳含量分布具有一定的空间连续性，存在城区中心区域向外围区域递减的趋势，黑碳含量在空间分布上的高值区域出现在新街口、鼓楼附近等发展时间长及交通密集的区域。黑碳含量与城市发展、产业集中程度及人类生产生活活动存在联系，特别是易受机动车密度流量分布的影响（图 8-5）。

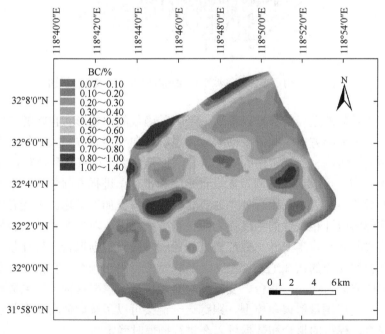

图 8-5　南京市主城区城市林业土壤黑碳含量克里金空间插值预测图

从城市林业土壤黑碳含量的空间分布来看，从郊区到城区，土壤中黑碳含量有增加趋势，除去成土母质的影响因素，人为活动和交通可能是主要影响因素。城市主中心区较郊区车流量更多，汽车尾气排放量更大，而且我国的汽车日常检查系统和保养维修水平相对来说较低，汽车排放的尾气中污染物浓度较高。

从图 8-5 可以看出，颜色较深的区域土壤黑碳含量较高，从此处采样点所在区域分析，主要是幕府山到二桥公园沿江区域，大桥公园至中山码头的沿江区域，以及紫金山北片区，还有扬子江隧道入口至清凉山公园周边区域，这些区域都具有的相似点是位于交通重要节点及有片状森林的区域，其主要原因是高密度的车流量导致较高的黑碳等颗粒物排放，而其周边较高的植被覆盖率对交通排放甚至工业生活排放的黑碳等颗粒物具有较高的滞纳作用，黑碳积累效应增强。有些地区会出现与周围地区相比黑碳含量较低的情况，如高值区域中会出现低值区域，以低值为主的区域中会出现岛状高值区域。通过对比这些区域采样点所在地，分析可能原因为一些裸地土壤，如公园和居民区，由于经常进行垃圾清扫有机物质输入数量减少，同时被落叶吸附的黑碳物质也被移除，黑碳含量较低。因此，这一部分土壤面临着因有机质含量减少引起的土壤退化现象，如压实问题，同时其黑碳含量也相对较低。

第三节　不同功能区城市林业土壤黑碳含量与来源

一、土壤样品采集

以南京市出现概率较高的典型城市林业功能区为研究对象，按其地点和作用的差异将其区分为道路绿化带、学校绿地、公园绿地、居民区、城市绿地广场、城区天然林、城郊天然林七种功能区，每种功能区选取具有典型代表性的区域进行土壤调查和样品采集。为了使样品更具有代表性，本节选择的采样区域是有一定利用历史的城市林业土壤。由于城市林业土壤的空间变异性较大，将各功能区中具有代表性的不同样地选取为采样点，采集 0～10cm 和 10～30cm 两个土层的土壤样品，重复 6 次。各个功能区的具体采样点见表 8-2。

表 8-2　南京市不同功能区城市林业土壤采样点

功能区	采样点
道路绿化带	新庄立交桥
学校绿地	南京林业大学
公园绿地	玄武湖公园

续表

功能区	采样点
居民区	锁金村小区
城市绿地广场	和平公园
城区天然林	紫金山
城郊天然林	老山国家森林公园

二、不同功能区城市林业土壤黑碳含量

1. 不同功能区城市林业土壤黑碳含量

不同功能区的城市林业土壤受人为活动影响程度不同，土壤黑碳含量也不同。不同功能区城市林业土壤黑碳含量的总体特征是（图8-6）：道路绿化带土壤黑碳含量明显高于其他功能区，公园绿地和居民区较低，各功能区表层（0～10cm）土壤含量高于表下层（10～30cm）土壤，表层土壤黑碳含量高低依次为：道路绿化带＞城区天然林＞城郊天然林＞学校绿地＞城市绿地广场＞公园绿地＞居民区。在表下层，则表现出不同的规律，城郊天然林和城区天然林土壤中的含量明显降低，而其他功能区表下层土壤中的黑碳含量降低幅度较小。

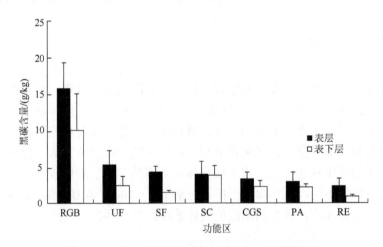

图 8-6　南京市不同功能区城市林业土壤黑碳含量

RGB-道路绿化带；UF-城区天然林；SF-城郊天然林；SC-学校绿地；CGS-城市绿地广场；PA-公园绿地；RE-居民区

2. 不同功能区城市林业土壤黑碳含量分布规律

不同功能区土壤黑碳含量的方差分析表明（表8-3），在表层土壤中，道路绿化

带土壤中黑碳含量最高，与其他功能区的含量差异均达到极显著水平。城郊天然林和城区天然林土壤中黑碳含量也较高，居民区土壤黑碳含量最低。表下层土壤黑碳含量的分布则表现出不同的规律：道路绿化带与其他功能区有极显著差异，而其他功能区之间差异均不显著。

表 8-3　南京市不同功能区城市林业土壤黑碳含量　（单位：g/kg）

功能区	0～10cm		10～30cm	
	变幅	平均值±标准差	变幅	平均值±标准差
道路绿化带	13.30～19.73	15.68±3.52aA	6.93～21.27	10.08±5.02aA
城区天然林	3.85～9.18	5.28±2.00bB	1.43～5.00	2.51±1.27bB
城郊天然林	3.46～5.35	4.36±0.74bcB	1.40～1.88	1.58±0.22bB
学校绿地	1.31～5.63	3.98±1.79bcB	2.15～5.89	3.86±1.31bB
城市绿地广场	2.50～4.44	3.33±0.95bcB	1.16～3.40	2.30±0.87bB
公园绿地	1.85～4.87	2.94±1.32bcB	1.77～2.61	2.27±0.35bB
居民区	1.59～3.54	2.31±1.07cB	0.77～1.11	0.93±0.17bB

注：同列不同小写字母表示 $P \leqslant 0.05$ 显著水平；不同大写字母表示 $P \leqslant 0.01$ 显著水平，下同。

道路绿化带由于受到城市中机动车排放的尾气影响，土壤中的黑碳含量无论在表层还是表下层都非常高，平均值分别为 15.68g/kg 和 10.08g/kg，与较低含量的居民区相比，分别是其含量的 6.8 倍和 10.8 倍。机动车排放污染已成为我国城市空气污染的重要来源，因燃油燃烧不完全，机动车尾气中含有大量夹杂着黑碳物质的颗粒物。这些污染物中的一部分会直接落入路边的土壤中或植被上，最终向下迁移进入土壤。而另一部分粒径较小的污染物会形成气溶胶而悬浮于空气中，并通过干湿沉降进入土壤。道路绿化带土壤黑碳的高含量正是这种污染的重要标志，但这种现象也说明道路绿化带的存在降低了机动车排放的黑碳向周围区域扩散的程度。

城市天然林（包括城郊天然林和城区天然林）中表层土壤中黑碳含量较高应与其土壤中存在较多的有机碳积累有关。与表层土壤相比，城市天然林表下层土壤的黑碳含量明显降低，其他功能区表下层土壤的黑碳含量则降低幅度比较小。造成这种情况的原因有两个，首先，黑碳不溶于任何溶剂中，因此不随土壤径流发生垂直方向上的迁移。其次，城市中各功能区的土壤常受到人为扰动，相应土层也常产生混合。在此过程中，不同土层间差异的显著性也逐渐消失。而城郊天然林和城区天然林中人类活动少，土壤受人为扰动程度小，因此黑碳物质多富集于表层土壤。

三、不同功能区城市林业土壤黑碳来源与辨析

1. 土壤 BC/SOC 值

BC/SOC 值指土壤中黑碳与有机碳（湿烧法测定）含量之间的相对比值。各功能区中道路绿化带土壤的 BC/SOC 值最大，大于 0.5；城郊天然林的 BC/SOC 值最低，约为 0.2（表 8-4）。同一功能区土壤表层和表下层土壤的 BC/SOC 值相差很小。

表 8-4　不同功能区城市林业土壤 BC/SOC 值

功能区	0～10cm		10～30cm	
	变幅	平均值±标准差	变幅	平均值±标准差
道路绿化带	0.51～0.57	0.55±0.04	0.46～0.57	0.51±0.08
公园绿地	0.35～0.45	0.41±0.07	0.41～0.52	0.44±0.07
学校绿地	0.36～0.40	0.39±0.02	0.35～0.49	0.42±0.05
居民区	0.35～0.42	0.38±0.03	0.30～0.37	0.33±0.03
城市绿地广场	0.31～0.38	0.34±0.03	0.31～0.40	0.37±0.03
城区天然林	0.31～0.38	0.33±0.03	0.26～0.34	0.32±0.08
城郊天然林	0.20～0.22	0.21±0.01	0.16～0.24	0.20±0.03

BC/SOC 值在一定程度上反映了土壤的污染程度，同时也与特定的人为活动过程相关。在城市大气气溶胶里面，如果 BC/SOC 值在 0.11±0.03 附近，则认为黑碳主要来源于生物质的燃烧；BC/SOC 值为 0.5 左右时，则认为黑碳主要来源于化石燃料的燃烧（Muri et al.，2002）。比较不同功能区土壤的 BC/SOC 值可以发现，道路绿化带土壤不仅含有较高的黑碳量，而且 BC/SOC 值也较高，表层土壤平均值是 0.55±0.04，表下层土壤平均值是 0.51±0.08，反映了其来源主要是化石燃料的不完全燃烧。而受人为活动影响相对较小的城郊天然林，在表层土壤 BC/SOC 值是 0.21±0.01，表下层土壤是 0.20±0.03，表明黑碳的来源主要是生物质的燃烧。而城区天然林虽受人为活动影响也相对较小，但有多条公路贯穿林带，导致此功能区中部分地区土壤的黑碳输入来源相对于城郊天然林更复杂，黑碳的含量随之增大，BC/SOC 值也产生偏离，达到 0.3 左右。其他功能区的情况更为复杂，化石燃料的燃烧和生物质的燃烧均是其黑碳物质的来源，但各功能区土壤中各种来源的黑碳所占比例不同。

从表 8-4 还可以发现，不同功能区城市林业土壤的 BC/SOC 值的分布情况也

表现出不同的特征。道路绿化带土壤的 BC/SOC 值明显高于其他功能区，这是直接受到机动车辆尾气排放影响的结果；公园绿地、学校绿地则分布比较分散，这与相关功能区实际所处的复杂环境有关；居民区、城市绿地广场表现出相对集中的分布，这与这两个功能区环境相对单一的事实相吻合；城郊天然林的 BC/SOC 值分布最集中，其黑碳来源主要是生物质燃烧。因此，在城市林业土壤研究中，可以根据 BC/SOC 值大致判断土壤中黑碳的主要来源。

2. 城市林业土壤黑碳的碳同位素比值（$\delta^{13}C_{PDB}$）

南京市不同功能区城市林业土壤黑碳的 $\delta^{13}C$ 值如表 8-5 所示。在表层土壤中，道路绿化带土壤黑碳的 ^{13}C 丰度最低，黑碳中碳元素的 ^{13}C 贫化程度最高，其 $\delta^{13}C$ 值为 -27.04‰，与其他功能区差异显著，而居民区土壤黑碳的 ^{13}C 丰度最高，$\delta^{13}C$ 值为 -17.80‰。在表下层土壤中，城区天然林土壤黑碳的 ^{13}C 丰度最低，其 $\delta^{13}C$ 值为 -21.07‰，居民区土壤黑碳的 ^{13}C 丰度最高，$\delta^{13}C$ 值为 -14.30‰。

表 8-5　南京市不同功能区城市林业土壤黑碳的 $\delta^{13}C$ 值　　（单位：‰）

功能区	$\delta^{13}C$	
	0～10cm	10～30cm
道路绿化带	-27.04±0.78aA	-16.34±2.23cC
城区天然林	-24.21±1.00bB	-21.07±3.64aAB
城郊天然林	-23.00±0.37bB	-16.39±2.23cC
城市绿地广场	-22.31±1.31bB	-21.06±1.64aA
学校绿地	-21.29±2.49bB	-20.85±1.77abB
公园绿地	-19.97±2.03bB	-19.33±1.13bB
居民区	-17.80±0.67bB	-14.30±0.20dD

注：同列不同小写字母表示组间显著差异（$P<0.05$），不同大写字母表示组间极显著差异（$P<0.01$），下同。

自然土壤表层黑碳的 $\delta^{13}C$ 值一般在 -23.2‰ 左右，高于有机碳的平均值（-29‰），说明黑碳与有机碳相比其 ^{13}C 富集程度较高。以 C_3 植物和 C_4 植物为来源的黑碳的同位素组成则相对固定，Das 等（2010）的研究表明，C_3 植物燃烧后所收集到的黑碳的 $\delta^{13}C$ 值为 -24.6‰～-26.1‰，C_4 植物则为 -12.3‰～-13.8‰。近年来，城市化建设中化石燃料普遍使用，Ciais 等（1995）的研究结果表明，^{13}C 在化石燃料中的丰度相对于现在的各种含碳物质要低得多，其各种化石燃料的 $\delta^{13}C$ 平均值为：天然气：-44‰；石油：-28‰；煤炭：-24.1‰。刘刚等（2008）的研究证明，在机动车尾气烟尘中的黑碳颗粒存在 ^{13}C 相对贫化的情况，其 $\delta^{13}C$ 值为 -25.9‰～-27.6‰。因此化石燃料的大量燃烧，会使大气 CO_2 的 $\delta^{13}C$ 值降低

（涂成龙等，2008），同样也使土壤表层的含碳物质的 $\delta^{13}C$ 值降低，黑碳的 $\delta^{13}C$ 值也随之降低。

因此，若有大量 C_3 植物燃烧所产生的黑碳颗粒进入土壤，如森林火灾、林木燃烧所生成的黑碳进入土壤，则土壤中黑碳的 ^{13}C 丰度必然会受到影响，其 $\delta^{13}C$ 值会随进入量的增多逐渐趋向于 C_3 来源黑碳的 $\delta^{13}C$ 值。而 C_4 植物，如秸秆等燃烧所产生的黑碳颗粒进入土壤时，由于其同位素组成中 ^{13}C 的丰度较高，则土壤中黑碳的 $\delta^{13}C$ 值也会随输入量的增高而升高。而化石燃料燃烧产生的黑碳颗粒存在 ^{13}C 相对贫化的情况，其大量进入土壤时会造成土壤中黑碳的 $\delta^{13}C$ 值降低。

从表 8-5 可以看出，道路绿化带表层土壤中黑碳的 $\delta^{13}C$ 值小于其他功能区，其黑碳 ^{13}C 的贫化程度最高，这与其黑碳来源主要是机动车的尾气排放和化石燃料的燃烧有关。城市天然林表层土壤中黑碳的来源相对简单。城郊天然林表层土壤黑碳的 $\delta^{13}C$ 值与刘兆云和章明奎（2010b）的研究结果较为接近。这与城郊天然林受人为干扰最少，其土壤状态最接近自然土壤有关。而城区天然林表层土壤黑碳的 $\delta^{13}C$ 值略低于城郊天然林，这种情况应是贯穿森林的道路交通影响了城区天然林的土壤所致，交通运输产生的低丰度 ^{13}C 黑碳进入土壤，导致表层土壤中的黑碳的 $\delta^{13}C$ 值降低。而其他功能区的 $\delta^{13}C$ 值偏离城郊天然林的情况可能与其黑碳来源的复杂性有关，化石燃料的不完全燃烧和生物质（生活垃圾、秸秆等）的燃烧均是其黑碳物质的来源。城市中大规模的林木燃烧情况较少，而各种有机的生活垃圾等焚烧情况较多。但生活垃圾的成分极为复杂，这可能是造成这几个功能区内土壤黑碳的 ^{13}C 富集情况发生变异的原因。且各功能区土壤中各种来源的黑碳所占比例也有所不同，这也会对相关土壤中黑碳的 $\delta^{13}C$ 值产生影响。因此，其他功能区中黑碳的 $\delta^{13}C$ 值未体现出明显的规律性。

四、城市林业土壤黑碳结构特征和降解机制

1. 土壤黑碳扫描电镜形貌特征

选择城市林业典型区域道路绿化带土壤，从土壤黑碳的扫描电镜形貌特征可以看出（图 8-7），球状的玻璃微珠和空心玻璃珠多有出现（图 8-7（b）、（c）、（d）），它们是燃煤烟尘的主要组分和特征组分，是煤中的灰分（主要是伊利石等黏土矿物）在煤高温燃烧条件下熔融形成的。样品中玻璃微珠和空心玻璃珠的大量出现表明燃煤烟尘是南京市城市林业土壤黑碳的重要来源。

在纳米尺度的观察中，还可以发现一些几十到几百纳米直径的球状结构（图 8-7（d）），经推断应为结构状态处于无定形碳和石墨之间的单个纳米炭球，是燃油（包括汽油和柴油）在不完全燃烧条件下，经高温炭化并快速冷却的产物。由于南京市区工业燃油很少，纳米炭球主要来源于交通车辆尾气排放，是汽车尾

气污染源的典型物质。大气降尘呈灰黑色主要就是因为纳米炭球的存在，降尘经迁移输入土壤，因此，纳米炭球也是土壤中黑碳的重要组分。

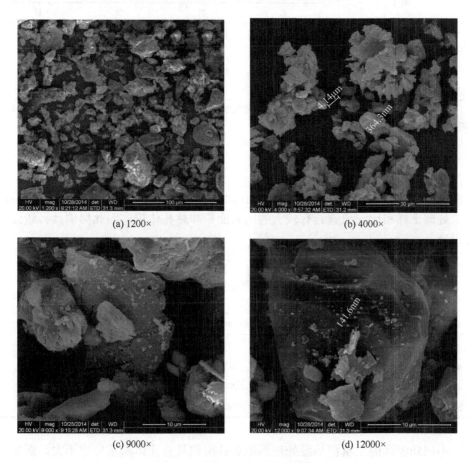

(a) 1200×　　　　　　　　　　(b) 4000×

(c) 9000×　　　　　　　　　　(d) 12000×

图 8-7　土壤黑碳扫描电镜图像

2. 土壤黑碳元素组成特征

如表 8-6 所示，土壤样品处理前的各主要元素组成中，C、O 与 N、H 相比而言含量较高。而处理后的土壤中黑碳得到浓缩，样品中的各元素的含量所占比例比原土壤都要高，其中，C、O 的含量所占比例有很大提高，两元素占黑碳成分的 60%左右。道路绿化带土壤中各元素成分组成较城区天然林中的要高，这说明了道路绿化带中的黑碳含量比城区天然林中的黑碳含量高。城市道路土壤黑碳含量较高的原因可能是城区交通环境对其产生了影响，如交通车辆的燃油燃烧、生活生产燃气燃煤的燃烧排放等。

表 8-6　处理前后土壤样品的元素组成

编号	元素组成/%			
	C	N	O	H
soil-1	3.23	0.17	2.74	0.08
soil-2	2.15	0.14	1.59	0.11
SBC-1	41	0.21	16.8	0.26
SBC-2	46	0.28	15.2	0.33

注：soil-1 为处理前城区天然林；soil-2 为处理前道路绿化带；SBC-1 为处理后城区天然林；SBC-2 为处理后道路绿化带；下同。

3. 土壤黑碳孔径分布

处理前后土壤样品黑碳的微孔、介孔比表面积及微孔、介孔分布特征见表 8-7，与未处理土样相比，黑碳具有较大的比表面积和总孔体积，因此黑碳具有较强的吸附性。

表 8-7　处理前后土壤样品黑碳比表面积及孔径的分布特征

编号	总孔比表面积 /(m^2/g)	微孔比表面积 /(m^2/g)	介孔比表面积/(m^2/g)	总孔体积 /(m^3/g)	微孔体积 /(m^3/g)	介孔体积 /(m^3/g)
soil-1	208	59	149	0.125	0.094	0.031
soil-2	152	35	117	0.101	0.079	0.022
SBC-1	308	107	201	0.139	0.069	0.070
SBC-2	297	115	182	0.127	0.051	0.076

不同功能区的土壤样品经处理后的总孔面积及总孔体积差异性不大，而处理前，道路绿化带的总孔比表面积、总孔体积都要比城区天然林的要小，这主要是因为城区天然林中的土壤发育良好，而其有机质较丰富，具有更丰富的孔隙。

4. 土壤黑碳含氧官能团特征

由表 8-8 可以看出，土壤样品处理后各含氧官能团含量比处理前高，说明土壤黑碳中的含氧官能团含量相对较高。处理前后的土壤中的羧基的含量都是最高的，内酯基含量最低，酚羟基含量居中。从含氧官能团总量上来看，处理后的土壤黑碳中的含氧官能团含量差异性不大。而处理前的不同类型土壤黑碳的含氧官能团含量差异性较大，道路绿化带中土壤黑碳的含氧官能团含量比城区天然林的略高。

表 8-8　土壤样品处理前后官能团含量　　　（单位：mmol/g）

编号	羧基 （—COOH）	酚羟基 （—OH）	内酯基 （—COOR）	合计
soil-1	0.14	0.09	0.02	0.25
soil-2	0.16	0.11	0.06	0.33
SBC-1	0.43	0.22	0.11	0.76
SBC-2	0.35	0.24	0.16	0.75

五、土壤黑碳对城市林业有机碳库稳定性的影响

不同功能区土壤 BC、SOC（表 7-2）、DOC、MBC、ROC 和 LFOC 含量（表 7-3）相关分析表明，土壤 SOC 含量与 DOC、MBC、ROC、LFOC 含量之间的相关性均达到极显著水平（$P<0.01$）（表 8-9）。各活性组分之间也表现为极显著相关（$P<0.01$），表明土壤活性有机碳组分与土壤有机碳含量密切相关，土壤活性有机碳能较好地反映土壤有机碳库变化，同时也说明土壤活性有机碳组分之间关系密切，表征了土壤中活性较高部分的有机碳。土壤 BC 含量与 SOC、DOC、MBC、ROC、LFOC 含量之间的相关性均达到极显著水平（$P<0.01$），BC 由于其高度芳香化和多孔特征，可吸附一定的 DOC 和 ROC，其中部分组分也可能是属于 LFC，同时可为微生物提供繁殖场所等。因此，属于惰性碳库的 BC 与活性有机碳库也存在较高的相关性。

表 8-9　土壤 BC、SOC 及活性有机碳的相关性

类别	BC	SOC	DOC	MBC	ROC	LFOC
BC	—					
SOC	0.864[**]	—				
DOC	0.543[**]	0.653[**]	—			
MBC	0.498[**]	0.452[**]	0.605[**]	—		
ROC	0.354[**]	0.457[**]	0.595[**]	0.864[**]	—	
LFOC	0.476[**]	0.897[**]	0.765[**]	0.670[**]	0.684[*]	—

第四节　黑碳输入对城市林业土壤碳矿化的影响

黑碳具有理化惰性，抗降解能力超强，周转周期达数千年以上，因此可以将

生物–大气碳循环过程中所固定的碳储存到土壤碳库中，长期看来可一定程度地减少大气中 CO_2 等温室气体的含量进而缓解全球温室效应。由于全球发展的不平衡，对于一些欠发达地区，在未来的经济发展过程中，化石燃料和生物质燃料依然会占据相当比例，环境中的黑碳也将不断输入土壤中，特别是高速城市化背景下的城市区域，人口密度不断增加，资源过度集中，其更是黑碳产生的重要区域，黑碳的输入对土壤碳库的影响也是近些年研究的热点问题。通过室内黑碳添加培养实验，探讨不同功能区城市林业土壤对外源黑碳输入的响应，为城市林业土壤管理和生态环境变化方面研究提供基础参考。

一、材料和方法

1. 黑碳的人工制备

选取 1cm 左右大小的杉木木块，分散地堆放在坩埚内，并加盖密封（以保证处于缺氧环境）后置于马弗炉内，实验温度设置为 350℃，在 2h 内使炉内温度快速升至预设温度后保持 1h。灼烧后的残余物即黑碳，经冷却后用 0.01mol/L 的 HCl 溶液反复淋洗，之后放置于去离子水中，用超声波分散，40℃下烘干，过 100 目筛，储存待用。

2. 培养实验

将土壤样品湿度用蒸馏水调节至 40%田间持水量，在 25℃恒温培养箱中避光条件下预培养一周备用。称取相当于 20.00g 干重的预培养土壤于 100mL 烧杯中，分别进行如下三种处理，每个土壤样品重复 3 次：① CK：无 BC 添加处理作为对照；②1%BC：加入质量分数为 1%的 BC；③2%BC：加入质量分数为 2%的 BC。将土壤样品充分混匀后，用蒸馏水调节土壤湿度至田间持水量 40%水平，并称重记录。

将上述装有土壤样品的烧杯置于 1L 玻璃螺口瓶内，瓶内放置 2 个 50mL 烧杯，分别盛有 10mL 去离子水和 20mL 浓度 1mol/L 的 NaOH 即配溶液，用于保持瓶内湿度和吸收培养期间所释放的 CO_2，螺口瓶以半透膜封口，以减少瓶内与培养箱内的空气对流。设置空白实验即培养实验同时设置无土样的空白作为对照。所有土壤样品置于 25℃恒温培养箱避光培养 151d，分别在 3d、7d、14d、21d、35d、49d、70d、91d、121d、151d 时更换 NaOH 溶液，并通过称重补充土壤样品水分。

二、不同功能区土壤 CO_2 动态变化差异

本实验以土壤 CO_2 释放速率指示土壤不同功能区土壤 CO_2 动态变化，不同功能区土壤在不同培养阶段 CO_2 释放速率情况见图 8-8。在 25℃培养下，不同功能区的土

壤 CO_2 动态变化存在一定差异，但总体呈现出前期较快、后期缓慢的趋势，土壤释放 CO_2 的速率先增高，后迅速降低，变化幅度大。对于未处理土壤样品的对照（CK）组，土壤 CO_2 释放速率（151d）表现为：森林公园（95.14mg/(kg·d)）＞校园绿地（69.98mg/(kg·d)）＞居民区绿地（69.36mg/(kg·d)）＞广场绿地（49.57mg/(kg·d)）＞交通绿地（37.60mg/(kg·d)）。

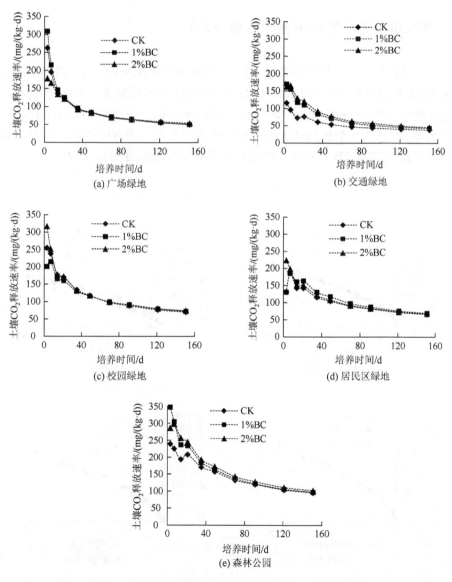

图 8-8　南京市不同功能区土壤培养期间 CO_2 释放速率

不同功能区土壤 CO_2 释放速率均在培养前 7d 内达到最大,且整体上在 0～70d 培养期间呈快速减慢的趋势,在 70～151d 培养期间呈缓慢降低趋势。对于黑碳添加处理的各土壤样品,不同功能区土壤 CO_2 释放速率对不同添加量的响应有所差异,没有表现出添加量越多释放速率越快的明显规律,并且在后面的趋势(70～151d)趋于接近,并没有明显差异。

三、不同功能区土壤 CO_2 累积释放量差异

不同功能区土壤不同培养阶段 CO_2 累积释放量情况见图 8-9。培养期间土壤 CO_2 累积释放总量表现为森林公园(14366.6mg/kg)＞校园绿地(10914.0mg/kg)＞居民区绿地(9940.8mg/kg)＞广场绿地(7484.5mg/kg)＞交通绿地(5677.1mg/kg)。总体来看,黑碳添加处理的各土壤样品 CO_2 累积释放量都有所提高,其中 1%BC 处理比 CK 提高了 2%～13%,2%BC 处理比 CK 提高了 3%～19%。

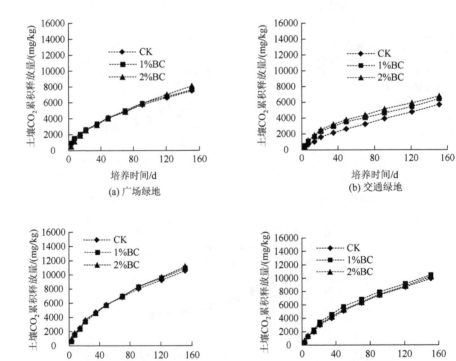

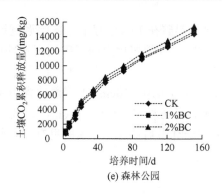

图 8-9　南京市不同功能区土壤不同培养阶段 CO_2 累积释放量

第五节　高速公路沿线土壤黑碳含量

随着高速公路的建设及汽车车流量的增加，高速公路沿线汽车尾气排放的黑碳也大幅增加，其对周边环境的影响也越来越大。通过对高速公路沿线不同距离林地和荒地土壤中黑碳含量的调查分析，研究高速公路沿线黑碳的扩散迁移状况，为评价高速公路沿线土壤受人为活动影响的程度及高速公路防护林带的设计提供科学依据。

以南京市禄口机场高速公路（1997 年 6 月建成通车）沿线为研究区域，全长29km，连接沪宁、宁杭、宁通、宁连、宁马等高速公路，日平均车流量 5 万余辆次。在公路沿线选择杨树林地（简称林地）和荒地，杨树林龄 10 年，林带宽 100m，间距 3m×4m，林下植物稀少。公路 10m 处有一排生长茂盛的松树，高 8m、间距 2m，公路 200m 处为农田。荒地废弃多年，地面上长有大量的杂草，高度约 1.3m。分别在林地和废弃荒地，按距离公路沿线 10m、20m、50m、100m、200m 处设置采样点，按 0～10cm、10～30cm 分层采集土壤样品，重复 3 次，共采集 60 个土壤样品。土壤黑碳含量测定见第二章。

一、高速公路沿线林地土壤黑碳含量

1. 距公路不同距离林地土壤的黑碳含量

黑碳由汽车尾气排放出来后在大气中飘浮一段时间，通过干、湿沉降飘落、沉积在土壤中。在高速沿线不同距离土壤中黑碳的沉积量不同（表 8-10），在林地中，不同土层的黑碳含量都是 10m 处最高，20m 处黑碳含量急剧下降，而在 50m 处均有增加的趋势。表层（0～10cm）土壤黑碳含量由大到小依次为：距公路 10m、50m、100m、20m。林地中，距公路 10m 处有一排生长茂盛的松树，高约 8m，密度较大，汽车尾气排放的黑碳在扩散过程中，在此遇到松树的阻拦，大部分被树体挡住，通过降雨等方式，松针等树体上的黑碳被雨水冲刷到土壤中，因此10m处土壤黑碳含量最高。松树的高大阻挡作用，也间接导致了其后20m处表层土壤黑碳含量较低。不同距离表下层（10～30cm）土壤黑碳含量由高到低依次为：10m、50m、200m、20m、100m。杨树林带宽度约100m，有效地阻挡了黑碳的扩散距离，200m处的采样点是位于林带后的农田，农田里有秸秆焚烧现象，因而土壤黑碳含量较高。

表 8-10　　南京市距公路不同距离林地土壤黑碳含量　　　　　（单位：g/kg）

距离/m	变幅		平均值	
	0～10cm	10～30cm	0～10cm	10～30cm
10	5.267～7.804	3.788～5.099	6.244aA	4.361aA
20	2.575～3.169	1.442～3.106	2.843cB	2.225bcB
50	3.425～4.726	2.231～3.361	3.87bcB	2.853bB
100	3.284～4.262	1.369～1.691	3.82bcB	1.54cB
200	3.727～4.931	2.373～3.144	4.524bAB	2.73bB

多重比较分析表明，10m处表层土壤黑碳含量最高，与200m处的差异显著，与其他采样点差异极显著（表8-10）；表下层10m处的土壤黑碳含量与其他点差异极显著。汽车尾气排放的黑碳在空气中飘浮、扩散，但由于黑碳是一种颗粒物，通过一定距离的传播，黑碳也逐渐地沉降下来。高速公路沿线土壤中黑碳含量总体变化趋势是随着垂直于公路距离的增加而减少，总的集中扩散范围为一般在50m内，这和由汽车尾气排放出的重金属铅的变化趋势相似。

2. 不同层次林地土壤的黑碳含量

由于黑碳的高度芳香化结构，黑碳具有生物化学和热稳定性，即使通过沉降、掩埋、风化等地质年代的循环过程，黑碳仍然能在沉积物中大量存在（Middelbura et al.，1999）。大部分的黑碳会残留在地表，但黑碳也会发生一定程度的降解和迁移。在黑碳的分解迁移过程中，大的黑碳颗粒会逐渐分解为小的颗粒，最终这些小的颗粒或者被淋失到土壤剖面的下层，或者被光化学过程氧化（这个过程在土壤中不是主要的），或者通过生物作用被转化成土壤有机碳库中的胡敏酸等物质（Bird and Grocke，1997）。

因此，通过长时间的土壤径流等物理作用，土壤表层的黑碳会向下迁移一部分。为了研究其迁移量，对不同层次的黑碳含量进行了统计分析（图8-10、表8-11），可以看出，在垂直于高速公路不同的距离点，不同层次中黑碳的分布总是上层大于下层；在垂直于高速公路不同的距离点，土壤上下层中黑碳的含量差值也是不同的，在 10m 处，表层和表下层黑碳含量差值为 1.883g/kg，20m 处为 0.618g/kg，50m 处为 1.017g/kg，100m 处为 2.280g/kg（上下层之间差异达极显著水平），200m 处为 1.794g/kg（差异达到显著水平）。除了 100m、200m 处差异显著外，其他点由于受林地等多种因素的影响，层次间的差异均不显著，差值大小不规律，并没有随距离的增加而减小或增加。

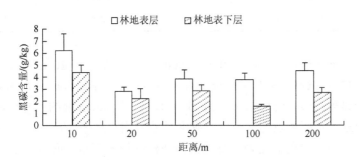

图 8-10　南京市不同距离不同层次林地土壤黑碳含量

表 8-11　南京市不同距离不同层次林地土壤黑碳含量

距离/m	0～10cm 平均值/(g/kg)	10～30cm 平均值/(g/kg)	上下层差值/(g/kg)	显著性 P
10	6.244	4.361	1.883	0.10
20	2.843	2.225	0.618	0.30
50	3.870	2.853	1.017	0.13
100	3.820	1.540	2.280	0.0016**
200	4.524	2.730	1.794	0.017*

二、高速公路沿线荒地土壤黑碳含量

1. 距公路不同距离荒地土壤的黑碳含量

为了解在没有树木等阻挡时汽车尾气排放的扩散距离，选取荒废已久的荒地作为研究对象研究黑碳的扩散迁移规律。结果表明，距公路不同距离处的荒地土壤黑碳含量呈现一定的规律性，10m 处含量较低，20m 处含量最高，然后随着距离的增加，土壤黑碳含量逐渐降低（表 8-12）。不同距离处表层（0～10cm）土壤黑碳含量从高到低依次为：20m、50m、10m、100m、200m；表下层（10～30cm）土壤黑碳含量从高到低依次为：20m、50m、200m、10m、100m。

表 8-12　南京市距公路不同距离荒地土壤黑碳含量　　　（单位：g/kg）

距离/m	变幅		平均值	
	0～10cm	10～30cm	0～10cm	10～30cm
10	3.477～4.261	1.749～1.762	3.818abABC	1.756aA
20	4.671～5.218	2.618～3.695	4.872aA	3.017aA
50	3.187～5.969	2.499～3.007	4.362aAB	2.781aA
100	2.460～2.738	1.583～1.589	2.600bcBC	1.587aA
200	2.135～2.952	1.792～1.978	2.449cC	1.885aA

多重比较分析表明：10m、20m 及 50m 处的表层（0～10cm）土壤黑碳含量较高（表 8-12），三点土壤黑碳含量虽有差异但并不显著；20m 处与 100m、200m 处的差异极显著；50m 处与 100m 处的差异显著，与 200m 处的差异极显著。表下层（10～30cm）各距离点之间土壤黑碳含量差异均不显著，但 50m 处的土壤黑碳含量远高于 100m 处的。这说明高速公路在没有树木等阻挡的情况下，土壤黑碳含量一般在距离公路 50m 内较高，之后含量逐渐减少，汽车尾气排放的黑碳扩散的影响主要在 50m 内。

在荒地中，由于没有林带的阻隔作用，土壤黑碳含量并没有在距离公路最近的 10m 处达到最大值，而是在 20m 处含量最高。这是因为此处的路基为高路基，路面高于沿线的土壤，汽车在行驶过程中，排放的尾气由于发动机的动力和气流的扩散作用，由高处流向低处时会有一个弧度，造成了 10m 处土壤黑碳含量反而低于 20m 处，在空中扩散一段距离之后，随着距离的增加，土壤黑碳的迁移能力也逐渐减弱，而沉降到土壤中积累下来，这和高速公路沿线重金属铅的扩散迁移趋势类似。

2. 不同层次荒地土壤的黑碳含量分布

从不同距离不同层次的荒地土壤黑碳含量（图 8-11 和表 8-13）可以看出，在垂直于高速公路不同距离处，不同层次荒地土壤黑碳的分布都是表层大于表下层，10m 处表层和表下层黑碳含量差值为 2.062g/kg，20m 处为 1.855g/kg，50m 处为 1.581g/kg，100m 处为 1.013g/kg，200m 处为 0.564g/kg，10m 处上下层土壤黑碳含量差值最大，200m 处上下层土壤黑碳含量差值最小。方差分析表明，在同一距离的不同土层，10m 和 20m 处上下层土壤黑碳含量差异极为显著，而其他点无显著差异。表明在没有树木等的影响下，沿线土壤受人为影响的程度为：距离公路越近，受影响越大，并且表层受影响的程度要大于表下层。

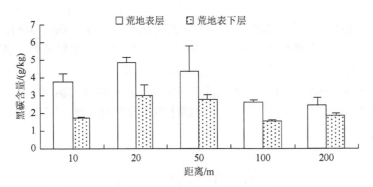

图 8-11　南京市不同距离不同层次荒地土壤黑碳含量

表 8-13　南京市不同距离不同层次荒地土壤黑碳含量

距离/m	0～10cm 平均值/(g/kg)	10～30cm 平均值/(g/kg)	上下层差值/(g/kg)	显著性 P
10	3.818	1.756	2.062	0.0009[**]
20	4.872	3.017	1.855	0.008[**]
50	4.362	2.781	1.581	0.135
100	2.600	1.587	1.013	0.946
200	2.449	1.885	0.564	0.096

3. 高速公路沿线林带的环境保护作用

距高速公路相同的距离，林地和荒地土壤的黑碳含量不同（图 8-12）。10m 处的表层（0～10cm）林地土壤黑碳含量显著高于荒地，100m 处林地土壤黑碳含量也相对较高，其机制有待于进一步的调查分析；20m、50m 处的土壤黑碳含量则是荒地高于林地，20m 处差异显著，50m 处差异不显著。表下层（10～30cm）中

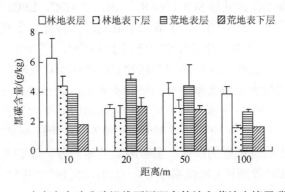

图 8-12　南京市高速公路沿线不同距离林地和荒地土壤黑碳含量

10m 处的土壤黑碳含量为林地高于荒地，差异显著，20m、50m、100m 处表下层土壤的黑碳含量都是荒地高于林地，20m 处土壤黑碳含量差异显著。荒地土壤黑碳的飘浮扩散距离主要集中在 50m 内，在杨树林带内，黑碳的飘浮扩散距离主要集中在 10m 内，林带阻碍了高速公路汽车尾气散发的黑碳的飘浮扩散。在高速公路沿线设置一定宽度的防护林带，可以减小汽车尾气排放的污染物对周围环境的影响范围。

第六节　小　　结

南京市主城区城市林业土壤黑碳含量平均值为 4.43g/kg，变幅为 0.72～13.93g/kg。以 GIS 空间数据分析为基础，对研究区域土壤黑碳含量进行空间插值分析，南京市主城区林业土壤的黑碳含量分布具有一定的空间连续性，存在主城区中心区域向外围区域递减的趋势，黑碳含量在空间分布上的高值区域出现在新街口-鼓楼附近等发展时间长、交通密集的区域。黑碳含量与城市发展、产业集中程度及人类生产生活活动存在联系，特别是易受机动车密度流量分布的影响。

采用 BC/SOC 值来初步判定黑碳的主要来源，结果显示道路绿化带土壤的 BC/SOC 值最大，城郊天然林的 BC/SOC 值最小。城市交通污染对土壤黑碳含量有显著的影响，而城市天然林土壤黑碳主要来源于生物质的燃烧。黑碳的 $\delta^{13}C$ 值可作为利用 BC/SOC 值判定黑碳来源的补充和证明。道路绿化带表层样品中黑碳的 $\delta^{13}C$ 值小于其他功能区，其黑碳来源主要与机动车的尾气排放和化石燃料的燃烧有关。城郊天然林表层土壤黑碳的 $\delta^{13}C$ 值接近于自然土壤，城区天然林由于受到贯穿森林的道路交通影响，表层土壤黑碳的 $\delta^{13}C$ 值略低于城郊天然林。

城市林业土壤 BC 含量与 SOC、DOC、MBC、ROC、LFOC 含量之间的相关性均达到极显著水平（$P < 0.01$），黑碳由于其高度芳香化和多孔特征，可吸附一定的 DOC 和 ROC，其中部分组分也可能属于 LFOC，同时可为微生物提供繁殖场所等。因此，属于惰性碳库的黑碳与活性有机碳库也存在较高的相关性。

在以生物质炭代表土壤黑碳进行的培养实验中，显示城市不同功能区土壤对黑碳输入的响应并不十分明显，不同输入量之间也没有很大差异，说明在黑碳缓慢积累的过程中，在一定的输入量范围内，黑碳不会产生较为强烈的正激发效应，即不会显著增加土壤有机碳的矿化。黑碳添加处理的各土壤 CO_2 累积释放量都有所提高，其中 1% BC 处理比 CK 提高了 2%～13%，2% BC 处理比 CK 提高了 3%～19%。

高速公路沿线不同的土地利用方式下的土壤黑碳含量不同。10m 处林地土壤的黑碳含量高于荒地，20m、50m 处土壤黑碳含量都是荒地高于林地，林带对黑碳的扩散有一定的屏蔽和吸收效果，可以减小汽车尾气排放的黑碳对周围环境的影响范围。在高速公路沿线，土壤黑碳含量随着距公路距离的增加而逐渐降低，黑碳的集中扩散范围主要在 50m 内，对于日均车流量为 5 万余辆的道路，道路两侧 50m 以内是黑碳的富集区。林地和荒地土壤黑碳含量均为表层（0～10cm）高于表下层（10～30cm），土壤黑碳主要集中在 0～10cm 的表层土中，秸秆焚烧农业活动也对土壤黑碳含量有一定的影响。

第九章 城市林业土壤重金属含量与分布

重金属是指相对密度大于或等于 5.0g/cm³ 的金属，包括 Fe、Mn、Cu、Zn、Cd、Hg、Ni 等 45 种元素。引起土壤重金属污染的元素主要包括 Zn、Cu、Cr、Cd、Pb、Ni、Hg、As 8 种元素。土壤重金属污染是指土壤中重金属元素含量明显高于其自然背景值，并造成生态破坏和环境质量恶化的现象。

第一节 城市林业土壤重金属污染及危害

一、土壤重金属来源

土壤中的重金属来源复杂，一部分来源于土壤成土母质，另一部分是由人为活动造成的，如大量的工业排放、交通排放、农业污染，以及城市的垃圾污染等（和莉莉等，2008）。工业排放，其一是通过排放粉尘、烟尘等颗粒物进入大气中，然后再经沉降进入土壤中，使重金属污染物进入土壤；其二，工业废渣随意堆放，经雨水的淋洗将含有重金属化合物的污染物质带入土壤中，并渗入土壤进入地下水，将水体污染；其三，工业废液直接排放，将重金属污染物排入河流湖泊等水体，进行农业灌溉等活动时，将重金属污染物再次带入土壤中，造成土壤重金属污染。交通造成的土壤重金属污染主要是化石燃料的燃烧和汽车轮胎磨损等，化石燃料和轮胎中含有重金属，如 Cr、Pb、Mn 等（史贵涛等，2006），见表 9-1。土壤的颗粒组分会影响重金属在土壤中的富集作用，细颗粒组分会对重金属的淋失起到阻碍作用（Han et al.，1999）。

表 9-1 轮胎、柴油、汽油中的重金属含量　　　（单位：mg/kg）

类别	Cd	Pb	Mn	Cr	Ni	Cu
轮胎	16.480	12.700	3.896	16.480	11.820	0.951
柴油	2.430	0.130	0.009	—	0.020	—
汽油	0.002	2.110	0.018	0.002	—	—

注："—"表示未检出。

城市林业土壤的重金属污染研究可追溯至 20 世纪 70 年代，英国就开始了伦敦等各大城市的重金属污染研究，研究发现，城市林业土壤的重金属污染的来源渠道有多种，如汽车等交通工具和工业机械中化石燃料的燃烧、工业生产活动产生的大量粉尘及排放的各种污染物、生活垃圾的排放等，并根据大气浮尘中所含重金属制定了大气污染指标。城市林业土壤重金属污染程度随着与污染源的距离增加而减弱（楚纯洁和朱玉涛，2008）。通过对意大利西西里和巴勒莫两地区表层土壤的重金属污染状况研究发现，受污染的巴勒莫地区的重金属的平均含量明显高于未受污染的西西里地区，可以由此推断出，人为污染源的输入会对城市土壤环境造成明显的污染（Katarzyna et al.，2003）。

二、土壤重金属污染现状及危害

　　城市土壤是城市生态系统的重要组成部分，是城市可持续发展的基础。土壤中的重金属污染物可通过呼吸、皮肤接触等多种途径进入人体，给人体健康造成伤害（Senesi et al.，1999）。重金属在土壤中性质稳定、迁移性差，能够长时间留在土壤中，毒性强且产生积累效应。研究显示，我国有近五分之一的耕地受到各种重金属不同程度的污染。因此，大量的农作物受到了重金属污染，每年造成近 200 亿元的经济损失，也给粮食安全造成了巨大的安全隐患。而且，重金属对农田和粮食的污染程度随着工业的快速发展和城镇化速度的不断加快而变得越来越严重。我国城市郊区的土壤重金属污染较为严重，一方面是由于城郊地区大量工厂的污染物的大量排放；另一方面，城郊地区存在大量农田菜地，农民使用大量污水、污泥灌溉施肥，造成大量农田土地的重金属污染，从而导致大量重金属进入蔬菜粮食中。例如，中山市的菜田土壤中镍、镉、铜的超标率分别高达 43%、50%和 10.9%，长江三角洲地区出现的"镉米""铅米""汞米"等。城市中污染源更多、更复杂，所以城市土壤更容易受到重金属的污染（张玮，2010）。在我国上海、沈阳等大城市，儿童血铅明显超标，有较高的超标率，而且明显高于城郊的儿童（廖金风，2001；郭朝晖等，2003）。陈思龙等（1996）研究表明，重庆市大气中总悬浮颗粒物（total suspended particulate，TSP）中的 5%～13%来自道路两旁的土壤。另有研究表明，城市中室内灰尘中所含的重金属主要来自道路和裸露的土壤（张春梅，2006；杨昂等，1999）。

第二节　城市林业土壤重金属含量与分布

一、基于 GIS 的土壤重金属含量与分布

　　土壤重金属空间分布特征多运用地理信息系统，即 ArcGIS 地统计学进行分析，该分析系统具有区域综合能力，而且，克里金建模能给定待定点最优的数学期望近似值。基于地统计学知识，依靠 GIS 进行空间分析，可以系统地研究城市林业土壤

中重金属的空间分布,绘制分布图进行整体分析,预测变化,并可据此建立城市土壤重金属数据库。本节采用 ArcGIS 地统计分析方法,对南京市主城区土壤中铜（Cu）、锌（Zn）、锰（Mn）、铅（Pb）、镉（Cd）、铬（Cr）六种重金属的含量和分布进行调查分析,并对每一种重金属元素土壤污染程度做出初步评价。

1. 材料和方法

1）样品的采集和分析

研究区域为南京市主城区,包括长江以南绕城公路以内地区,面积约 222km²。借助 GIS 技术,采用网格布点的采样方法进行采样,采样范围约 180km²（图 2-1,图 2-2）。共设置了 180 个采样方格,结合 GIS 技术,以 1km×1km 区域为网格单元,进行调查采样。采集土壤层次为表层 0～15cm,记录每个采样点的功能区类型和植被类型,并利用 GPS 记录每个采样点的坐标位置。每个网格内采集 3～5 个点的混合土壤样品,共采集 180 个。采样点主要选择在网格内的园林绿化区域,天然次生林区域,道路、河道绿化带等绿化区域,距离道路 10～15m 为最佳,土壤采样点尽量选择在环境稳定、采样土层形成较久的位置,尽量避开受环境扰动明显的点和较新土层。在同一网格单元内,选取环境接近、区域功能作用相近的点位取土,如果不能达到上述条件,则尽量在同一功能区范围采集土壤样品进行混合,并在土壤袋、记录本上做好取样记录。

样品带回实验室后,首先将土壤样品进行风干;然后用木棒压碎,去除石砾、杂物、草根等;最后,将土壤磨碎后过 10 目塑料孔筛（网孔直径 2mm 筛）,利用四分法再取适量土壤,用玛瑙研钵研磨,并过 100 目塑料孔筛（网孔直径 0.149mm 筛）,将过滤好的土壤分别装袋,以备后续土壤重金属及其他土壤理化性质的测定。土壤重金属的测定用 $HF\text{-}HNO_3\text{-}HClO_4$ 消解-ICP 法,具体步骤见第二章。

2）数据源的建立

将最终 180 个采样点的 GPS 数据、土壤样品重金属含量等数据汇总并输入 Excel 中,编辑好各采样点属性数据,通过 ArcGIS 添加数据功能导入 ArcGIS 中,完成采样点属性录入等工作,建立采样点属性数据库。以 ArcGIS 为基础,扫描专题地图,进行矢量化处理,以南京市主城区地形图为底图,对土壤采样点区域地图、行政区域地图等进行坐标配准,建立空间数据库,为之后的空间数据分析研究奠定基础。

2. 南京市城市林业土壤重金属含量与分布

1）土壤重金属铜（Cu）含量与分布

南京市土壤 Cu 含量背景值为 29.2mg/kg（黄顺生等,2007）。利用 ArcGIS 软件地统计模块对 Cu 含量进行数据分析得出,南京市城市林业土壤 Cu 含量的变幅为 51.8～200.55mg/kg，Cu 含量平均值为 76.50mg/kg，Cu 含量中值为 76.16mg/kg，可知土壤 Cu 含量存在较明显的差异。

利用 ArcGIS 对研究区土壤重金属 Cu 含量进行克里金空间插值，绘制 Cu 含量克里金空间插值预测图（图 9-1）。通过对含量变幅的分析，依据国家土壤环境质量标准进行重金属污染水平的评价，土壤样品 pH 基本在 7.5 以上，个别略低于 7.5，所以，二级标准采用 pH>7.5 的含量标准，其余各重金属含量的分析也遵循这一标准。从图 9-1 可以看出，南京市主城区林业土壤中，城区中部土壤 Cu 含量明显较高于其他区域，呈较大范围的岛状分布，这一带 Cu 含量在 75～100mg/kg，含量最高区域在 90～100mg/kg，超过国家土壤环境质量一级标准（≤35mg/kg），在二级标准（35～100mg/kg，二级标准为保障农业生产，维护人体健康的土壤限制值）范围内，个别采样点含量较高，超过二级标准，达到三级标准（100～400mg/kg，三级标准为保障农林业生产和植物正常生长的土壤临界值）（国家环境保护局和国家技术监督局，1995，该标准现已被 GB 15618—2018 代替），且最高值采样点在此区域内。城区西北部区域有小范围岛状分布区，含量在 80～110mg/kg。城北、城南及西北均有小范围岛状分布区域，这些区域 Cu 含量均在二级标准范围内。

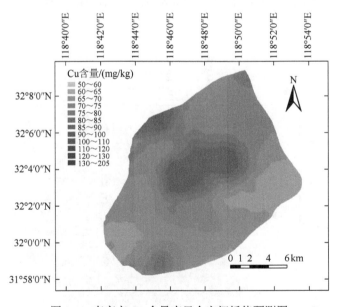

图 9-1　南京市 Cu 含量克里金空间插值预测图

城区中部岛状区域覆盖了南京站、鼓楼、新街口一带、新庄广场等区域，铁路、交通运输可能给这一区域带来较大的 Cu 排放量。新庄广场是龙蟠路、红山路、玄武大道、玄武立交桥及铁路等交通要道的汇集交叉口，是北向及镇江方向入城车辆的主要干道，所以此处车流量大、交通运输繁忙，重金属和其他污染物较多。鼓楼、新街口一带是城市主要商业和文化区，是城市中心位置，这一带交通网密集、车流量大、人口聚集、商业发达，而且城市格局形成较早，土壤环境稳定，容易造成重金属的积累。城北、城南和城西北方向的小范围岛状带，分别是长江二桥区域、沪蓉高速和机场高速交叉口、南京长江大桥区域，这些区域均是重要交通要道，车流量大，运输繁忙，所以这些区域 Cu 含量可能与交通排放有密切关系。此外，也不排除个别区域有绿化中农药化肥的使用造成的重金属污染和城市居民日常生活中造成的垃圾污染。

2）土壤重金属锌（Zn）含量与分布

南京市土壤 Zn 含量背景值为 70.2mg/kg（黄顺生等，2007），国家土壤环境质量一级标准为≤100mg/kg。利用 ArcGIS 软件地统计模块对重金属 Zn 含量进行数据分析，可知南京市城市林业土壤 Zn 含量的变幅为 113.69～785.91mg/kg，Zn含量平均值为 196.33mg/kg，明显超过南京市土壤元素含量背景值，可判断南京市城区林业土壤个别地区 Zn 含量达到较高水平。

基于对土壤重金属 Zn 含量的空间分布特征的分析，利用 ArcGIS 对研究区土壤重金属 Zn 含量进行克里金空间插值，绘制 Zn 含量克里金空间插值预测图，见图 9-2。

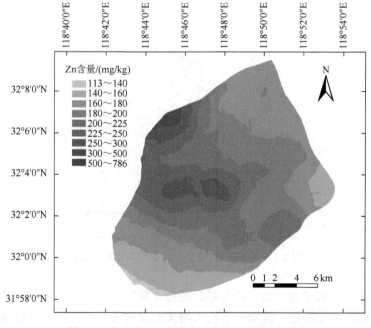

图 9-2　南京市 Zn 含量克里金空间插值预测图

从图 9-2 中可看出，在南京市林业土壤中，城区西北部有小范围 Zn 含量呈岛状分布区域，此处 Zn 含量最高水平达到 300～500mg/kg，第二、三梯度含量达到 225～300mg/kg；城区中部含量较高，呈明显的岛状分布，此处 Zn 含量最高水平达到 250～300mg/kg，第二梯度水平达到 225～250mg/kg；城区北部含量相对较低，在 160～200mg/kg，个别点位含量较高，但不影响整体含量水平；城南区域 Zn 含量水平较低，在 113～180mg/kg。由此得出，除城区西北部小范围区域土壤 Zn 含量达到国家土壤环境质量三级标准（300～500mg/kg）外，其余区域均达到国家土壤环境质量二级标准（100～300mg/kg）。

通过地图及坐标对应查找，城区西北岛状分布区域为南京长江大桥位置，此处常年出入主城区的车流量大，且南京长江大桥是双层双线公路、铁路两用桥，是华东地区繁忙的铁路线段，铁路运输量大、客运货运繁忙，因此，该地区常年的交通排放产生的重金属累计导致该地区 Zn 含量明显高于其他地区。城区中部鼓楼、新街口一带土壤中 Zn 含量明显较高，主要因为这里是城市文化和商业中心位置，交通网密集、车流量大、人口聚集、商业发达，而且，此处的城市格局形成较早，也较稳定，土壤扰动较少，土壤环境稳定，交通排放所产生的 Zn 在土壤中大量积累；而且市区中心绿化建设较早，施用的农药、化肥中含有的 Zn 也易形成大量积累。此外，由于市区中心商业、建筑装修等活动易产生大量垃圾，也会造成一定的重金属 Zn 的积累。

3）土壤重金属锰（Mn）含量与分布

南京市土壤 Mn 含量背景值为 511mg/kg，中国土壤元素含量背景值为 583mg/kg（黄顺生等，2007）。南京市城市林业土壤 Mn 含量的变幅为 213.82～2104.2mg/kg，Mn 含量平均值为 650.6mg/kg，大于南京市土壤 Mn 含量背景值和中国土壤 Mn 元素含量背景值。

基于对土壤重金属 Mn 含量的空间分布特征的分析，利用 ArcGIS 对研究区林业土壤重金属 Mn 含量进行克里金空间插值，绘制 Mn 含量克里金空间插值预测图（图 9-3）。从图 9-3 中可看出，城区西部明显高于其他区域，最高区域 Mn 含量在 780～1000mg/kg，第二、三梯度含量在 610～780mg/kg，且范围较大；Mn 含量最高的土壤采样点也在此范围，但在分布图中不影响该区域 Mn 含量整体水平。城区南部有 Mn 含量较高的分布区域，此处 Mn 含量在 640～1000mg/kg。城区北部和东部较大范围区域 Mn 含量在 510～610mg/kg，略高于南京市土壤 Mn 含量背景值 511mg/kg，有小范围含量较高区域，均在 610～780mg/kg。

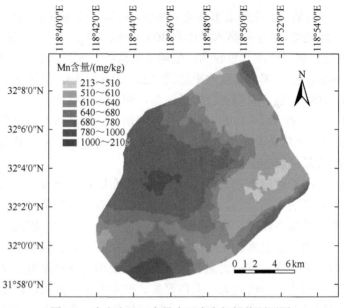

图 9-3　南京市 Mn 含量克里金空间插值预测图

　　城区西部含量最高位置为鼓楼、新街口一带，这一带是南京市的商业、文化中心，人为影响因素较多，对土壤环境影响较大，汽车烟尘的排放、汽车轮胎摩擦产生的粉尘、煤和化石燃料的燃烧及工业粉尘的沉降、建筑装潢等都会产成 Mn 元素，从而导致这一带土壤 Mn 含量高于周边土壤。城南含量较高区域是南京南站和沪蓉高速一带，此处交通流量大、建筑工地较多，这些都可能造成重金属 Mn 的排放。城区东部含量较高区域同样为沪蓉高速沿线，城区东部含量较低区域为钟山风景区，可能由于人为扰动相对较小，此区域含量较低。城区东西两部分 Mn 含量水平呈明显差异，土壤中 Mn 含量在较大范围内呈稳定水平，Mn 元素主要继承了土壤的原土成分，与黄顺生等对南京市城市土壤 Mn 元素的研究结果基本一致。

　　4）土壤重金属铅（Pb）含量与分布

　　南京市土壤 Pb 含量背景值为 23.4mg/kg，中国土壤元素含量背景值为 26mg/kg（黄顺生等，2007），国家土壤环境质量一级标准为≤35mg/kg。南京市城市林业土壤 Pb 含量的变幅为 20.53～356.45mg/kg，Pb 含量平均值为 111.13mg/kg，明显高于南京市土壤 Pb 含量背景值和国家土壤环境质量一级标准，但是符合国家土壤环境质量二级标准。

　　基于对土壤重金属 Pb 含量的空间分布特征的分析，利用 ArcGIS 对研究区土壤重金属 Pb 含量进行克里金空间插值，绘制 Pb 含量克里金空间插值预测图（图 9-4）。从图 9-4 中可以看出，南京市城区林业土壤中，城区中部鼓楼、新街口

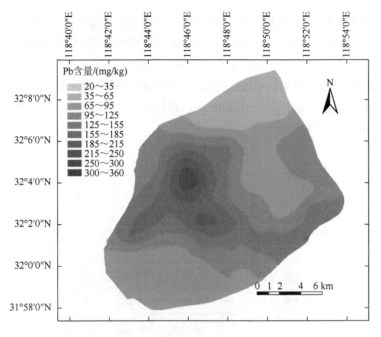

图 9-4　南京市 Pb 含量克里金空间插值预测图

地区土壤 Pb 含量较高，呈明显的岛状分布，最高含量在 215～356.45mg/kg，达到国家土壤环境质量二级标准（35～350mg/kg），岛状区域第二和第三梯度含量在155～215mg/kg，达到国家土壤环境质量二级标准；Pb 含量最高采样点在此岛状区域内。城区北部土壤 Pb 含量较低，总体含量在 35～65mg/kg，达到国家土壤环境质量二级标准，个别采样点含量较高。城区南部总体含量在 65～95mg/kg，达到国家土壤环境质量二级标准，个别采样点含量较高。

城区中部 Pb 含量较高的区域为鼓楼、新街口一带，这一区域为城市商业和文化中心，交通繁忙、人口密集，可能造成较高的 Pb 排放量。从城区中部向东部有明显的带状分布区域，此区域为钟山风景区南侧、沪宁高速一带，交通排放较大可能导致该处含量较高。城北个别采样点含量较高，可能与化工厂排放有关。

5）土壤重金属镉（Cd）含量与分布

南京市土壤 Cd 含量背景值为 0.091mg/kg，中国土壤元素含量背景值为 0.097mg/kg（黄顺生等，2007），国家土壤环境质量一级标准为≤0.20mg/kg（国家环境保护局和国家技术监督局，1995）。南京市城市林业土壤 Cd 含量的变幅为 0.10～3.75mg/kg，Cd 含量平均值为 1.11mg/kg，明显高于南京市土壤 Cd 含量背景值，超过国家土壤环境质量二级标准（0.3～1.0mg/kg）。

基于对土壤重金属 Cd 含量的空间分布特征的分析，利用 ArcGIS 对研究区土壤重金属 Cd 含量进行克里金空间插值，绘制 Cd 含量克里金空间插值预测图（图 9-5）。从图 9-5 可看出，南京市城区林业土壤中，城区中部地区土壤 Cd 含量较高，在 1.3～1.7mg/kg，超过国家土壤环境质量二级标准（0.2～1.0mg/kg）。城区南部含量较低，在 0.7～1.0mg/kg，达到国家土壤环境质量二级标准。城区北部大部分区域 Cd 含量在 1.0～1.3mg/kg，超过国家土壤环境质量二级标准；小部分区域含量在 0.7～1.0mg/kg。

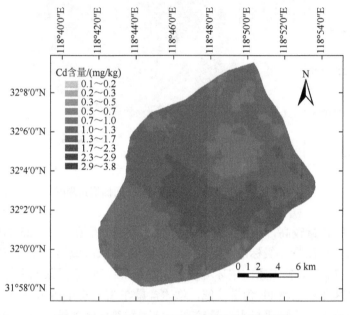

图 9-5　南京市 Cd 含量克里金空间插值预测图

　　城区中部 Cd 含量较高区域覆盖了鼓楼、新街口，光华门、光华路一带。鼓楼、新街口地区 Cd 含量较高，可能与这里是城市商业和文化中心，交通繁忙、商业活动密集有关。在光华门、光华路一带，宁芜铁路线与城区东部主要干道光华路平行横穿此区域，所以，交通排放可能会增加此区域 Cd 含量；其次，这一区域主要为居民区，生活和建筑垃圾的排放也可能造成 Cd 含量的增加。

　　6）土壤重金属铬（Cr）含量与分布

　　南京市土壤 Cr 含量背景值为 81.5mg/kg，中国土壤元素含量背景值为 61mg/kg（黄顺生等，2007），国家土壤环境质量一级标准为≤90mg/kg（国家环境保护局和国家技术监督局，1995）。南京市城市林业土壤 Cr 含量的变幅为 25.78～659.95mg/kg，平均值为 89.52mg/kg，略高于南京市土壤 Cr 含量背景值，达到国家土壤环境质量一级标准。Cr 含量中值为 74.56mg/kg，偏近于最小值，数据分布较集中。

基于对土壤重金属 Cr 含量的空间分布特征的分析，利用 ArcGIS 对研究区土壤重金属 Cr 含量进行克里金空间插值，绘制 Cr 含量克里金空间插值预测图（图 9-6）。从图 9-6 可看出，南京市城区林业土壤中城区北部明显含量较高，呈岛状分布，Cr 含量最高区域达 180～350mg/kg，第二梯度 Cr 含量在 120～180mg/kg，第三梯度含量在 90～120mg/kg，均达到国家土壤环境质量二级标准（90～350mg/kg）。城区中部土壤 Cr 含量较高，含量最高区域在 90～120mg/kg。城区其他区域 Cr 含量均达到国家土壤环境质量一级标准（≤90mg/kg，一级标准为保护区域自然生态，维持自然背景的土壤环境质量的限制值）。

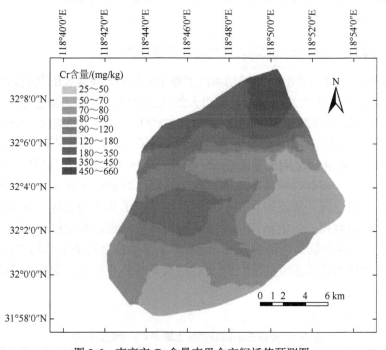

图 9-6　南京市 Cr 含量克里金空间插值预测图

城区北部 Cr 含量较高的区域是长江二桥、二桥高速西侧区域，这一区域分布有中石化集团南京化学工业有限公司、南京蓝燕石化储运实业有限公司和江苏苏计石化有限公司等多个大型化工厂和加油站；紧邻二桥高速东侧区域为南京经济技术开发区和新港开发区，这一带有大量设备、仪器、机械生产工厂，主要以电子设备厂、机械和机电加工生产厂、钢制品厂等工厂为主，这些产业都会产生大量重金属，而且 Cr 是电子设备和不锈钢等产品的重要原材料；长江二桥是北向入城主干道，这些因素都会增加此区域的 Cr 含量，使其达到较高水平。城区中部 Cr 含量较高区域为鼓楼、新街口一带，可能因为这里是城市商业和文化中心，交通繁忙、商业活动密集，造成 Cr 长期的大量累积。此外，也有绿化中农药化肥的使用造成的重金属污染和城市居民日常生活的垃圾堆放造成的污染。

二、不同功能区城市林业土壤重金属含量与分布

在南京市主城区城市林业土壤网格化采样研究的基础上，按照采样位置及所处环境将采样点按照功能区进行分类，分为教学区、商业区、风景区、工业区、老居民区、城市天然次生林区和道路绿化带等功能区作为研究对象，从中选取具有代表性的 18～24 个采样点，进行不同功能区重金属含量的差异及空间分布的分析。

1. 土壤铜（Cu）含量的描述性统计和方差分析

从表 9-2 中可以看出，不同功能区土壤 Cu 含量变幅最大的是道路绿化带，为 129.27mg/kg；而变幅最小的是城市天然次生林区，为 47.06mg/kg。通过对不同功能区的 Cu 含量统计和方差分析可知：教学区、风景区和城市天然次生林区 Cu 含量之间无显著差异；老居民区、教学区和风景区之间无显著差异；商业区、工业区和道路绿化带之间无显著差异。不同功能区土壤中 Cu 含量的大致变化特征为：商业区＞道路绿化带＞工业区＞老居民区＞教学区＞风景区＞城市天然次生林区。商业区、道路绿化带、工业区明显高于其他功能区，这说明汽车尾气及汽车轮胎磨损产生的污染物对绿化带污染较严重；商业区车流量大，人口流动大，以及各种临街店铺的开放、建设、装修等都会造成重金属 Cu 的排放和污染；工业区的化工工业排放、其他机械设备制造业排放、交通污染都会导致 Cu 的大量积累。

表 9-2　南京市不同功能区土壤中 Cu 含量方差分析

功能区	样本个数	变幅/(mg/kg)	平均值/(mg/kg)	标准差 SD
教学区	18	58.84～155.45	68.52ab	15.62
商业区	22	68.42～188.67	96.57c	17.27
老居民区	20	64.75～168.39	74.62b	12.83
风景区	19	52.83～126.58	64.11ab	14.53
工业区	20	61.78～185.27	82.32c	15.79
城市天然次生林区	20	51.48～98.54	58.66a	9.02
道路绿化带	24	65.37～194.64	92.37c	18.14

注：同一列中相同字母表示差异不显著；不同字母表示差异显著（$P < 0.05$），下同。

2. 土壤锌（Zn）含量的描述性统计和方差分析

从表 9-3 中可以看出，不同功能区土壤 Zn 含量变幅最大的是道路绿化带，为 628.48mg/kg；变化幅度最小的是城市天然次生林区，为 254.45mg/kg。通过对不同功能区的 Zn 含量统计和方差分析可知：教学区、风景区、工业区和城市天然次生林区 Zn 含量之间无显著差异；教学区和老居民区之间无显著差异；商业区、老居民区和道路绿化之间无显著差异。不同功能区土壤中 Zn 含量的大致变化特征为：商业区＞道路绿化带＞老居民区＞教学区＞工业区＞风景区＞城市天然次生林区。商业区、道路绿化带明显高于其他功能区，这说明商业区车流量大、人口流动大，垃圾的大量产生和堆放可能会造成 Zn 的污染，各种装饰材料、管材、废旧电池都会引起 Zn 的排放和污染。另外，汽车轮胎磨损产生的污染物也是 Zn 的重要来源（段雪梅等，2010）。

表 9-3　南京市不同功能区土壤中 Zn 含量方差分析

功能区	样本个数	变幅/(mg/kg)	平均值/(mg/kg)	标准差 SD
教学区	18	126.84～479.66	194.67ab	42.59
商业区	22	164.36～766.32	248.43c	97.25
老居民区	20	136.27～557.48	204.33cb	56.75
风景区	19	120.65～453.82	182.20a	45.77
工业区	20	128.43～648.63	184.17a	62.41
城市天然次生林区	20	113.69～368.14	156.48a	27.54
道路绿化带	24	128.31～756.79	238.55c	78.24

3. 土壤锰（Mn）含量的描述性统计和方差分析

从表 9-4 中可以看出，不同功能区土壤 Mn 含量变幅最大的是商业区，为 1631.13mg/kg；变幅最小的是风景区，为 740.70mg/kg。通过对不同功能区的 Mn 含量统计和方差分析可看出：教学区、风景区和城市天然次生林区土壤 Mn 含量无显著差异；工业区、老居民区、教学区和风景区无显著差异；商业区和道路绿化带之间无显著差异。不同功能区土壤中 Mn 含量变化的大致特征为：商业区＞道路绿化带＞工业区＞老居民区＞教学区＞风景区＞城市天然次生林区。Mn 含量在不同功能区表现出明显差异，商业区可能受外界环境影响较大，含量高于其他功能区；城市天然次生林区 Mn 元素含量较低，略高于南京市土壤元素含量背景值，基本继承了土壤母质的性质。

表 9-4　南京市不同功能区土壤中 Mn 含量方差分析

功能区	样本个数	变幅/(mg/kg)	平均值/(mg/kg)	标准差 SD
教学区	18	246.56~1164.71	685.74ab	143.63
商业区	22	343.42~1974.55	822.48c	176.38
老居民区	20	232.14~1289.62	696.58b	150.15
风景区	19	213.82~954.52	652.16ab	113.41
工业区	20	368.41~1407.23	709.66b	141.33
城市天然次生林区	20	221.60~1044.67	638.41a	123.09
道路绿化带	24	286.54~1893.26	782.55c	164.84

4. 土壤铅（Pb）含量的描述性统计和方差分析

从表 9-5 中可以看出，在不同功能区中，土壤 Pb 含量变幅最大的是道路绿化带，为 299.57mg/kg；变化幅度最小的是城市天然次生林区，为 64.19mg/kg。通过对不同功能区的 Pb 含量统计和方差分析可知：教学区、老居民区、风景区和工业区 Pb 含量之间无显著差异；老居民区、工业区和道路绿化带区之间无显著差异；商业区和道路绿化带之间无显著差异。不同功能区土壤中 Pb 含量变化的大致特征为：商业区＞道路绿化带＞老居民区＞教学区＞工业区＞风景区＞城市天然次生林区。商业区、道路绿化带 Pb 含量明显高于其他功能区，这些功能区都是人口流动大、人为影响因素多的区域。各功能区均受到 Pb 不同程度的污染。繁重的交通、密集的人流量是影响城市土壤 Pb 含量的主要因素（王耘等，2000），含 Pb 的建材、电池也是城市中心 Pb 的主要来源（陈同斌等，1997），工业废气、粉尘的排放和沉降也会影响城市林业土壤 Pb 的含量。

表 9-5　南京市不同功能区土壤中 Pb 含量方差分析

功能区	样本个数	变幅/(mg/kg)	平均值/(mg/kg)	标准差 SD
教学区	18	32.51~184.67	92.52b	26.28
商业区	22	38.96~334.55	177.69d	43.64
老居民区	20	27.88~267.41	118.92bc	32.18
风景区	19	34.73~112.23	79.46b	16.36
工业区	20	28.57~237.16	82.83bc	43.56
城市天然次生林区	20	20.53~84.72	39.63a	11.20
道路绿化带	24	43.72~343.29	138.53cd	31.42

5. 土壤重金属镉（Cd）含量的描述性统计和方差分析

从表 9-6 中可以看出，在不同功能区中，土壤 Cd 含量变幅最大的是商业区，为 3.14mg/kg；变幅最小的是城市天然次生林区，为 0.52mg/kg。通过对不同功能区的 Cd 含量统计和方差分析可知：教学区、风景区和城市天然次生林区 Cd 含量之间无显著差异；教学区、老居民区、工业区和道路绿化带之间无显著差异。从图 9-13 可以看出，不同功能区土壤中 Cd 含量的大致特征为：商业区＞道路绿化带＞老居民区＞工业区＞教学区＞风景区＞城市天然次生林区。商业区土壤 Cd 含量明显高于其他功能区，且各功能区 Cd 含量均超过南京市土壤元素含量背景值，教学区、老居民区、风景区、城市天然次生林区、工业区平均含量在国家土壤环境质量二级标准范围，商业区 Cd 含量达较高的污染水平。城市土壤 Cd 污染很大部分来自燃煤和化石燃料的燃烧，以及工业的排放（陈静生，1990）。南京市能源消耗中，燃煤和燃油仍占很大比例，可能会造成土壤 Cd 的积累和污染（黄顺生等，2007）。

表 9-6　南京市不同功能区土壤中 Cd 含量方差分析

功能区	样本个数	变幅/(mg/kg)	平均值/(mg/kg)	标准差 SD
教学区	18	0.15～1.38	0.62ab	0.18
商业区	22	0.48～3.62	1.57c	0.46
老居民区	20	0.26～2.77	0.87b	0.32
风景区	19	0.22～1.88	0.43a	0.11
工业区	20	0.18～2.04	0.83b	0.25
城市天然次生林区	20	0.10～0.62	0.38a	0.15
道路绿化带	24	0.26～2.75	1.06b	0.48

6. 土壤重金属铬（Cr）含量的描述性统计和方差分析

从表 9-7 中可以看出，不同功能区土壤 Cr 含量变幅最大的是工业区，为 500.49mg/kg；变幅最小的是城市天然次生林区，为 71.97mg/kg。通过对不同功能区的 Cr 含量统计和方差分析可知：教学区、老居民区、风景区和城市天然次生林区和道路绿化带 Cr 含量之间无显著差异；商业区、道路绿化带之间无显著差异。不同功能区土壤 Cr 含量的大致特征为：工业区＞商业区＞道路绿化带＞老居民区＞教学区＞风景区＞城市天然次生林区。工业区 Cr 含量明显高于其他区域，该功能区 Cr 污染主要来自机械加工厂、铸造厂、电子仪器设备加工厂等的工业排放。商业区和道路绿化带中的 Cr 很大一部分来自交通排放等，道路绿化带中的 Cr 还可能来自绿化施用的农药和化肥。

表 9-7　南京市不同功能区土壤中 Cr 含量方差分析

功能区	样本个数	变幅/(mg/kg)	平均值/(mg/kg)	标准差 SD
教学区	18	36.57~186.73	84.87a	21.63
商业区	22	47.79~347.23	132.43b	28.57
老居民区	20	28.37~287.65	88.54a	22.41
风景区	19	26.89~146.3	81.44a	18.96
工业区	20	76.32~576.81	185.42c	48.53
城市天然次生林区	20	25.78~97.75	76.38a	16.26
道路绿化带	24	39.62~262.26	123.2ab	31.59

三、城市林业土壤重金属含量的相关分析

城市林业土壤重金属的来源主要是成土母质和外部环境，即城市绿化带、园林工程及城郊农田中化肥和农药的施用，工业、建筑垃圾的无序堆放，化工业、铸造业等工业的排放，以及繁重的交通和各种化石燃料的使用，这些都可能造成城市土壤重金属的污染。而同一来源的重金属之间会存在相关性，通过重金属之间的相关性可以判断两种重金属之间是否有相同的来源，如果有显著相关性，则来源相同，反之，则可能有着多种不同来源（朱伟等，2007）。

南京市城市林业土壤重金属的来源既继承了成土母质的特点，又有人为影响因素。通过对土壤中重金属元素含量的相关性分析可知（表 9-8），Cu、Zn、Mn间呈极显著相关；Pb 与 Zn、Cu 与 Cd、Cu 与 Cr、Zn 与 Cr 间呈极显著相关，但相关系数均较低；Cr 与 Mn 间呈显著相关。研究表明，Cu、Zn、Pb 都是亲硫元素，同类元素在表生地球化学中具有一定的共性，所以三者在自然状态下应该相互间呈显著关系。通过分析，Zn 与 Cu、Zn 与 Pb 呈显著正相关，但是 Zn 与 Pb间相关系数较低，相关性较弱；Cu 与 Pb 间无显著相关，Zn 和 Cu、Zn 和 Pb 有一定程度的同源性，三者间无很好的自然伴生关系，说明受人为因素影响，那么Cu 和 Pb 可能有其他不同来源，Cu、Pb 受环境因素影响较大。Cr、Mn 为亲铁元素，同类元素在表生地球化学上应当有一定的共性，但二者呈显著相关，相关系数较低，无很好的伴生性，部分区域 Cr、Mn 含量较高，说明受人为影响因素较大。Cd 与 Cu 呈显著相关，说明 Cd 与 Cu 有一定的同源性。

表 9-8　南京市土壤重金属元素含量相关系数

	Cu	Zn	Mn	Pb	Cd
Zn	0.645**				
Mn	0.309**	0.268**			
Pb	0.006	0.248**	−0.106		
Cd	0.249**	0.110	0.219**	0.057	
Cr	0.314**	0.354**	0.183*	−0.094	0.057

四、物元可拓模型评价土壤重金属污染

目前土壤重金属污染评价的方法较多，如单因子指数评价法、内梅罗综合污染指数法、污染负荷指数法、地积累指数法、沉积物富集系数法、潜在生态危害指数法、模糊数学法、基于 GIS 的地统计学评价法、健康风险评价方法等。在众多方法中，指数评价法可以进行定量分析，模糊数学法可以进行定性分析，层次分析法则既能够定量分析，也可以定性分析，但存在人为硬性将指标分类的缺点。

物元可拓法最早由我国学者蔡文（1996）提出，其基本原理是将评价指标体系及其特征值作为物元，通过评价级别和实测数据，得到经典域、节域及关联度，从而建立定量综合评价体系。可拓模型是物元理论和可拓集合理论的有机结合，用于处理不相容的问题和方法（Tan et al.，2014），可以排除人为干预，减少数据损失，客观反映待评价对象的总体状况，因而广泛用于水体、大气等的污染评价（Wang et al.，2017；Jin et al.，2013）。叶勇等（2007）采用物元可拓法对长春市伊通河附近地下水水样进行水质等级评价，结果显示，物元可拓法排除了人为的干预，并利用关联度函数及其权重系数使最终评价结果更加接近实际情况，比较客观地反映了地下水水质总体情况。欧阳彦和刘秀华（2009）利用熵权物元可拓模型评价土地生态环境影响，结果表明，将熵权物元可拓模型应用于土地整理生态环境影响评价切实可行，可以克服土地整体生态环境影响的模糊性和不确定性，可直观地反映土地整体生态环境影响。吴华军等（2006）在运用物元分析法对小城镇生态环境质量进行综合评价时发现，相比于其他的评价方法，物元分析的关联度引入了负数，保证了信息的完整性，使评价结果更加客观、准确。物元可拓模型用于土壤重金属污染评价的研究还较少，本节以南京市城市林业土壤为研究对象，在物元可拓模型的基础上对土壤重金属的污染进行评价，并通过与传统土壤污染评价方法（改进的内梅罗综合污染指数法）的比较，验证该方法的科学性和合理性，丰富完善土壤重金属污染评价体系。

1. 材料和方法

1）土壤样品采集与分析

以南京市主城区城市林业土壤为研究对象，借助 GIS 技术，采用网格布点的采样方法，以 1km×1km 区域为网格单元，进行调查采样，共设置 180 个采样点。每个采样点采集 0～15cm 表层土壤，详细记录各采样点的功能分区、植被覆盖度及植被种类，每个网格内采集 3～5 个采样点的混合土壤样品，共采集 180 个。采样点避开受环境扰动明显之处和新土层，尽量选择在环境稳定、土层形成较久的位置。样品带回实验室室温风干，去除石砾及杂物，研磨过 100 目筛，装袋备测。

重金属含量测定采用 HF-HNO₃-HClO₄ 消煮-ICP 法：用 HF-HNO₃-HClO₄ 消煮 0.1g 过 0.15mm 孔径筛的土壤后，用电感耦合等离子体质谱仪（ICP-MS，Nexlon 300D，Perkin Elme，America）测定土壤消煮液中 Cu、Zn、As、Pb、Cd、Cr 六种重金属的质量浓度，具体方法详见第二章。

2）物元可拓模型

物元可拓模型的建立包括 4 个环节，即确定经典域、节域、待评物元和计算单指标关联度，计算步骤包括以下几个内容。

（1）确定经典域、节域和待评物元。

确定经典域，土壤重金属污染的经典物元矩阵 R_j 表示为

$$R_j = (N_j, C_j, X_j) = \begin{bmatrix} N_j & C_1 & X_{1j} \\ & C_2 & X_{2j} \\ & \vdots & \vdots \\ & C_n & X_{nj} \end{bmatrix} = \begin{bmatrix} N_j & C_1 & (a_{1j}, b_{1j}) \\ & C_2 & (a_{2j}, b_{2j}) \\ & \vdots & \vdots \\ & C_n & (a_{nj}, b_{nj}) \end{bmatrix} \quad (9\text{-}1)$$

式中，N_j 表示划分的第 j 个评价等级；C_1，C_2，…，C_n 为评价指标；(a_{nj}, b_{nj}) 为评价指标 C_n 对于第 j 个评价等级的取值范围。

确定节域，土壤重金属的节域物元矩阵 R_p 表示为

$$R_p = (N_p, C_i, X_{pi}) = \begin{bmatrix} N_p & C_1 & X_{p1} \\ & C_2 & X_{p2} \\ & \vdots & \vdots \\ & C_n & X_{pn} \end{bmatrix} = \begin{bmatrix} N_p & C_1 & (a_{p1}, b_{p1}) \\ & C_2 & (a_{p2}, b_{p2}) \\ & \vdots & \vdots \\ & C_n & (a_{pn}, b_{pn}) \end{bmatrix} \quad (9\text{-}2)$$

式中，N_p 表示由土壤重金属污染等级构成的全体；(a_{pn}, b_{pn}) 为节域物元矩阵关于特征 C_n 的量值范围。

确定待评物元、土壤重金属污染 N_0、重金属污染特征 C 和特征值 X_0，共同构成土壤重金属污染物元 R_0，记作 $R_0 = (N_0, C_i, X_{0i})$，若 N_0 有多个特征 C_1，C_2，…，C_n，每个特征相应的量值为 $X_{01}, X_{02}, …, X_{0n}$，则表示为

$$R_0 = (N_0, C_i, X_{0i}) = \begin{bmatrix} N_0 & C_1 & X_{01} \\ & C_2 & X_{02} \\ & \vdots & \vdots \\ & C_n & X_{0n} \end{bmatrix} \quad (9\text{-}3)$$

（2）计算单指标关联度。

$$K_j(X_{0i}) = \begin{cases} \dfrac{\rho(X_{0i}, X_{0ij})}{\Delta\rho}, & \Delta\rho \neq 0 \\ -\rho(X_{0i}, X_{0ij}) - 1, & \Delta\rho = 0 \end{cases} \quad (9\text{-}4)$$

$$\begin{cases} \rho(X_{0i}, X_{0ij}) = \left| X_{0i} - \dfrac{a_{0ij} + b_{0ij}}{2} \right| - \dfrac{b_{0ij} - a_{0ij}}{2} \\ \rho(X_{0i}, X_{pi}) = \left| X_{0i} - \dfrac{a_{pi} + b_{pi}}{2} \right| - \dfrac{b_{pi} - a_{pi}}{2} \\ \Delta\rho = \rho(X_{0i}, X_{pi}) - \rho(X_{0i}, X_{0ij}) \end{cases} \quad (9\text{-}5)$$

（3）计算多指标综合关联度。

$$K_j(N_{0i}) = \sum_{j=1}^{n} W_i K_j(X_{0i}) \quad (9\text{-}6)$$

（4）等级评定。

如果

$$K_j(N_0) = \max(K_j(N_0)) \quad (9\text{-}7)$$

则单个要素评价对象 N_0 属于等级 j_0，令

$$K_j(N_0) = \frac{K_j(N_0) - \min(K_j(N_0))}{\max(K_j(N_0)) - \min(K_j(N_0))} \quad (9\text{-}8)$$

$$j^* = \frac{\displaystyle\sum_{j=1}^{m} j K_j(N_0)}{\displaystyle\sum_{j=1}^{m} K_j(N_0)} \quad (9\text{-}9)$$

3）修正权重

污染物浓度超标倍数赋权法（高明美等，2014）因能够反映污染物浓度对因子权重的影响而广泛应用于环境质量评价中的权重计算，其计算公式为

$$W_{ki} = \left(X_{ki} \middle/ S_i \right) \middle/ \left(\sum_{i=1}^{n} X_{ki} \middle/ S_i \right) \quad (9\text{-}10)$$

式中，W_{ki} 为样品 k 元素 i 的常规权重；X_{ki} 为样品 k 元素 i 的实测含量；S_i 为元素 i 的所有评价等级标准值的算术平均值；n 为评价因子数。

土壤中不同重金属元素的毒性不同，对重金属元素的毒性水平进行计算能够避免使用单一污染物浓度超标倍数赋权法所带来的掩盖作用，参照 Hakanson 毒性响应系数（覃朝科等，2016）对以上常规权重进行修正，合理体现不同毒性元素

的权重变化，其计算方法为

$$W'_{ki} = (W_{ki}T_{ki}) \Big/ \sum_{i=1}^{n}(W_{ki}T_{ki}) \tag{9-11}$$

式中，W'_{ki} 为样品 k 元素 i 的修正权重；W_{ki} 为样品 k 元素 i 的常规权重；T_{ki} 为样品 k 元素 i 的毒性响应系数；n 为评价因子数。

　　4）评价标准

参照《土壤环境质量标准》（GB 15618—1995）（以下简称标准）制定土壤重金属污染评价标准（表 9-9）。

表 9-9　土壤重金属污染评价标准　　　　　（单位：mg/kg）

重金属	I级（清洁）	II级（尚清洁）	III级（轻度污染）	IV级（中度污染）	V级（重度污染）
Cu	[0, 32.20)	[32.20, 120.00)	[120.00, 280.00)	[280.00, 400.00)	[400.00, 520.00)
Pb	[0, 24.80)	[24.80, 150.00)	[150.00, 350.00)	[350.00, 500.00)	[500.00, 650.00)
Zn	[0, 76.80)	[76.80, 150.00)	[150.00, 350.00)	[350.00, 500.00)	[500.00, 650.00)
Cr	[0, 59.00)	[59.00, 90.00)	[90.00, 210.00)	[210.00, 300.00)	[300.00, 390.00)
Cd	[0, 0.19)	[0.19, 0.30)	[0.30, 0.70)	[0.70, 1.00)	[1.00, 1.30)
As	[0, 10.60)	[10.60, 12.00)	[12.00, 28.00)	[28.00, 40.00)	[40.00, 52.00)

注：I 级上限值为研究区土壤元素含量背景值；II 级上限值为标准中三级标准的 0.3 倍；III级上限值为标准中三级标准的 0.7 倍；IV级上限值为标准中三级标准；V 级上限值为标准中三级标准的 1.3 倍。

2. 物元可拓模型评价土壤重金属污染

1）土壤重金属含量数据统计

南京市研究区统计结果显示，6 种重金属含量平均值均超过研究区土壤元素含量背景值，存在一定程度的污染（Bai et al.，2015），但只有 Cd 和 As 的平均质量分数超过了标准中三级标准上限值（表 9-10）。

表 9-10　南京市研究区土壤重金属含量　　　　　（单位：mg/kg）

重金属	平均值	标准差	最小值	最大值	南京市土壤元素含量背景值	标准中三级标准上限值
Cu	76.495	17.559	51.800	200.550	32.20	400
Pb	111.132	64.221	20.530	356.450	24.80	500
Zn	196.329	72.777	113.687	785.912	76.80	500
Cr	89.521	67.957	25.775	659.950	59.00	300
Cd	1.108	0.847	0.100	3.750	0.19	1.00
As	88.277	101.828	4.563	617.388	10.60	40

2）土壤重金属污染评价

（1）建立物元矩阵。

根据表 9-9 将土壤重金属污染分为 Ⅰ 级（清洁）、Ⅱ 级（尚清洁）、Ⅲ 级（轻度污染）、Ⅳ 级（中度污染）、Ⅴ 级（重度污染）5 个等级，其经典域物元矩阵 R_{N1}、R_{N2}、R_{N3}、R_{N4}、R_{N5} 和节域物元矩阵 R_{Np} 分别表示如下。

$$R_{N1}=\begin{bmatrix} N_1 & C_{Cu} & (0,32.20) \\ & C_{Pb} & (0,24.80) \\ & C_{Zn} & (0,76.80) \\ & C_{Cr} & (0,59.00) \\ & C_{Cd} & (0,0.19) \\ & C_{As} & (0,10.60) \end{bmatrix}, \quad R_{N2}=\begin{bmatrix} N_2 & C_{Cu} & (32.20,120.00) \\ & C_{Pb} & (24.80,150.00) \\ & C_{Zn} & (76.80,150.00) \\ & C_{Cr} & (59.00,90.00) \\ & C_{Cd} & (0.19,0.30) \\ & C_{As} & (10.60,12.00) \end{bmatrix}$$

$$R_{N3}=\begin{bmatrix} N_3 & C_{Cu} & (120.00,280.00) \\ & C_{Pb} & (150.00,350.00) \\ & C_{Zn} & (150.00,350.00) \\ & C_{Cr} & (90.00,210.00) \\ & C_{Cd} & (0.30,0.70) \\ & C_{As} & (12.00,28.00) \end{bmatrix}, \quad R_{N4}=\begin{bmatrix} N_4 & C_{Cu} & (280.00,400.00) \\ & C_{Pb} & (350.00,500.00) \\ & C_{Zn} & (350.00,500.00) \\ & C_{Cr} & (210.00,300.00) \\ & C_{Cd} & (0.70,1.00) \\ & C_{As} & (28.00,40.00) \end{bmatrix}$$

$$R_{N5}=\begin{bmatrix} N_4 & C_{Cu} & (400.00,520.00) \\ & C_{Pb} & (500.00,650.00) \\ & C_{Zn} & (500.00,650.00) \\ & C_{Cr} & (300.00,390.00) \\ & C_{Cd} & (1.00,1.30) \\ & C_{As} & (40.00,52.00) \end{bmatrix}, \quad R_{Np}=\begin{bmatrix} N_p & C_{Cu} & (0,520.00) \\ & C_{Pb} & (0,650.00) \\ & C_{Zn} & (0,650.00) \\ & C_{Cr} & (0,390.00) \\ & C_{Cd} & (0,1.30) \\ & C_{As} & (0,52.00) \end{bmatrix}$$

待评物元矩阵 R_0 表示如下：

$$R_0=\begin{bmatrix} N_0 & C_{Cu} & X_1 \\ & C_{Pb} & X_2 \\ & C_{Zn} & X_3 \\ & C_{Cr} & X_4 \\ & C_{Cd} & X_5 \\ & C_{As} & X_6 \end{bmatrix}$$

（2）关联度计算。

由式（9-4）、式（9-5）计算出 180 个待评物元关于各等级的单指标关联度，根据其关联度可进一步确定其污染等级（Xu et al.，2017）。以 Cu 元素为例，计算 Cu 相对于污染等级 I 级的关联度，结果为–0.367，计算方法如式（9-12）所示。其余各元素与各等级的关联度计算方法相同，其结果见表 9-11。

$$
\begin{cases}
\rho(X_{01}, X_{011}) = \left| 76.495 - \dfrac{0 + 32.2}{2} \right| - \dfrac{32.2 - 0}{2} = 44.295 \\[2mm]
\rho(X_{01}, X_{p1}) = \left| 76.495 - \dfrac{0 + 520}{2} \right| - \dfrac{520 - 0}{2} = -76.495 \\[2mm]
\Delta\rho \neq 0 \\[2mm]
K_1(X_{01}) = \dfrac{\rho(X_{01}, X_{011})}{\rho(X_{01}, X_{p1}) - \rho(X_{01}, X_{011})} = \dfrac{44.295}{-76.495 - 44.295} = -0.367
\end{cases}
\tag{9-12}
$$

表 9-11　土壤重金属污染指标关联度

项目		K_1	K_2	K_3	K_4	K_5
重金属	Cu	−0.367	1.319	−0.363	−0.727	−0.809
	Pb	−0.437	0.538	−0.259	−0.682	−0.778
	Zn	−0.378	−0.191	0.309	−0.439	−0.607
	Cr	−0.254	0.005	−0.005	−0.574	−0.702
	Cd	−0.827	−0.808	−0.679	−0.359	1.267
	As	−1.876	−1.907	−2.512	−4.023	−61.277
	综合关联度	−1.196	−1.150	−1.338	−1.744	−22.043

注：$K_1 \sim K_5$ 指各重金属相对于 5 个等级的关联度。

（3）权重计算及土壤重金属污染评价。

根据式（9-10）、式（9-11）计算权重，其中 Cu、Pb、Zn、Cr、Cd 和 As 的毒性系数 T_i 分别取值 5、5、1、2、30 和 10，以 Cu 元素为例，Cu 的权重计算结果为 0.045，计算方法如式（9-13）所示。其余各元素的权重和修正权重的计算方法相同，其结果见表 9-12。

$$
W'_{Cu} = W_{Cu} \Big/ \sum_{i=1}^{6} (W_{ki}) = \frac{(X_{Cu} / S_{Cu})}{\sum_{i=1}^{6} (W_{ki})}
$$

$$
= \frac{76.495 / 328.5}{76.495 / 328.5 + 111.132 / 334.96 + 196.329 / 345.36 + 89.521 / 209.8 + 1.108 / 0.698 + 88.277 / 28.52}
$$

$$
= 0.045
$$

$$
\tag{9-13}
$$

表 9-12　各金属元素权重修正前后比较

重金属	W_{ki}	W_{ki}'	调整比例/%
Cu	0.045	0.014	↓68.9
Pb	0.052	0.020	↓61.5
Zn	0.099	0.007	↓92.9
Cr	0.067	0.010	↓85.1
Cd	0.250	0.575	↑130.0
As	0.487	0.374	↓23.2

注：↓为下降，↑为上升，下同。

通过比较可以发现，研究区内 Cu、Pb、Zn、Cr 和 As 的 W_{ki}' 较 W_{ki} 呈现不同程度的降低，其中 Zn 权重的降幅最大，约 92.9%，而 Cd 元素 W_{ki}' 增加了 130.0%。引入 Hakanson 毒性响应系数后，各因子的 W_{ki}' 体现了污染物的毒性大小，毒性越小，其权重降幅越大。

根据式（9-6）计算 6 种重金属元素相对于各等级的综合关联度，以 6 种元素相对于污染等级为 Ⅰ 级的综合关联度计算为例，其结果 $K_j(N_{01})$ 为 -1.196，计算方法如式（9-14）。6 种元素相对于各等级的综合关联度计算方法相同，其结果见表 9-11。

$$K_j(N_{01}) = \sum_{j=1}^{5} W_1 K_j(X_{01}) = (-0.367 \times 0.014) + (-0.437 \times 0.020) + (-0.378 \times 0.007)$$
$$+ (-0.254 \times 0.010) + (-0.827 \times 0.575) + (-1.876 \times 0.374)$$
$$= -1.196 \tag{9-14}$$

土壤环境的影响因子中，综合关联度最小值为 -22.043，最大值为 -1.150，根据式（9-7）、式（9-8）计算单个要素评价对象的等级分别如下：

$$K_1 = \frac{-1.196 - (-22.043)}{-1.150 - (-22.043)} = 0.998, \quad K_2 = \frac{-1.150 - (-22.043)}{-1.150 - (-22.043)} = 1$$

$$K_3 = \frac{-1.338 - (-22.043)}{-1.150 - (-22.043)} = 0.991, \quad K_4 = \frac{-1.774 - (-22.043)}{-1.150 - (-22.043)} = 0.970$$

$$K_5 = \frac{-22.043 - (-22.043)}{-1.150 - (-22.043)} = 0$$

根据式（9-9）计算研究区重金属污染等级评定结果：

$$j^* = \frac{\sum_{j=1}^{5}(j \times K_j(N_0))}{\sum_{j=1}^{5}(K_j(N_0))} = \frac{1 \times 0.998 + 2 \times 1 + 3 \times 0.991 + 4 \times 0.970 + 5 \times 0}{0.998 + 1 + 0.991 + 0.970 + 0} = 2.489$$

计算结果显示，南京市城市绿地土壤重金属污染综合评级结果为Ⅲ级（轻度污染），等级值 j^* 为 2.489，等级描述为介于轻度污染和中度污染之间。

依据以上计算方法，对 180 个采样点分别计算其综合指标关联度，并判定其污染等级，计算结果显示，180 个采样点中，污染级别为Ⅰ、Ⅱ、Ⅲ、Ⅳ和Ⅴ级的采样点个数分别为 3 个、13 个、97 个、46 个和 21 个，分别约占采样点总数的 1.7%、7.2%、53.9%、25.6%和 11.7%。结合 MapGIS 10.2 绘制各采样点等级值（图 9-7），从图 9-7 可以看出，绝大部分地区的等级值在 2～3，属于Ⅲ级污染水平。体现中度污染的深灰色区域主要分布在城区的北部和西部，北部不仅有沪陕高速、宁连公路及南京绕城高速汇集，同时还是南京市化工园区所在地，分布着大量的食品加工、化工、医药、有色金属的车间及仓储，是重金属积累的主要外部来源。卢瑛等（2004）研究发现，南京市城市土壤在一定程度上受到了 Mn、Cr、Cu、Zn 和 Pb 的污染，且 Cu、Zn、Pb 和 Cr 主要来源于人为输入。西部的浦口区是国家重要医药基地和华东地区先进制造业基地，分布着大量的工厂，同时沪陕高速、沪蓉高速在这里交汇，导致了重金属在土壤中的累积。从整体上看，研究区土壤重金属整体处于轻度污染状态。

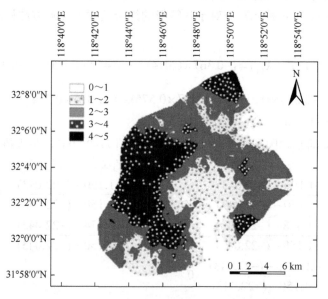

图 9-7　南京市城市绿地土壤重金属污染等级分布

3. 物元可拓模型与内梅罗综合污染指数法评价结果的比较

采用土壤重金属污染评价中较常用的内梅罗综合污染指数法（Zhang et al.，2013）进行比较，同样引入 Hakanson 毒性响应系数修正权重。内梅罗综合污染指数评价结果表明，研究区土壤重金属污染以轻度污染为主，与物元可拓法评价结果基本一致。其中Ⅰ级23个，Ⅱ级27个，Ⅲ级74个，Ⅳ级25个，Ⅴ级31个，分别约占总样点数的12.8%、15.0%、41.1%、13.9%、17.2%。与物元可拓评价的结果相比较，各污染等级分别有所调整（表9-13）。物元可拓法利用模糊数学的逻辑值从[0, 1]拓展到（−∞，＋∞）实数轴上，信息更为丰富，且无信息损失，判断更为准确（Tan et al.，2014），不仅能够说明土壤的准确级别，还能够量化同一级别下的不同状态。

表9-13　物元可拓模型与内梅罗综合指数评价结果比较

污染等级	物元可拓模型评价结果		内梅罗综合污染指数评价结果		调整比例/%
	样品个数	比例/%	样品个数	比例/%	
Ⅰ	3	1.7	23	12.8	↑11.1
Ⅱ	13	7.2	27	15.0	↑7.8
Ⅲ	97	53.9	74	41.1	↓12.8
Ⅳ	46	25.6	25	13.9	↓11.7
Ⅴ	21	11.7	31	17.2	↑5.5

南京市城市绿地土壤中Cu、Pb、Zn、Cr含量的平均值低于标准中的三级标准，Cr和As的平均质量分数则高于该标准，与国内其他城市相比，北京市公园绿地和道路绿地表层土壤中Cu、Zn、Cr、Pb和Cd的平均质量分数都高于南京市土壤元素含量背景值但低于标准中的二级标准，尚处于清洁、一般无污染状态（吴建芝等，2016）；保定市城市绿地土壤主要的重金属污染因子为Cd，其次是Cu、Zn、Ni，Cr和Pb污染较小（赵卓亚等，2009）；国外城市中，澳大利亚某金矿区表层土壤中几种重金属元素的质量分数表现为Mn>Zn>As>Cr>Cu>Pb>Ni>Co>Hg>Cd（Abraham et al.，2018），乌克兰西部小镇Berehove城市土壤中Cd、Cu、Pb和Zn的质量分数是当地土壤限值的2~3倍（Vince et al.，2014），相比较而言，南京市城市绿地土壤重金属污染处于轻度污染状况。

第三节　城市林业土壤对重金属的吸附作用

重金属进入土壤后，首先发生的过程是吸附与解吸，而吸附和解吸是影响土壤重金属活性的重要物理化学过程之一。揭示土壤中重金属的吸附特及影响因素可以为制定土壤环境质量标准、确定土壤环境容量提供理论依据。

以南京市城市林业不同功能区中的农田、草地、林地表层土壤为研究对象，采用室内模拟法，对 Cu 和 Cd 的热力学吸附特征和动力学吸附特征进行研究。比较三种土壤对 Cd、Cu 的吸附量和吸附能力，推算出 Cd 和 Cu 在三种土壤中的化学容量，总结农田、草地和林地这三种土壤对 Cd、Cu 的动态吸附规律，讨论 pH、有机酸对土壤重金属吸附的影响规律。

一、土壤重金属的吸附和解吸机制

从吸附机理看，土壤胶体对重金属离子的吸附包括非专性吸附和专性吸附。非专性吸附即离子交换吸附，主要靠静电引力。对重金属活性和迁移有重要影响的阳离子交换吸附是等量进行的，受质量作用定律支配，其交换过程是可逆的，并且吸附-解吸能迅速达到平衡，限制反应速度的因素一般是离子的扩散，包括离子从溶液向土壤胶体表面的扩散和离子从土壤胶体表面向溶液的扩散。专性吸附和非专性吸附不同，在此过程中离子可以进入固相表面的配位壳中，并通过形成共价键或配位键而结合于表面。土壤水合氧化物的羟基化表面、土壤腐殖质胶体的羟基、酚羟基及层状铝硅酸盐矿物边缘裸露的铝醇、硅烷醇等基团都能通过络合作用或螯合作用对重金属离子进行专性吸附。

土壤对重金属离子的专性吸附可能涉及不同的机理。武枚玲（1989）对 Cu 的专性吸附进行了深入研究，结果表明，当 Cu 浓度很低时，Cu^{2+}首先占据结合能较大的吸附点。针铁矿表面可能存在两组结合能不等的专性吸附点，当结合能较大的吸附点为 Cu 占据后，即与添加的 Cu 浓度无关。土壤中结合较松的那部分专性吸附 Cu 则与平衡液中 Cu^{2+}浓度的关系密切，它们在 NH_4Cl、$NaCl$ 等中性盐溶液中可以解吸。例如，针铁矿低结合能吸附点吸持的 Cu、腐殖质络合而稳定性较差的 Cu 及黏土矿物专性吸附的 Cu。重金属和类重金属的含氧酸根是能被专性吸附的阴离子，它们与羟基化表面亲和力强。铁、铝水合氧化物表面的氧离子可被含氧根置换，这些阴离子还可进入晶架，置换暴露在固相表面的配位体原子，与 Fe^{3+}、Al^{3+}形成配位体。

土壤水溶态、交换吸附态和专性吸附态的重金属处于动态平衡中，专性吸附态是储存部分，当植物从土壤溶液中吸收重金属时，溶液中浓度不断由专性吸附态重金属补充、调节。松结合的专性吸附元素较易解吸，因此，其补充、调节作用可能较显著。紧结合的专性吸附元素不易解吸，但对外来污染的缓冲作用较强。

二、土壤重金属吸附实验

1. 实验土壤

采集南京市中山陵风景区中农田、草地和林地三种类型的表层（0～5cm）土壤，样品自然风干、去除杂物（植物根、石砾等），磨碎，过10目、60目尼龙筛，装入塑料袋，密封保存，备用。实验土壤的主要理化性质见表9-14。

表9-14　实验土壤的主要理化性质

土壤类型	有机质含量/(g/kg)	物理性黏粒(<0.002mm)/%	CEC/(cmol(+)/kg)	pH(H₂O)
农田	46.9	25.4	14.6	7.23
草地	25.6	15.1	12.05	5.96
林地	24.1	19.8	11.8	5.42

选择重金属 Cd 和 Cu 作为吸附实验，主要是基于以下原因。

（1）Cu 既是重金属污染元素又是植物必要的营养元素，过量的 Cu 不仅影响农作物的生长与产量，更为严重的是将通过食物链对人畜的健康产生危害。

（2）Cd 污染主要来自电镀、染料、采矿、冶炼、化学制品、塑料工业、合金及一些光敏元件制备等行业排放的"三废"物，是一种生物积累性剧毒元素。

2. 吸附实验

1）土壤对 Cu、Cd 静态吸附-解吸实验

以 0.01mol/L CaCl₂ 溶液为支持电解质，采用一次平衡法，初始 Cu 浓度分别为 2mg/L、10mg/L、20mg/L、40mg/L、60mg/L、100mg/L，其主要操作步骤如下：分别称取每种土壤样品 1.00g 数份置于 100mL 塑料离心管中，分别加入系列 Cu 浓度的 0.01mol/L CaCl₂ 溶液 20mL，盖上盖子，在 25 ± 1℃条件下振荡 2h 后，恒温平衡 24h，然后以 3000r/min 离心 5min，取上清液用 ICP 法测定 Cu 含量。用差减法计算土壤 Cu 吸附量，并与平衡液中 Cu^{2+} 的浓度作吸附等温线。

将上述吸附后残留的土壤样品用 95% 乙醇清洗三次，然后加入 20mL 0.01mol/L 的 CaCl₂ 溶液，盖上盖子，在 25 ± 1℃条件下振荡 2h 后，恒温平衡 24h，然后以 3000r/min 离心 5min，取上清液用 ICP 法测定 Cu 含量，即土壤解吸量，用解吸量对解吸前的吸附量作图，得到 Cu 的解吸曲线，进而可得出不同类型土壤中 Cu 解吸与吸附作用的关系。

各类型土壤对 Cd 的吸附-解吸特性研究方法及步骤与 Cu 相同，初始 Cd 的浓

度同样为 2mg/L、10mg/L、20mg/L、40mg/L、60mg/L、100mg/L。

2）pH 对土壤吸附 Cu、Cd 的影响

分别称取 1.00g 土壤样品（1mm）于 100mL 具盖离心管中，加入 100mg/L 的 $CuSO_4$ 溶液或 100mg/L 的 $CdCl_2$ 溶液 25mL，用 0.1mol/L $Ca(OH)_2$ 溶液及 0.1mol/L HCl 溶液调节 pH 为 4、5、6、7、8。恒温振荡 2h，平衡 24h，离心，测定平衡液的 pH 和 Cu^{2+}、Cd^{2+} 的浓度，Cu、Cd 吸附量为初始加入量与平衡残留量之差，以 pH 对测得的吸附量作图。

3）有机酸对土壤吸附 Cu、Cd 的影响

称取过 60 目的土壤样品 0.2000g 于塑料离心管中，加 10mL pH 为 5.5 的系列有机酸（草酸或柠檬酸），浓度分别为 0.1mmol/L、0.2mmol/L、0.5mmol/L、1.0mmol/L、2.0mmol/L、3.0mmol/L，迅速加入 10mL Cu 浓度为 100mg/L 的 0.01mol/L KNO_3 溶液或 Cd 浓度为 100mg/L 的 0.01mol/L KNO_3 溶液，固液比为 1：100，恒温振荡 2h，平衡 24h，离心，测定上清液中 Cd^{2+}、Cu^{2+} 浓度及其 pH。Cu、Cd 吸附量为初始加入量与平衡残留量之差，分别以 Cu、Cd 吸附量对有机酸浓度作图。

4）吸附-解吸的动力学实验

分别称土壤样品 10.0g（2mm）于塑料瓶中，加入 500mL 含 Cu 40mg/L 或含 Cd 40mg/L 的 0.01mol/L $CaCl_2$ 溶液，25℃下振荡，于不同时间（5min、10min、20min、30min、60min、120min、240min、480min、720min、1440min）吸取溶液 25mL，经离心分离后测定上清液中的 Cu^{2+} 及 Cd^{2+} 含量，计算不同时间内土壤吸附量，以时间 t 对吸附量作图。

三、土壤重金属的静态吸附

通过对农田、草地和林地三种土壤对重金属 Cd、Cu 的吸附热力学特征的研究，比较这三种土壤对 Cd、Cu 的吸附量和吸附能力，并推算出 Cd 和 Cu 在三种土壤中的化学容量。

1. 土壤镉（Cd）的吸附-解吸特征

重金属 Cd 在三种土壤中等温吸附实验结果见图 9-8，不同土壤对 Cd 的吸附等温线具有共性，即三种土壤对 Cd 的吸附量均随吸附平衡液浓度的增加而增加，在平衡液浓度较低时，曲线斜率较大，即随平衡时浓度的增加吸附量增加较快；随平衡液浓度的逐渐增加，曲线斜率逐渐变小，即土壤对 Cd 的吸附量增加变慢。

土壤对 Cd 的吸附量为：农田＞草地＞林地。农田土壤对 Cd 的吸附量最大，其最大吸附量为 1410.9mg/kg，草地土壤最大吸附量为 883.4mg/kg，林地土壤最

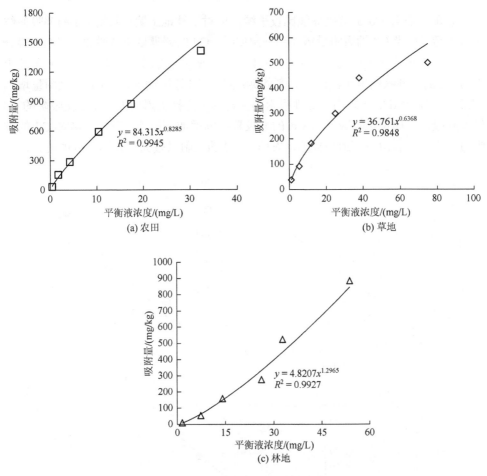

图 9-8　土壤 Cd 的吸附等温线

大吸附量为 500.0mg/kg，林地土壤的吸附等温线最为平缓，这与三种土壤的有机质含量、阳离子交换量和颗粒组成等理化性质不同有关，农田土壤的有机质含量、阳离子代换量均高于另外两种土壤。

在实验浓度范围内，三种土壤对 Cd 的吸附量均未达到最大吸附量，由 Langmuir 方程可求得土壤对 Cd 的最大吸附量，三种土壤对 Cd 最大吸附量的大小顺序为农田＞草地＞林地，农田土壤的最大吸附量最大，为 2500.0mg/kg，草地土壤为 1111.1mg/kg，林地土壤的最大吸附量最小，为 714.3mg/kg，这可能是因为农田土壤的有机质含量远高于草地土壤和林地土壤。

土壤吸附态 Cd 的解吸量随 Cd 吸附量的增加而增加（图 9-9），两者之间呈显著的线性正相关，农田、草地和林地土壤对 Cd 的解吸量与吸附量之间的相关系数 R^2 分别为 0.9882、0.9835 和 0.9936。三种土壤的吸附量-解吸量关系图形状基本相同，农田土壤对 Cd 的解吸曲线比较平缓，但对于林地土壤，起初 Cd 的解吸曲线比较平缓，但当 Cd 的吸附量增加到一定值时，Cd 的解吸量急剧增加，草地土壤介于农田土壤和林地土壤之间，这可能是随着 Cd 吸附量的增加，林地土壤和草地土壤对 Cd 的专性吸附减少，林地土壤交换吸附的 Cd 逐渐增加，当 Cd 的吸附量增加到某一值时，Cd 的吸附由以专性吸附为主转为以交换吸附为主，而交换吸附的 Cd 较易解吸，从而使土壤吸附态 Cd 的解吸量急剧增加。另外，三种土壤对 Cd 的解吸量大小为：农田＞草地＞林地，农田对 Cd 的吸附量较大，其解吸量也较大。

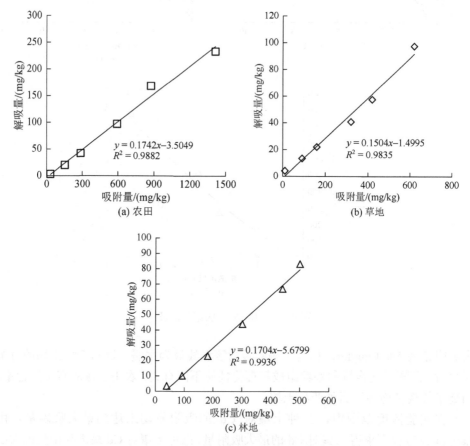

图 9-9　土壤 Cd 吸附量与解吸量的关系

进一步分析还发现，被土壤吸附的 Cd 并不是全部被解吸，也就是说能保留部分外源 Cd，这部分不能解吸的 Cd 可代表土壤对 Cd 的固定能力，当 Cd 的解吸量为 0mg/kg 时，通过解吸量与吸附量之间的相关方程，可以计算土壤固定 Cd 的量，农田土壤、林地土壤和草地土壤 Cd 的固定量分别为 **20.12mg/kg**、**33.33mg/kg**

和 9.97mg/kg，即林地＞农田＞草地，这与前面所叙述的土壤对 Cd 的吸附作用力和最大缓冲力的顺序是一致的。

2. 土壤铜（Cu）的吸附-解吸特征

三种土壤对 Cu 的吸附等温线形状相似（图 9-10），土壤 Cu 的吸附量都随初始或平衡液中 Cu^{2+} 的浓度增加而增大，在平衡液 Cu^{2+} 浓度较低时，吸附等温线的斜率较大，曲线急剧上升，表明吸附量随浓度增加较快，而随着平衡液 Cu^{2+} 浓度的增大，曲线变得较为平缓，吸附量随浓度增加较慢，最后达到稳定平衡。土壤对 Cu 的吸附基本上达到稳定平衡（平台区）时，农田、林地和草地土壤对 Cu 的吸附量分别为 1830mg/kg、1250mg/kg 和 1243mg/kg，顺序为农田＞林地＞草地。

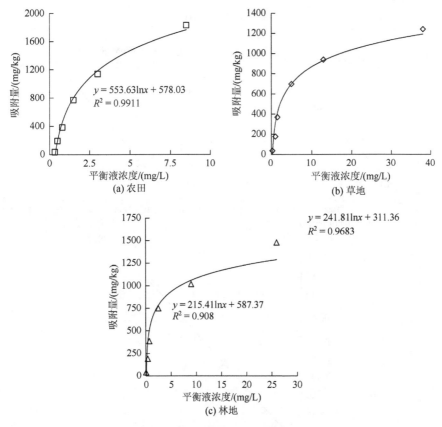

图 9-10 土壤 Cu 的吸附等温线

由 Langmuir 方程求得农田、林地和草地土壤对 Cu 的饱和吸附量分别为 3333.3mg/kg、1666.7mg/kg、1428.6mg/kg，三种土壤对 Cu 的饱和吸附量顺序为：农田＞林地＞草地。用同样的方法对几种土壤 Cu 的化学容量进行估算，结果表明，农田、林地和草地土壤 Cu 的化学容量分别为 3353.3mg/kg、1686.7mg/kg 和 1448.6mg/kg。可见土壤对 Cu 的化学容量是很大的，说明外源重金属进入土壤后大部分被土壤所吸附固定。

吸附于土壤上的 Cu 的解吸具有重要的生态意义，因为解吸量的多少标志着在一定条件下对地下水、土壤溶液及作物吸收 Cu 的潜在影响。由图 9-11 可知，农田、草地和林地土壤吸附态 Cu 的解吸量和解吸率均随 Cu 吸附量的增加而增加，两者之间呈极显著的线性正相关，相关系数均大于 0.99。被土壤吸附的 Cu 并不是全部被解吸，也就是说能保留部分外源 Cu，这部分不能解吸的 Cu 可代表土壤对 Cu 的固定能力，当解吸量为 0 时，通过解吸量与吸附量之间的相关方程，可以计算土壤 Cu 的固定量，农田、林地和草地土壤 Cu 的固定量分别为 147.2mg/kg、118.5mg/kg、61.9mg/kg，顺序为农田＞林地＞草地。

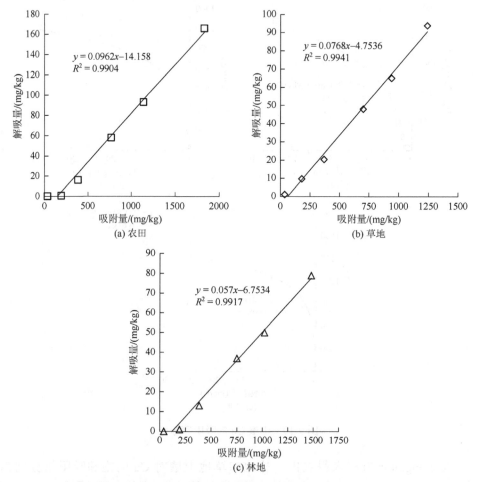

图 9-11　土壤 Cu 吸附量与解吸量的关系

四、土壤重金属的动态吸附

土壤 Cu、Cd 的吸附特征及其作用机理主要集中在用热力学平衡模型研究其在土壤中的吸附与解吸特征，分析 Cu、Cd 在土壤中的动力学吸附特征对于了解 Cu、Cd 在土壤中迁移转化的机制及生物有效性极为重要。

1. 土壤重金属镉（Cd）的动态吸附特征

三种土壤对 Cd 离子的吸附过程较为快速，绝大多数离子在几分钟内被吸收，随时间延长，反应趋于平衡，30min 后，土壤吸附量几乎恒定，吸附基本达到平衡。达到平衡时吸附量大小依次为农田＞草地＞林地（图 9-12）。

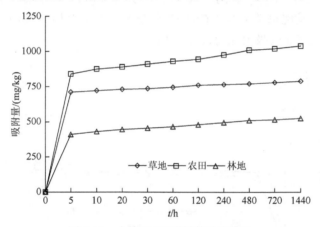

图 9-12　土壤 Cd 吸附量的动态变化

用数学模型对 Cd 在三种土壤的吸附动力学数据拟合（表 9-15），双常数速率方程和 Elovich 方程均可以表征土壤吸附 Cu 的动力学特征。由于两方程中 k 值大小反映了吸附速率的快慢，因此通过比较三种土壤中 Cd 的 k 值，可得到三种土壤对 Cd 的吸附速率大小为农田＞草地＞林地。结果表明，Cd 进入农田土壤中可立即被吸附固定，很难向下层土壤移动。

表 9-15　土壤 Cd 吸附动力学数据拟合

土壤类型	双常数速率方程 $Q_t = kt^{1/n}$			Elovich 方程 $Q_t = (1/\beta)\ln(1 + a\beta t)$		
	k	n	R^2	a	β	R^2
农田	927.51	24.81	0.966	929.83	37.73	0.974
草地	749.24	104.2	0.992	749.38	7.237	0.992
林地	432.83	58.82	0.988	433.03	7.389	0.990

注：Q_t 为时间 t 的吸附量；k 和 n 为双常数速率方程常数；a 和 β 为 Elovich 方程常数；R^2 为相关系数。

2. 土壤重金属铜（Cu）的动态吸附特征

三种土壤对 Cu 的吸附量随时间变化曲线相似，起初吸附量增加较快，随着时间的变化，吸附量不断增加，最后基本达到平衡（图9-13）。对 Cu 在三种土壤的吸附动力学数据进行数学模型拟合（表9-16），双常数速率方程和 Elovich 方程均可以表征土壤 Cu 吸附的动力学特征。通过比较相关系数可知，两种方程拟合的效果都很好，两方程中 k 值大小反映了吸附速率的快慢，因此通过比较 Cu 在三种土壤的 k 值，可得到 Cu 在三种土壤中的吸附速率大小为农田＞林地＞草地。该结果表明，Cu 进入农田土壤中可立即被吸附固定，很难向下层移动。这说明 Cu 一旦进入农田土壤立即被吸附固定，使得被 Cu 污染的农田土壤表层的 Cu 含量最高。与土壤对 Cu 和 Cd 的静态吸附相同，在研究三种土壤对 Cu 和 Cd 的动态吸附时，同样发现每类土壤对 Cu 的吸附量都比对浓度相同的 Cd 的吸附量大很多，说明土壤对 Cu 的吸附能力远强于 Cd。

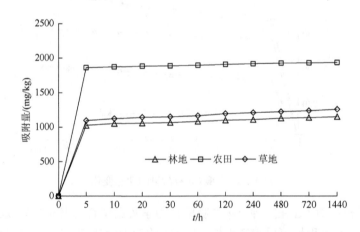

图 9-13　土壤对 Cu 在不同时间内的吸附量

表 9-16　土壤 Cu 吸附动力学数据拟合

土壤类型	双常数速率方程			Elovich 方程		
	$Q_t = kt^{1/n}$			$Q_t = (1/\beta)\ln(1 + a\beta t)$		
	k	n	R^2	a	β	R^2
农田	1898.9	142.9	0.986	1898.6	13.37	0.986
林地	1167.3	42.4	0.988	1168.4	27.78	0.992
草地	1081.70	51.3	0.984	1082.4	21.23	0.986

注：Q_t 为时间 t 的吸附量；k 和 n 为双常数速率方程常数；a 和 β 为 Elovich 方程常数；R^2 为相关系数。

五、影响土壤重金属吸附的因素

土壤重金属的吸附受多种因素的影响，如土壤质地、pH、Eh（氧代还原电位）、有机质含量等土壤理化性质等，其中 pH 是影响土壤重金属吸附的重要因素，土壤中的各种有机酸类物质对土壤重金属吸附也有重要影响。

1. pH 对土壤重金属吸附的影响

实验结果表明（图9-14），当 pH 由 4 增至 8 时，土壤对 Cu、Cd 的吸附量随 pH 的上升而增加，在研究的 pH 范围内，吸附量均未达到最大。三种土壤对 Cu、Cd 的吸附有相似的 pH-吸附量关系曲线。但随着 pH 的增加，不同土壤对 Cu、Cd 的吸附量增加呈现差异。当 pH<6 时，pH 对草地土壤吸附 Cd 影响较小，对林地土壤吸附 Cd 影响较大，对农田土壤吸附 Cd 的影响介于两者之间。与 Cd 相比，pH 对三种土壤吸附 Cu 的影响比对吸附 Cd 的影响要明显。另外，pH 对三种土壤吸附 Cu 的影响顺序为：农田＞草地＞林地。

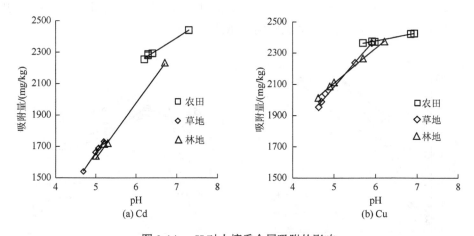

图 9-14　pH 对土壤重金属吸附的影响

土壤溶液的 pH 影响着重金属在土壤固相表面的吸附，土壤溶液酸度升高，溶液中 H^+、Fe^{2+}、Mn^{2+}、Zn^{2+}增多，一些固相盐类溶解度的增加从而增加了对交换位的竞争，使重金属的吸附减少，有效态重金属的浓度会相应地有所增高。pH升高，土壤固相物质表面负电荷增加，H^+竞争作用减弱，作为土壤吸附重金属的主要载体如有机质、锰氧化物等与重金属结合得更牢固，土壤对重金属的吸附量就会增加。在通常的土壤 pH 范围内，专性吸附也随着 pH 升高而增强。实验表明

（廖敏和黄昌勇，1999），当 pH＞6 时，Cd 吸附过程中产生的由络合反应引起的专性吸附随 pH 的上升而加剧，且 pH 超过一定值后会伴有沉淀反应，生物有效态的 Cd 含量会下降。另外，土壤溶液 pH 可通过影响重金属溶解沉淀平衡、溶解有机质含量等改变土壤对重金属的吸附。

2. 有机酸对土壤重金属吸附的影响

土壤中含有多种有机酸类物质，它们通过改变土壤 pH 和氧化还原状况，或通过螯合、还原作用来增加重金属元素的溶解度和移动性，从而影响重金属在土壤-植物-水体-大气间的迁移行为。采用土壤中常见的两种植物根系分泌的有机酸（柠檬酸和草酸），来研究有机酸对不同土壤中重金属 Cu 和 Cd 吸附的影响，研究结果将有助于明晰土壤中重金属的生物可利用性及其迁移转化行为，为探讨重金属污染土壤的化学与生物修复提供依据。

由图 9-15 可见，草酸浓度由 0.1mmol/L 增至 3mmol/L 时，林地土壤对 Cd 的吸附率由 71.9%缓慢增至 99.8%；当草酸浓度由 0.1mmol/L 增至 0.5mmol/L 时，草地土壤对 Cd 的吸附率由 73.6%缓慢增至 75.5%，林地土壤对 Cd 的吸附率由 71.9%缓慢增至 75.9%，当草酸浓度增至 3mmol/L 时，林地土壤对 Cd 的吸附率迅速增至 99.8%；草地土壤对 Cd 的吸附率迅速增至 99.9%。

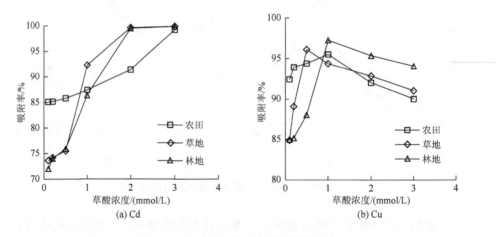

图 9-15　草酸对土壤重金属吸附的影响

草酸浓度由 0.1mmol/L 增至 1mmol/L 时，农田土壤对 Cu 的吸附率由 92.4%缓慢增至 95.5%，林地土壤由 84.9%快速增至 97.3%，当草酸浓度由 1mmol/L 增至 3mmol/L 时，农田土壤对 Cu 的吸附率由 95.5%降至 90.0%，林地土壤由 97.3%

降至 94.0%；当草酸浓度由 0.1mmol/L 增至 0.5mmol/L 时，草地土壤对 Cu 的吸附率迅速由 84.7%增至 96.3%，而当草酸浓度由 0.5mmol/L 增至 3mmol/L 时，草地土壤对 Cu 的吸附率由 96.3%降至 91.0%。

　　由图 9-16 可见，当柠檬酸浓度由 0.1mmol/L 增至 0.2mmol/L 时，草地土壤对 Cd 的吸附率由 72.9%增至 74.9%，林地土壤对 Cd 的吸附率由 71.9%增至 72.6%；当柠檬酸浓度增至 3mmol/L 时，林地土壤对 Cd 的吸附率迅速增至 98.8%，草地土壤对 Cd 的吸附率迅速增至 99.8%；而农田土壤在柠檬酸浓度由 0.1mmol/L 增至 3mmol/L 时，对 Cd 的吸附率由 85.0%缓慢增至 99.9%。

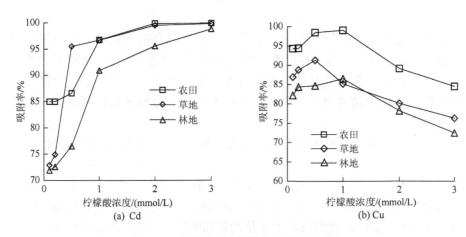

图 9-16　柠檬酸对土壤重金属吸附的影响

　　当柠檬酸浓度由 0.1mmol/L 增至 0.5mmol/L 时，林地土壤对 Cu 的吸附率由 82.2%增至 84.7%；农田土壤对 Cu 的吸附率由 94.3%增至 98.5%；草地土壤对 Cu 的吸附率由 86.9%增至 91.3%。当柠檬酸浓度由 0.5mmol/L 增至 3mmol/L 时，林地土壤对 Cu 的吸附率由 84.7%降至 72.5%；草地土壤对 Cu 的吸附率由 91.3%降至 76.3%；农田土壤对 Cu 的吸附率由 98.5%降至 85.1%。

　　在有机酸浓度范围内，对土壤吸附 Cd、Cu 的影响不一致。土壤对重金属 Cd 的吸附率随有机酸浓度的增加而增加，对 Cu 的吸附率则随着有机酸浓度的增加先增加后降低。其原因是加入的有机酸浓度较低时，其中大部分的有机酸被土壤吸附，液相中残留量小，且土壤吸附有机酸后，有机酸含有官能团—COOH、—OH 等，表面负电荷增加，有机酸可以通过这些官能团产生螯合和溶解作用，或通过改变 pH 和氧化还原状况，而使一些被束缚的重金属释放，减少重金属的固定，增加了其溶解度和有效性，因而促进了重金属的吸附。随着有机酸浓度的升高，即—COOH 浓度的增大，有机酸抑制土壤对 Cu 的吸附，其原因可能有：①残留于液相中的有机配体与 Cu 形成配合物，使 Cu^{2+} 更多地保留于溶液中；②有机配体与 Cu^{2+} 竞争土壤表面的吸附位点；③有机酸从土壤中浸提出的 Ca、Mg 离子与溶液中的 Cu^{2+} 竞争吸附位点。

柠檬酸提高 Cd、Cu 吸附率的程度比草酸稍大，因为柠檬酸分子中官能团多，被土壤吸附后产生的负电荷多，且柠檬酸属于多元酸，吸附在固相表面的柠檬酸与重金属离子形成的配合物比草酸要稳定得多。

第四节　公路林带重金属含量

公路旁边土壤重金属污染主要来源于汽车尾气及汽车轮胎与地面摩擦产生的颗粒物，受风及雨水等自然因素影响，污染集中在公路两侧 100m 范围内，污染强度自公路向两侧逐渐减弱。我国公路两边往往分布着宽度不等的林带和农林业用地，公路周边重金属污染对农产品安全和人体健康的影响成为一个大家关注的问题。

针对江苏省内公路两侧的重金属污染问题，一些学者在过去也已经做了一些研究。吴永刚等（2002）测定了南京市城郊 312 国道旁土壤和茶树不同部位中重金属含量和分布规律，发现在公路两侧 100m 范围内土壤 Pb 含量均超过南京市土壤 Pb 含量背景值，在 60m 范围内的茶树老叶、新叶中 Pb 含量均超过国家茶叶卫生标准，茶叶的食用部分主要是幼芽和嫩叶，因此不建议在公路两侧 60m 范围内经营茶园。张辉和马东升（1998）从地球化学的角度对宁杭公路南京市东郊段土壤中的重金属污染形态及其解吸、吸附能力做了一些探讨，认为公路大气重金属污染元素主要以 Fe-Mn 氧化物态存在，且土壤对 Pb 和 Cd 的吸附能力相对较强，而对 Ni 和 Cr 的吸附能力相对较弱。陆东晖和殷云龙（2008）对南京市的绕城公路和城乡公路两侧的土壤和植物中的重金属含量进行了分析，发现在车流量超过 20000 辆/日时，公路大气 NO_x 污染严重，同时还发现公路边土壤和植物中的 Pb、Cr、As、Al 和 Fe 等重金属含量均较高，公路边稻米中的 Pb、Cr 和 Ni 含量均超过国家食品卫生标准，其中以 Pb 最明显，超标 2.76～5.64 倍，Pb、Al 和 Fe 在水稻叶片中的积累具有明显的气源性特点，但是其来源和转移机制还需要深入研究。

选取交通流量大、建成时间较早的 312 国道公路一侧的杨树林带作为研究对象，通过分析距离公路不同距离处林地土壤及树木中重金属含量变化规律来研究林带对公路重金属污染的吸收净化与防护功能，为公路绿化结构的合理布局及调整、土地的有效利用和植物的优化配置等提供科学依据。

一、样品采集与处理

研究区为 312 国道 K306 里程碑北侧 10 年生杨树林带，林带位于一谷间平地，与路面垂直落差为 4m 左右，处于主风向的下风向，生长较好，周围 200m 内有 3～4 户居民居住，无化工厂，受人为干扰较少，无人工耕作痕迹。林带东西长 250m，南北宽 100m，株行距 2.5m×3m，林木呈交叉式排列，林相整齐；郁闭度 0.7，平均胸径 19.10cm，平均高度 17.0m，枝下高 5～6m；林下有稀疏灌木，其中桑树、榔榆较多，另有一些小构树，地被草稀疏，枯枝落叶较多；土壤为黄棕壤。

分别在与公路垂直距离 5m、10m、20m、40m、60m、80m、100m 处设置 7 个采样点，采集 0～20cm 表层土壤，重复 4 次。自然风干后，碾磨过 100 目筛，装入封口塑料袋备用。在各采样点选择 3～5 株树木作为采样株，采集树冠中部树叶，清洗并于 90℃烘箱内杀青后于 70℃烘干并粉碎，装入封口塑料袋，置于干燥器中备用。

二、公路林带树木叶片重金属含量的空间分异

1. 树林叶片中重金属含量及其相关性

叶片中的重金属主要有两个来源，一是从土壤中吸收；二是从大气中直接吸收。可以认为叶片中重金属的总量减去从土壤中吸收的量即从大气中吸收的量，重金属大部分来自大气污染，和大气中的悬浮颗粒物浓度有很大关系，受土壤影响较小，这一特点正是公路两侧植物净化空气降低污染的主要机理。

随着距公路距离的加大，叶片中 Zn、Cr、Pb、Cd 四种重金属含量表现出下降的基本趋势，在 20m 后重金属的含量下降幅度比较大，即前 20m 是四种重金属的相对高浓度区，说明杨树林带至少要达到 20m 时，对上述四种重金属才能起到很好的防护效果（表 9-17）。四种重金属含量与距离的相关系数分别为 -0.865、-0.800、-0.769、-0.779，在显著水平为 0.05 上具有较好的负相关性（表 9-18），主要因为公路汽车尾气及轮胎与地面的摩擦所产生含有的重金属粉尘颗粒降落到叶片上，并随着生长扩散到树叶及其体内，因此距离公路越近其重金属含量越高。但是 Mn、Fe、Cu 这三种重金属在距离梯度上没有显著的变化（除 Mn 在 5m 处含量较高外），说明这三种重金属受汽车尾气及粉尘的影响较小，可能与 Mn、Fe、Cu 在土壤中含量本身就相对比较高有关，它们是植物生长的必需元素。叶片重金属含量中，Cr 与 Cd，Cr 与 Mn，Cr 与 Pb，Cd 与 Pb，Pb 与 Mn，Cd 与 Zn，Cr

与 Zn，Pb 与 Zn，Mn 与 Zn 呈极显著正相关，相关系数分别为 0.970、0.895、0.984、0.967、0.950、0.953、0.953、0.968 和 0.895，Mn 与 Cd 在显著水平为 0.05 上有较好的正相关性，相关系数为 0.854，这是大部分重金属是随着距离的增加而减小的另一种表现形式。

表 9-17　南京市距公路不同距离树木叶片中重金属含量　　（单位：mg/kg）

距离/m	Cd	Cr	Cu	Fe	Mn	Pb	Zn
5	4.89±0.15	2.3±0.19	10.4±0.86	175±6.81	286±1.09	15.3±0.70	102±0.26
10	3.96±0.08	1.30±0.12	18.3±0.99	184±4.93	135±3.28	11.1±1.10	68.0±0.64
20	3.79±0.12	1.08±0.09	17.6±0.41	178±3.81	129±5.33	10.4±0.71	71.4±1.24
40	2.91±0.16	0.32±0.08	13.8±0.41	164±7.89	130±4.01	8.90±0.09	55.9±1.42
60	2.85±0.05	0.55±0.06	12.2±0.18	175±5.19	121±3.04	8.73±0.07	44.1±0.92
80	2.81±0.07	0.45±0.05	13.7±0.84	202±5.02	110±7.94	8.43±0.14	42.0±0.68
100	3.09±0.10	0.25±0.03	12.8±0.68	178±3.54	108±1.97	8.39±0.06	39.8±0.80

表 9-18　距公路距离与树木叶片中各重金属元素间的相关系数

	距离	Cd	Cr	Cu	Fe	Mn	Pb	Zn
距离	1							
Cd	−0.779*	1						
Cr	−0.800*	0.970**	1					
Cu	−0.316	0.002	−0.082	1				
Fe	0.310	−0.149	−0.078	0.18	1			
Mn	−0.613	0.854*	0.895*	−0.47	−0.24	1		
Pb	−0.769*	0.967**	0.984*	−0.19	−0.18	0.950**	1	
Zn	−0.865*	0.953**	0.953*	−0.48	−0.27	0.895**	0.968**	1

2. 相同距离点上树木叶片中各重金属的含量

通过对表 9-17 中各个距离点上树木叶片对重金属的含量分析可知，在同一距离点上叶片中各重金属的含量，除 5m 处为 Mn＞Fe＞Zn＞Pb＞Cu＞Cd＞Cr 外，其余各个距离点都表现为 Fe＞Mn＞Zn＞Cu＞Pb＞Cd＞Cr 这一趋势，其中 Fe、Mn、Zn 的含量明显高于其他几种元素，特别是 Fe 元素含量非常高，是 Cr 元素含量的百倍多，说明杨树的叶片对 Fe、Mn、Zn 有较强的富集作用，也反映出植物对重金属选择性的吸收的结果。

三、公路林带土壤重金属含量的空间分异

公路周边土壤重金属主要来源于汽车汽油的燃烧和轮胎磨损，以 Pb、Zn、Cd、Cr、Cu 等为主，这些有害重金属元素一部分被植物直接以滞尘的方式带入叶片内，而另一部分则通过大气沉降进入土壤，包括湿沉降和干沉降。湿沉降指大气中悬浮颗粒物中含有的重金属随降水进入土壤，干沉降指大气降尘直接下沉落在土表。

1. 土壤中重金属含量及其相关性

从表 9-19、表 9-20 可见，随着离公路距离的增加，Cd、Mn、Pb 含量表现出上升的趋势，这三种重金属与距离的相关系数分别为 0.800、0.877、0.923，其中 Cd 在显著水平为 0.05 上呈较好正相关，Mn、Pb 在 0.01 显著水平上呈极显著正相关。Zn 随着距离的加大有逐渐减少的趋势，相关系数为–0.815。另外，距离并没引起 Fe、Cr、Cu 含量上的较大差异。Pb 与 Cd、Pb 与 Mn 在显著水平为 0.01 上有极显著的相关性，相关系数分别为 0.927、0.880；Mn 与 Zn、Zn 与 Pb 在显著水平为 0.05 上有较好的负相关性，相关系数分别为–0.851、–0.832。总之，土壤中的重金属含量与多种因素有关，如土壤元素的含量背景值等，与叶片重金属含量相比显得规律性较差。同一距离点上土壤中重金属元素 Fe 含量最高，其次为 Mn、Zn、Cr、Cu 和 Pb，Cd 含量最少。

表 9-19　南京市距公路不同距离土壤中重金属含量　（单位：mg/kg）

距离/m	Cd	Cr	Cu	Fe	Mn	Pb	Zn
5	0.19±0.01	28.8±1.12	22.7±1.54	18447±335	406±9.98	15.3±0.18	101±4.18
10	0.31±0.02	25.4±0.85	23.4±0.93	15252±462	402±16.3	16.7±0.67	90.9±1.89
20	0.31±0.03	27.7±1.54	20.6±0.89	17168±510	744±9.74	19.4±0.92	87.2±3.21
40	0.57±0.09	27.1±1.57	22.6±0.76	16564±581	862±22.4	22.2±0.51	86.9±3.67
60	0.41±0.06	28.9±1.53	23.7±0.98	17185±383	829±16.1	21.5±0.31	80.9±2.96
80	0.43±0.11	28.0±0.65	23.3±0.76	17464±149	976±26.3	22.1±0.20	83.8±1.79
100	1.17±0.12	29.0±0.62	23.7±0.73	17392±87	969±14.8	28.3±0.51	80.6±1.39

表 9-20　距公路距离与土壤中各重金属元素间的相关系数

	距离	Cd	Cr	Cu	Fe	Mn	Pb	Zn
距离	1							
Cd	0.800[*]	1						
Cr	0.498	0.323	1					

	距离	Cd	Cr	Cu	Fe	Mn	Pb	Zn
Cu	0.507	0.394	0.114	1				
Fe	0.196	0.020	0.886**	−0.125	1			
Mn	0.877**	0.647	0.431	0.135	0.18	1		
Pb	0.923**	0.927**	0.411	0.326	0.08	0.880**	1	
Zn	−0.815*	−0.632	−0.187	−0.273	0.20	−0.851*	−0.832*	1

2. 土壤重金属污染评价

根据土壤重金属元素含量和相关评价标准来计算各元素的污染指数，进行土壤重金属污染评价，污染指数计算公式如下：

$$IP = C_m/C_o \tag{9-15}$$

式中，IP 为某金属元素的污染指数；C_m 为土壤中某重金属元素含量的平均值；C_o 为土壤某重金属元素含量的评价标准值，这里以中国土壤重金属元素含量的平均背景值作为评价标准值。

土壤重金属污染指数的分级标准拟定如下：

Ⅰ级：清洁，IP<1.0；
Ⅱ级：轻度污染，IP 为 1.0~2.0；
Ⅲ级：中度污染，IP 为 2.0~3.0；
Ⅳ级：重度污染，IP>3.0。

根据式（9-15）计算土壤中各距离点各重金属元素的污染指数（表 9-21）。

表 9-21　距公路不同距离土壤各重金属元素的污染指数

距离/m	Cd	Cr	Pb	Cu	Fe	Mn	Zn
5	1.91	0.47	0.59	1.00	0.63	0.70	1.36
10	3.16	0.42	0.64	1.04	0.52	0.69	1.23
20	3.16	0.45	0.75	0.91	0.58	1.28	1.18
40	5.90	0.44	0.85	1.00	0.56	1.48	1.17
60	4.24	0.47	0.83	1.05	0.58	1.42	1.09
80	4.45	0.46	0.85	1.03	0.59	1.67	1.13
100	12.01	0.47	1.09	1.05	0.59	1.66	1.09

在土壤中，Cu、Fe、Mn、Zn 等重金属都是植物所必需的矿质营养微量元素，这些元素若在土壤中含量过高，也会导致土壤污染（陈怀满，2018）。从表 9-21 可以看出，Fe 元素的污染指数均≤1.0，属Ⅰ级清洁标准；除 Cu 元素的 20m 处和 Mn 元素的 5m、10m 处的污染指数为Ⅰ级清洁标准外，其余 Cu 和 Mn 元素各点与 Zn 元素的污染指数都>1.0 且<2.0，属Ⅱ级轻度污染。在 Cd、Cr、Pb 等有害重金属元素中，Cr 元素的污染指数都<1.0，属Ⅰ级清洁标准；Pb 除 100m 处污染指数>1.0 且<2.0，为Ⅱ级轻度污染外，其他都属于Ⅰ级清洁标准。Cd 元素的污染指数在 5m 时>1.0 且<2.0，属Ⅱ级轻度污染，而在 10～100m 均>3.0，属Ⅳ级重度污染，其中以 100m 处污染最重，污染指数高达 12.01，土壤中 Cd 污染较为严重，可能还存在其他污染源，应进一步进行污染源分析。

第五节　小　结

利用 ArcGIS 绘制了南京市主城区城市林业土壤中六种重金属含量的分布图，从整体范围来看，Pb、Zn、Cd 含量水平较高，Mn 和 Cr 含量平均值都略高于南京市土壤元素含量背景值，个别区域含量较高；城市商业文化中心鼓楼、新街口一带重金属 Cu、Zn、Mn、Pb、Cd、Cr 均有明显的岛状分布特点，含量均较高；长江大桥区域 Cu、Zn、Mn、Cr 含量均较高，城区北部长江二桥和化工厂区域重金属 Cr 含量水平较高。城市林业土壤重金属在商业区、工业区、交通绿化带均达到较高含量水平，其中，商业区中 Cu、Zn、Mn、Cd、Cr 含量最高，工业区的 Cr 含量最高。

物元可拓法评价南京市城市林业土壤重金属污染等级值为 2.489，综合评级结果为Ⅲ级（轻度污染），等级描述为介于轻度污和中度污染之间，部分采样点存在中度污染，主要分布在城区的北部和西部的交通繁重区和工业园区。物元可拓法既考虑了评价中的不确定性及模糊性，又克服了硬性分级的不足。

南京市不同土地利用类型的土壤重金属吸附特征表明，林地、农田、草地三种土壤对 Cu、Cd 的静态吸附均随平衡液中 Cu^{2+}、Cd^{2+} 浓度的增加而增大，土壤对 Cu、Cd 的解吸量随其吸附量的增加而增加，两者之间呈线性正相关。由 Langmuir 方程求得三种土壤对 Cu 的最大吸附量顺序为农田＞林地＞草地，对 Cd 的最大吸附量顺序为农田＞林地＞草地。Cu、Cd 在三种土壤中的动态吸附是个快速反应的过程，绝大多数的重金属离子在几分钟内被吸附，随时间延长，吸附反应趋于平衡。各土壤对 Cu、Cd 的吸附能力与土壤溶液的 pH 有密切关系，随 pH 的上升，其吸附量不断增加。

　　南京市 312 国道公路林带随着离公路距离的增大，杨树叶片中 Zn、Cr、Pb、Cd 四种重金属含量趋于下降，但 Mn、Fe、Cu 的含量没有显著变化。主成分分析评价表明，叶片重金属的污染程度综合评价为 5m＞10m＞20m＞40m＞60m＞80m＞100m 处，即随着距离的增加，重金属污染程度降低。土壤中 Cd、Mn、Pb 随着距离的增大表现出上升的趋势，Zn 有逐渐减少的趋势。土壤中 Fe、Pb、Cr 的污染指数大都小于 1.0，属 I 级清洁标准，Cu、Zn、Mn 则大都属 II 级轻度污染，而 Cd 达到了 IV 级重度污染。

第十章 城市林业土壤多环芳烃含量与分布

第一节 土壤中的多环芳烃

一、多环芳烃的概念及来源

多环芳烃（PAHs）是指分子由两个或两个以上苯环以稠环或非稠环方式连接而成的一类疏水性化合物，是煤、石油、木材、烟草、有机高分子化合物等含碳化合物在高温缺氧条件下不完全燃烧时产生的挥发性碳氢化合物。PAHs是广泛存在于大气、水体、土壤和沉积物环境中的一种持久性有机污染物，具有典型的"三致"（致癌、致畸和致突变）特性。随着煤、石油等化学燃料在工业生产、交通运输及生活中的广泛应用，在我们的生活环境中出现的PAHs日益增多，由于其毒性大、流动性较低且较难降解，在环境保护领域引起了世界各国的共同关注。

PAHs的来源可分为天然来源和人为来源两种，森林和草原火灾、火山活动及生物内源性合成等是主要的天然来源，此方式产生的物质通过生物降解、水解、光解等方式消除，从而保持自然界PAHs的含量处于基本稳定状态。另外在未开采的煤、石油中也含有大量的PAHs。而人为来源是导致环境中PAHs剧增的主要原因，如矿物、木材、纸张及其他含碳化合物的不完全燃烧，某些工业生产工艺过程中的热解、缺氧燃烧，垃圾及废弃物的焚烧及填埋，交通尾气排放、路面及轮胎的磨损、道路扬尘等都会产生造成环境污染的PAHs。环境中PAHs的人为来源是人类的生产生活，主要分为以下几种类型。

（1）化学工业污染源。主要来源于石油化工、有机制造、工业煤气、钢铁冶炼等化学工业所排放的废弃物，工业煤气的使用中排放的PAHs污染最严重。数据表明，可代表PAHs污染程度的苯并[a]芘（BaP）在焦化煤气工业所排放的废水中含量可高达$25.4\sim46.0\mu g/L$，远高于$0.03\mu g/L$的国家排放标准（王桂山等，2001）。

（2）交通污染源。汽车、火车、飞机等交通工具在使用过程中会排放出大量含有PAHs的尾气，目前在交通工具排放尾气中已检测出73种多环芳烃类物质。近年来，随着汽车的普及，汽车尾气中所排放的PAHs占整个交通污染源的比例越来越大。

（3）生活污染源。不仅在工业生产中使用煤炉排放的废气中含有大量的致癌性 PAHs，家庭中因使用煤炉所产生的 PAHs 含量也非常多，其中 BaP 的含量可达 559μg/m^3，超过国家卫生标准近百倍。在垃圾填埋过程及垃圾焚烧过程也会有多环芳烃的产生，烟草的焦油中已发现 150 种以上的 PAHs。总之，PAHs 的人为来源是污染的主要来源，这些来源产生的 PAHs 可通过沉降、吸附和沉积等途径进入土壤生态系统。

在快速的城市化进程中，伴随着人类的剧烈活动，土壤的物理、化学及生物学特性都在改变，大量的污水、生活垃圾、交通排放导致城市土壤质量恶化，重金属及有机污染物污染严重，特别是 PAHs 等已成为一些地区城市林业土壤污染的重要来源。

二、多环芳烃的种类及分布

PAHs 一般可分为芳香稠环型及芳香非稠环型，芳香稠环型是指分子中相邻的苯环至少有两个共用的碳原子相连的碳氢化合物，如萘、蒽、菲、芘等；芳香非稠环型是指分子中相邻的苯环之间只有一个碳原子相连（Jones et al.，1989），如联苯、三联苯等。已被发现的致癌性 PAHs 及其衍生物已超过 400 种，分布极为广泛。1979 年美国国家环境保护局规定属于优先控制的 PAHs 有 16 种，分别为萘（naphthalene，Nap）、苊（acenaphthene，Ace）、苊烯（acenaphthylene，Acy）、芴（fluorene，Flu）、蒽（anthracene，Ant）、菲（phenanthrene，Phe）、荧蒽（fluoranthene，Flt）、芘（pyrene，Pyr）、苯并[a]蒽（benzo[a]anthracene，BaA）、䓛（chrysene，Chr）、苯并[a]芘（benzo[a]pyrene，BaP）、苯并[b]荧蒽（benzo[b]fluoranthene，BbF）、苯并[k]荧蒽（benzo[k]fluoranthene，BkF）、苯并[g, h, i]芘（benzo[g, h, i]perylene，BgP）、二苯并[a, h]蒽（dibenzo[a, h]anthracene，DBA）、茚并[1, 2, 3-cd]芘（indeno[1, 2, 3-cd] pyrene，InP）。目前 PAHs 的研究主要集中在这 16 种，其结构和基本性质见表 10-1。

表 10-1　16 种 PAHs 的结构及基本性质

名称	英文简写	分子式	环数	分子量	沸点/℃	致癌性
萘	Nap	$C_{10}H_8$	2	128	217	
苊	Ace	$C_{12}H_{10}$	3	154	279	
苊烯	Acy	$C_{12}H_8$	3	152	275	
芴	Flu	$C_{13}H_{10}$	3	166	298	
蒽	Ant	$C_{14}H_{10}$	3	178	341	

续表

名称	英文简写	分子式	环数	分子量	沸点/℃	致癌性
菲	Phe	$C_{14}H_{10}$	3	178	340	
荧蒽	Flt	$C_{16}H_{10}$	4	202	384	
芘	Pyr	$C_{16}H_{10}$	4	202	384	
苯并[a]蒽	BaA	$C_{18}H_{12}$	4	228	438	致癌
䓛	Chr	$C_{18}H_{12}$	4	228	448	弱致癌
苯并[a]芘	BaP	$C_{20}H_{12}$	5	252	500	特强致癌
苯并[b]荧蒽	BbF	$C_{20}H_{12}$	5	252	481	强致癌
苯并[k]荧蒽	BkF	$C_{20}H_{12}$	5	252	481	强致癌
苯并[g, h, i]䓛	BgP	$C_{22}H_{12}$	6	276	542	致癌
二苯并[a, h]蒽	DBA	$C_{22}H_{14}$	5	278	524	特强致癌
茚并[1, 2, 3-cd]芘	InP	$C_{22}H_{12}$	6	276	497	特强致癌

PAHs 普遍存在于我们周围的环境中，已经在水、大气、土壤、植物甚至食品中发现了它的存在。PAHs 在水体中呈现三种状态：吸附在悬浮性固体上、溶解于水中和乳化状态。地表水中的 PAHs 大概有 20 多种，但是由于其较低的水溶性，地表水中 PAHs 的浓度一般来说都比较低。全世界每年排放到空气中的 PAHs 大约有 43000t，大气中 PAHs 有气态、固态两种形态，满足一定的条件时，两者之间可以进行相互转化。大气中呈气态存在的 PAHs 大多数是低环数（小于 4 环）PAHs，如菲、荧蒽等，而高环数（5 环以上）PAHs 大多数以固态存在于大气中。大气中 PAHs 存在的状态主要是由 PAHs 自身理化性质、温度、大气中与其共存的物质（如飘尘）等共同决定的（沈学优和刘勇建，1999）。据研究，大气中 PAHs 含量为城市中心高于城市外围，北方城市高于南方城市，内地城市高于沿海城市。

土壤中 PAHs 的含量差异较大，我国很多地区土壤中 PAHs 含量超过了当地土壤元素含量背景值，尤其是城市化较早的地区，如北京市城区的公园绿地、居住区绿地 0~5cm 表层土壤 PAHs 的含量分别高达 4377μg/kg 和 4708μg/kg（张娟等，2017）。土壤中 PAHs 的含量受到污染源分布的影响特别显著，钢铁厂、焦油厂及交通密集区等污染源附近土壤中 PAHs 的含量要高于远离污染源的土壤（Wang et al.，2017；Liang et al.，2011），土壤中 PAHs 含量还受到外界环境因素（气候、海拔、温度）（Dumanoglu et al.，2017）、土壤理化性质（Yang et al.，2010）、土壤微生物及地表植被种类的影响，这些都加大了土壤 PAHs 含量的空间和时间差异。

PAHs 最初大多以气态形式存在，在一定条件下会转化成固态颗粒或吸附在颗粒物上通过沉降和降水过程降落到地表，进入水体和土壤（丁克强和骆永明，2001）。植物生长过程中从土壤吸收水分和养分时会把水体及土壤中的 PAHs 吸附到体内，并在体内转移并富集；植物死亡后，PAHs 又重新回到土壤中。一般而言，植物体内吸附的 PAHs 含量要低于植物生长土壤中的含量，植物地上部分 PAHs 含量高于地下根部的含量。植物中 PAHs 富集较多的部位是叶，一般来说大叶植物比小叶植物中 PAHs 含量高，蔬菜中叶类蔬菜比茎类和果实类蔬菜中 PAHs 含量高（李萍，1997）。

三、多环芳烃的危害及防治

PAHs 是环境中分布广泛的一种持久性有机污染物，环境中的 PAHs 能够通过呼吸、饮食、皮肤等途径进入人体并对人体造成各种危害，其中呼吸道和皮肤最容易受到其危害，长时间生活在 PAHs 环境中的人极易受到其伤害，诱发人体的各种急性或慢性疾病。通过流行病学和毒理学研究证明，大多数的 PAHs 类物质均具有较强的"三致"性，同时还具有免疫毒性。人长期处于高浓度 PAHs 的烟气环境中，会导致癌症发病率的激增，同时还会降低机体的免疫力。PAHs 污染引起的人体致癌性很难被发现，其平均潜伏期最高可达 21 年。

目前，PAHs 的防治措施主要有两种，一是政府通过法律法规强制性地控制 PAHs 的排放，制定适当的排放标准，从源头上控制。二是对于已经产生的 PAHs 污染，通过化学或生物方法来处理。自从意识到 PAHs 的污染及对人体的危害后，各个国家都制定了相关的排放标准来限制其排放，例如，美国规定在工人接触 8h 的空气中，煤焦油和沥青的含量不得超过 $0.2\mu g/m^3$（Strand and Hov，1996），德国对烟熏制品要求苯并[a]芘含量不超过 $1\mu g/kg$，我国生活饮用水标准规定苯并[a]芘不得超过 $0.01\mu g/kg$，废水不超过 $30\mu g/kg$，地面水不超过 $0.0025\mu g/kg$（于小丽和张江，1996）。

治理 PAHs 污染常采用物理、化学及生物方法，例如，可以利用有机碳的强烈吸附性能来吸附环境中污染的 PAHs，用微生物降解分子量较小的 PAHs，还可以使用物理化学生物联合治理方法治理较难处理的 PAHs 污染，如加入表面活性剂、共代谢物和硝酸根等含氧酸根（在厌氧条件下）来加快多环芳烃的降解速度等。目前利用生物及化学的方法处理多环芳烃污染的研究尚不成熟，更多的 PAHs 生物化学处理新技术还待进一步的开发。

四、多环芳烃的分析测定

PAHs 的前处理是其分析测定过程中非常重要的环节，PAHs 在环境中的浓度很低，并存在多种干扰物，因此 PAHs 的前处理工作是测定工作成败的关键。有文献报道，样品处理所需的时间占整个 PAHs 测定全部过程时间的 2/3，在整个样品分析过程中用时最长，是测定误差的主要来源。不同来源的样品，对其中 PAHs 的预处理方法也各不相同（江桂斌，2004；黄骏雄，1994）。样品的预处理方法及其原理和优缺点比较如表 10-2 所示。

表 10-2　PAHs 预处理方法比较

预处理方法	原理	优点	缺点
液-液萃取	物质在两种液体中分配系数不同	传统，经典，研究较多	耗时，费试剂，易造成交叉污染，操作复杂，浪费人力和物力
固相萃取	液固分离萃取	效率高，使用溶剂少，富集倍数大	复杂基体杂质的干扰，固定相的选择性不够
固相微萃取	在样品及萃取涂层中平衡分配的萃取	操作简便，使用有机溶剂少，易于自动化	成本高
索氏提取	不同溶剂中溶解度的不同	传统，经典，方法成熟	劳动强度大，操作周期长，环境污染大
超声萃取	超声波的空化作用和次级效应	萃取速度快，操作简便，无须特殊仪器设备	实验条件苛刻，不适用于超声条件下易降解组分
超临界流体萃取	超临界流体的强溶解力和高渗透性	萃取速度快，易于自动化	装置复杂，在高压下操作较危险，成本较高
快速溶剂萃取	高温下溶剂的强溶解力	操作简便，安全可靠	溶剂用量大，萃取时间长，技术成本高
微波萃取	微波加热特性对分析物选择性萃取	节约能源，萃取效率高，环境效益好	设备投资大，不适用于微波条件下易降解组分

PAHs 的测定目前相关技术基本成熟，常用的测定方法主要有气相色谱（gas chromatography，GC）法、气相色谱-质谱（gas chromatography-mass spectrometry，GC-MS）法、高效液相色谱（high performance liquid chromatography，HPLC）法、超临界流体色谱（supercritical fluid chromatography，SFC）法及毛细管电泳（capillary electrophoresis，CE）法。其中，气相色谱法、气相色谱-质谱法、高效液相色谱法是比较常用的方法。

（1）GC 法。GC 法是以气体作为流动相的一种色谱分析方法，其优点在于待分离物质只要在气相色谱仪工作温度下能够"气化"，无论是气体、液体，有机物、无机物，原则上都可以用气相色谱法，大大降低了对待测物质的选择性。其缺点是对色谱峰的定性比较麻烦，可信度较差，不能分析沸点太高或者热不稳定、不能气化的物质。GC 检测器有很多种，比较常用的是火焰离子化检测器和电子捕获检测器。火焰离子化检测器灵敏度高，能给出稳定的基线，适合连接毛细管柱，缺点是抗干扰能力弱，一些火焰中不解离的物质信号很小，对样品预分离要求较高，一般用于大气污染物和水样的分析。电子捕获检测器主要用于极微量电负性有机化合物的分析测定，缺点是线性范围比较狭窄，响应容易受操作条件的影响，分析的重现性较差。

（2）GC-MS 法。GC-MS 法的原理是有机分子在电离室中吸收特定的能量，如果分子丢失一个成键轨道或非键轨道中的电子形成分子离子，形成的分子离子能够按照各个化合物的碎裂规律裂分成一系列碎片离子，将化合物产生的所有离子的质量（按质荷比计算）和相应的强度加以记录，便组成了一张谱图。GC-MS 法的优点有测定所需样品量少，灵敏度较高，分析效率高，分析样品种类较全等。气-质联用检测方法主要有总离子色谱法、质量色谱法、选择性离子检测（selected ion monitor，SIM）法。

（3）HPLC 法。液相色谱法是指流动相为液体的色谱分析方法，与 GC 法相比，HPLC 法不受 PAHs 挥发的影响，且对待测物质的热稳定性没有要求，具有分离效果好、定量准确等优点。常用的检测器有紫外吸收检测器、二极管阵列检测器、荧光检测器、蒸发光散射检测器和质谱检测器等。由于其分离温度较低，HPLC 法多用于分析易变的天然产物和分子量较大的化合物。近年来，HPLC 法应用于 PAHs 的分析较多，此分析方法特别适用于分析分子量较大的 PAHs，而且 HPLC 法可使得美国国家环境保护局规定的 16 种 PAHs 完全分离。

五、多环芳烃在土壤中的环境行为

1. 土壤中多环芳烃的吸附解吸

1）土壤中多环芳烃吸附解吸机理

PAHs 是一种疏水性有机污染物，具有极低的水溶性，极易在水-土界面中从水相分配到土相。土壤中 PAHs 的总量占整个环境中 PAHs 含量的 90%以上，研究 PAHs 在土壤中的吸附解吸行为有重要意义。目前，大多数学者认为土壤（沉积物）对 PAHs 的吸附过程其实主要是土壤所含的矿物质成分及有机质成分两部分共同作用的结果，并且有机质的吸附作用占主导地位（罗雪梅等，2005）。大多数的矿物表面呈极性，易与水分子结合，有机物表面大多呈非极性，较难吸附到矿物质表面，因此，土壤中矿物组分对 PAHs 的吸附是次要的，多为较简单的物理吸附。

最初 Chiou 等（1979）认为，土壤吸附有机物的过程是有机物在土壤中有机质上发生的溶解分配行为，即溶质的分配行为，属于简单的线性分配行为，但这一理论的前提是土壤有机质分子在组成和结构上是均一的，这与实际情况不符，且无法解释吸附实验中出现的吸附竞争现象。实际上 PAHs 的吸附行为应该是非线性的，Xing 等（1996）认为有机污染物的吸附过程是分配与孔隙充填，并在此基础上建立了双模式吸附模型。Weber 和 Huang（1996）将土壤中起吸附主导作用的有机质分为"软碳"和"硬碳"两部分，有机物与"软碳"之间的吸附行为为吸附速度快且具有可逆性的线性分配。而有机化合物与"硬碳"之间为吸附速度慢且无可逆性的非线性吸附。PAHs 的解吸过程可以看作吸附的逆过程，机理基本一致，一般情况而言，越容易被吸附，解吸会越困难。

2）土壤中多环芳烃吸附模型

（1）线性（linear）模型。

该模型是 Chiou 等（1979）在实验的基础上建立的，线性模型基于分配理论，将颗粒物对有机污染物的作用当成一种线性的分配作用，该模型认为起到吸附主导作用的土壤有机质在组成和结构上是均一的，线性模型一般适合用于描述有机物在土壤中上的分配作用，方程为

$$Q_e = K_d C_e \qquad (10\text{-}1)$$

式中，Q_e 为土壤中对吸附质的吸附量，单位为 μg/kg；K_d 为吸附质在两相中的分配系数；C_e 为液相中吸附质的平衡浓度，单位为 μg/L。

（2）Freundlich 模型。

Freundlich 模型是一个半经验模型，广泛应用于描述非线性吸附作用。对数转换后的方程为

$$\lg Q_e = \lg K_f + N \lg C_e \qquad (10\text{-}2)$$

式中，Q_e 表示吸附质在固相中的吸附量，单位为 μg/kg；K_f 表示吸附作用强度的系数，单位为 mg/kg 或 mg/L；C_e 表示吸附质在液相中的平衡浓度，单位为 μg/L；N 为 Freundlich 指数，表示吸附等温线的非线性程度及其形状，无量纲。当 $N<1$ 时，吸附等温线呈 S 形，且 N 越小，吸附等温线的非线性越大；当 $N>1$ 时，吸附等温线呈线性 L 型；当 $N=1$ 时，Freundlich 模型可简化为线性模型。

（3）多元反应模型。

Huang 和 Weber（1997）认为，土壤（沉积物）中的有机质是结构和成分不均一的吸附剂，其对有机污染物的吸附过程是由众多微小的线性和非线性过程共同完成的，这些微小的线性和非线性过程直接决定了吸附作用的性质。研究表明，如果众多微小的吸附反应都是线性的，那么整体呈线性吸附；如果众多微小的吸附反应中有一项或者几项是非线性的，则整体呈非线性吸附。

（4）双模式吸附模型。

该模型是 Xing 等（1996）在实验的基础上提出的，该模型把土壤（沉积物）吸附过程分为两种不同的形态，一种为无定形、松弛的橡胶态；另一种为凝聚紧密的玻璃态，在吸附过程中为空穴填充相。其中，有机污染物在凝聚橡胶态上的吸附是一个分配过程，其吸附是线性等温、非竞争性的，遵守 Henry 定律。而在空穴填充相中的吸附则服从 Langmuir 吸附等温模型，实验证明，各个溶质在空穴中均存在非线性的、竞争的吸附，因此有机污染物在此相中的扩散比较缓慢，而扩散速率直接决定吸附达到平衡的时间，这可能是吸附过程较慢的原因。

3）土壤中多环芳烃吸附解吸的影响因素

土壤基本理化性质对土壤中 PAHs 的吸附解吸作用有着直接的影响，土壤颗粒粒径对土壤吸附能力的影响表现为，土壤颗粒粒径越小则吸附能力越强，这与小粒径的土壤颗粒有着较大的比表面积有关。不同粒径的颗粒物对 PAHs 的吸附解吸情况不同，实验表明，不同粒径的颗粒物的吸附能力依次为细砂＞中砂＞粗砂（王然等，2006）；黄擎等（2006）的研究也表明，土壤颗粒粒径越小，吸附系数 K_f 值越大，土壤颗粒的吸附能力就越强。实验表明，土壤颗粒物的浓度对土壤的吸附能力也有一定的影响，颗粒物的浓度越大，土壤颗粒对有机污染物的吸附能力则越小（史红星和黄廷林，2002）。土壤 pH 对土壤有机质结构存在影响，对吸附过程存在间接影响，一般而言，低 pH 条件下，腐殖质主要为分子状态，能够保护结构中的疏水性部分，有利于 PAHs 的吸附；而高 pH 条件下，腐殖质的分子构型发生改变，疏水性部分消失，吸附能力减弱。

土壤有机质含量是影响 PAHs 的吸附解吸作用的一个重要因素，何耀武等（1995）研究表明，PAHs（荧蒽和菲）在土壤中的吸附量与土壤有机质含量存在显著的正相关关系。Isaacson 和 Frinj（1984）的研究也表明，有机碳含量高的土壤和沉积物吸附 PAHs 的能力较强。值得注意的是，不仅有机质含量对 PAHs 的吸附作用有影响，有机质的组成和结构同样影响着 PAHs 的吸附。土壤有机质中芳香组分越多，土壤对 PAHs 的吸附作用也就越强（Xing et al.，1994）。周岩梅等（2003）研究表明，Freundlich 型吸附指数 N 随溶解有机质中极性基团的增加而降低。

以前的众多研究表明有机碳是影响 PAHs 环境行为的一个重要因素，但近年来越来越多的研究表明土壤中黑碳是比有机碳更为重要的 PAHs 吸附物质。黑碳是化石燃料和生物体不完全燃烧和氧化的产物，包括一系列的含碳物质（如木质材料、草本材料及煤炭等不完全燃烧产生的炭灰和由石油、塑料等燃烧产生的烟灰等）。黑碳与 PAHs 在物理性质、化学结构及来源、分布和迁移转化等方面存在较多的相似性，使得黑碳的存在强烈影响 PAHs 的环境行为（Vance et al.，1987）。目前对黑碳吸附环境中有机污染物的研究已成为环境科学领域的一个热门话题。

PAHs 在土壤中的吸附解吸过程与自身的理化性质密切相关，Shi 等（2005）研究发现，PAHs 的分子量越大，越难在水相中溶解，在水中的移动性越低，越易在固态沉积物上产生吸附作用。另有研究发现，砂土颗粒物易对高环数的 PAHs 产生较强的吸附作用。除了土壤和 PAHs 自身性质对其吸附解吸过程有影响外，还有一些其他的环境因素如温度、离子强度、表面活性剂等对其吸附解吸过程同样存在着不可忽视的影响。

2. 土壤中多环芳烃的迁移与转化

PAHs 通过各种渠道进入环境，并在环境中不断积累，是典型的持久性有机污染物，半衰期从两个月到几年不等，在环境中很难被降解。环境中 PAHs 进入土壤后首先会对表层土壤造成污染，随之向下移动导致下层土壤污染，甚至导致地下水污染。PAHs 在土壤环境中不断进行复杂的迁移和转化，其迁移与转化受到多种因素的影响，其中挥发、光解及生物降解是其主要影响因素。

PAHs 在环境中迁移的过程中，会与周围的环境发生反应，如光诱导、生物积累、生物代谢变迁等，在这些反应过程中，PAHs 会反应转化成其他产物，土壤中的 PAHs 的转化产物主要有酚类、醌类和芳香族羧酸类物质，这些转化产物中有的毒性会更强。研究表明，大气中 PAHs 在一定条件下可在阳光下发生光解，也可与大气中的其他化合物发生反应生成其他产物；水体中 PAHs 的迁移转化大多数是沉积物对其的吸附过程；而 PAHs 在土壤中会产生各种化学反应。

PAHs 在土壤中会向下移动至下层土壤及地下水中，也可向上移动迁移到生长在土壤中的植物中，植物对 PAHs 的吸收主要受到植物自身种类及吸附的 PAHs 性质的影响，大多数研究表明，PAHs 进入植物后有些植物能够对其进行代谢作用，这为植物治理土壤中的 PAHs 提供了理论依据。Gunther 等（1967）研究的 PAHs 在黑麦草等植物体内移动和代谢的结果均表明，PAHs 能在植物的任何部位出现并产生移动。

3. 土壤中多环芳烃的降解和修复

土壤降解是指土壤中的各种污染物在土壤内各种物质及微生物的共同作用下，发生理化反应或者生物作用后，其浓度变低或者其形态发生改变而使其原本的污染消失或污染减弱的现象。挥发、非生物丢失（如水解、淋溶）及降解作用是土壤生态系统中 PAHs 去除的主要手段。其中，非生物丢失对低环数 PAHs 去除有潜在作用，对多环数 PAHs 无任何作用。土壤降解是去除土壤中 PAHs 的主要方法，土壤中的降解主要包括化学降解、光解及生物降解，其中生物降解是土壤中 PAHs 降解的主要途径。

1）生物降解

土壤中存在的大量微生物能够降解土壤中的 PAHs，是土壤中 PAHs 降解的主要途径。微生物对土壤中 PAHs 的降解一般有两种形式，一种是微生物将 PAHs 作为唯一的碳源和能源物质来代谢，另一种是将 PAHs 和土壤中其他有机物进行共代谢。研究表明，微生物一般采用第一种方式来降解土壤中的低环数 PAHs，而高环数 PAHs 一般用第二种方式，即共代谢来降解（Boonchan et al.，2000）。

微生物有氧降解 PAHs 的途径主要为依靠微生物产生的加氧酶，分为单加氧酶和双加氧酶。研究发现，真菌在降解过程中主要产生单加氧酶（Barbosa et al.，1996），而细菌则主要产生双加氧酶（Perry，1979）。另外，PAHs 在无氧条件下也能降解，例如，在反硝化条件及硫酸盐还原条件下可对一些种类的多环芳烃进行无氧降解（Coates et al., 1997）。

2）化学降解

纯化学降解和光化学降解也是土壤中 PAHs 降解的途径，其中，光化学降解包括直接光解和间接光解两种类型。一般来说，PAHs 对波长为 300～420nm 的紫外线有较强的吸收，且很容易被氧化。在光照条件下，土壤湿度越大则越容易形成氧自由基，PAHs 的光解越快，且 PAHs 的光解在酸碱土壤环境比中性土壤环境中要快（张利红等，2006）。研究较多的纯化学降解有热解，以及氮氧化物、臭氧、硫氧化物等过氧化物、自由基和其他氧化物的降解作用（Grosser et al., 1991）。

土壤中 PAHs 污染的修复主要包括微生物修复、植物修复。长期在 PAHs 污染的土壤中存在的大量微生物经历了自然驯化和选择过程，会分离出少部分具有降解 PAHs 能力的微生物，通过诱导产生降解酶系，进而把土壤污染物 PAHs 降解，这就是土壤中 PAHs 的微生物修复机理。一般来说，自然微生物修复过程缓慢，在实际修复中很难应用，一般需要各种人为方法进行强化，应用较多的强化方法有接种微生物、添加营养盐、添加表面活性剂等。

植物修复是土壤修复的另一个重要途径，植物修复一般通过植物固定、根际降解和过滤、植物降解和植物挥发等过程来进行（Liu et al., 1991）。一般来说，植物不能将进入体内的 PAHs 直接彻底地降解，而是要在体内进行一定的转化反应，使 PAHs 变成其他产物进而排出体外或者与植物体内物质结合留在植物体内。植物吸收 PAHs 最主要的方式是通过植物叶片的气孔富集和累积空气中的 PAHs。

第二节　基于 GIS 的城市林业土壤多环芳烃分布

PAHs 在土壤中的分布和归趋行为主要取决于土壤的 pH、有机碳含量和机械组成等环境因子的交互作用。众多研究者认为，有机碳是控制 PAHs 的一个主要因素（Maruya et al., 1996；Mcgroddy et al., 1996；Chiou et al., 1998），但近年来的许多研究表明土壤中黑碳是比有机碳更为重要的 PAHs 吸附物质（Bucheli and Gustafsson，2000；Accardi-Dey and Gschwend，2002）。黑碳与 PAHs 在物理性质、化学结构及来源、分布和迁移转化等方面存在较多的相似性，对 PAHs 的环境行为有较大的影响，进而影响 PAHs 的空间分布情况。在南京市主城区应用网格法采集了 180 个具有代表性的城市林业土壤样品（图 2-1），为了解不同功能区中林业土壤的 PAHs 空间分布特征，选取城市立交桥、道路绿化带、学校、居民区、发电厂、垃圾填埋场、近郊森林、远郊森林等典型功能区，采集 0～10cm、10～

20cm、20～30cm 的土壤样品，对南京市城市林业土壤 PAHs 的分布特征进行研究。

一、城市林业土壤多环芳烃的含量与分布

南京市城市林业土壤中均检测出了 PAHs，这说明南京市城市林业土壤中普遍存在 PAHs。PAHs 一旦进入土壤后，通过分配、沉降、迁移等过程形成在土壤中的分布特征。

从表 10-3 可以看出，南京市城市林业土壤 PAHs 含量为 41.2～14510μg/kg，平均值为 1082.7μg/kg，变幅很大，其变异系数和偏斜系数都非常大。但是从直方图中可以看出，PAHs 含量很集中（图 10-1），只是出现了极个别的异常高值。异常值的出现可能是个别采样点周边小范围内的特殊污染源造成的，因此在经过剔除异常点数据处理后再进行分析。

表 10-3　南京市城市林业土壤 PAHs 描述性统计分析及正态分布检验表

最小值/(μg/kg)	最大值/(μg/kg)	平均值/(μg/kg)	标准差 SD	变异系数 CV/%	中值/(μg/kg)	偏斜系数/%
41.2	14510	1082.7	1541.4	142.37	643.01	40.6

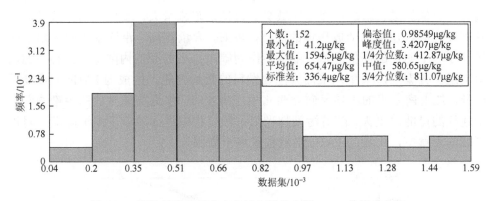

图 10-1　剔除异常值后南京市城市林业土壤 PAHs 总量直方图

从图 10-1 和表 10-4 可以看出，土壤 PAHs 含量为 41.2～1594.5μg/kg，空间分布变化中等变异，平均值略高于中值。整个南京市主城区城市林业表层土壤中 PAHs 含量的平均值为 654.47μg/kg，与国内其他城市 PAHs 含量（段永红等，2005；Li et al.，2006）相比，低于天津市（839.0μg/kg）、北京市（1637.0μg/kg）、广州市（1673.0μg/kg），高于香港（169.0μg/kg）和杭州市（338.00μg/kg）。与国外城市相比，低于美国新奥尔良（679.0μg/kg），高于泰国曼谷（129.0μg/kg）（章海波等，2005；

Mielke et al., 2001；Wilcke et al., 1999）。由此可知，南京市城市林业土壤 PAHs 总量在国内处于中等含量水平，与国外相比，属于较高含量水平，而 PAHs 含量的空间分布很有可能受周围环境污染程度的影响。

表 10-4　　剔除异常值后南京市城市林业土壤 PAHs 描述性统计分析及正态分布检验表

最小值/(μg/kg)	最大值/(μg/kg)	平均值/(μg/kg)	标准差 SD	变异系数 CV/%	中值/(μg/kg)	偏斜系数/%
41.20	1594.5	654.47	336.4	51.40	580.65	11.28

土壤中 PAHs 含量值经过对数变换后呈现正态分布，进而可选择合适的模型进行插值分析（图 10-2）。根据目前使用较多的由荷兰科学家 Maliszewska-Kordybach（1996）提出的 PAHs 含量污染标准（＜200μg/kg 为未污染，200～600μg/kg 为轻度污染，600～1000μg/kg 为中度污染，＞1000μg/kg 为严重污染）并结合 PAHs 含量插值（图 10-3）可以看出，南京市主城区城市林业土壤中 PAHs 含量大部分地区属于中度污染以上水平，仅在极小范围存在较低值，处于轻度污染以下水平。PAHs 含量的空间分布具有一定的连续性，但是又呈现出一定的斑块分布。结合主城区结构看出，北部二桥公园附近有南京化工厂、金陵石化化工一厂等，工厂的生产活动会产生大量废气，造成污染，导致 PAHs 含量偏高。中部鼓楼、新街口周边区域交通繁忙，车流量大，车尾气的排放及城市基础设施的修建施工造成环境的污染，PAHs 含量较高。沿江中山码头附近区域存在一个明显的高值区域，南京港作为国内排名前列的内陆港口，码头的水运交通十分繁忙，大量以柴油为主要燃料的货运轮船，便成为 PAHs 的重要排放源。加上南京市的主导风向为西北—东南方向，水运交通排放的污染物向近岸迁移的可能性更大，随着污染物吸附在颗粒物中进而随着干湿沉降汇入附近区域的土壤中，土壤的 PAHs 含量也就高于周围。

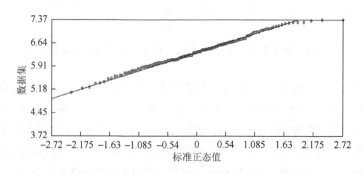

图 10-2　南京市城市林业土壤 PAHs 含量 QQ-plot 图

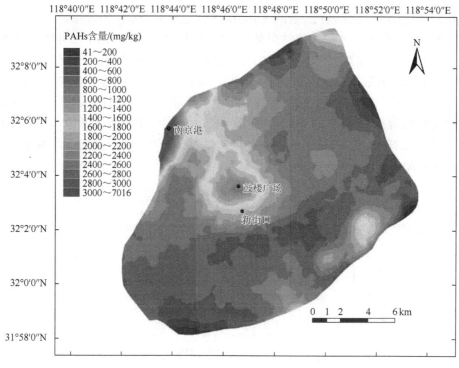

图 10-3　南京市城市林业土壤 PAHs 含量插值预测图

二、城市林业土壤多环芳烃的来源解析

分子标记物比值法是环境 PAHs 来源解析的常用方法（王新伟等，2013；Yunker et al.，2002），即利用环数相同、理化性质相似的两种 PAHs 在土壤中的浓度比例来推断来源，如 3 环的菲(Phe)和蒽(Ant)及 4 环的荧蒽(Flt)和芘(Pyr)，当 $w(\text{Phe})/w(\text{Ant}+\text{Phe})>0.98$ 和 $w(\text{Flt})/w(\text{Flt}+\text{Pyr})<0.4$ 时，说明 PAHs 主要来源于石油的不完全燃烧及泄漏等，即石油源；$w(\text{Phe})/w(\text{Ant}+\text{Phe})<0.77$ 和 $w(\text{Flt})/w(\text{Flt}+\text{Pyr})>0.5$ 则表明 PAHs 主要来源于生物质和煤炭的燃烧；当 $w(\text{Phe})/w(\text{Ant}+\text{Phe})$ 值处于 $0.77\sim0.98$ 时，则表明 PAHs 来源于机动车的排放；$w(\text{Flt})/w(\text{Flt}+\text{Pyr})$ 值大于 0.4、小于 0.5，则表明 PAHs 来源于石油燃烧；此外，$w(\text{BaA})/w(\text{Chr}+\text{BaA})$ 值也常用于 PAHs 来源判别，该值大于 0.35 时为燃烧源，小于 0.2 时为石油源，处于 $0.2\sim0.35$ 时属于燃烧与石油混合源（彭驰等，2010；Bucheli，2004；Wilcke，2000）。采用以上所述 3 种比值对南京市城市林业土壤中的 PAHs 来源进行系统解析，其中，蒽易于降解，在土壤中的残留时间要比菲短，这种降解的不一致性导致污染源中的 $w(\text{Phe})/w(\text{Ant}+\text{Phe})$ 值与土壤中的值相比有所差异（Fraser et al.，

1998）。因此，需结合 $w(Flt)/w(Flt + Pyr)$ 值来综合分析 PAHs 的来源。

图 10-4 是上述 3 个比值的交叉图，72 个土壤样品中，由于部分样品中 Ant 含量极低或未被检测出，部分样品的 $w(Phe)/w(Ant + Phe)$ 值为 1，但有 56 个样品（77.8%）的比值低于 0.98，其中 31 个样品（43.1%）的比值落于 0.77～0.98 的区域，25 个样品（34.7%）比值属于煤炭燃烧源区域，表明 PAHs 以机动车排放源和煤炭燃烧源为主；有 84.7%土壤样品 $w(Flt)/w(Flt + Pyr)$ 值大于 0.4，大于 0.5 的土壤样品有 48.6%，说明 PAHs 主要来源为石油燃烧源及生物质和煤炭燃烧源；$w(BaA)/w(Chr + BaA)$ 的数值结果显示，94.4%的样品大于 0.2，大于 0.35 的占

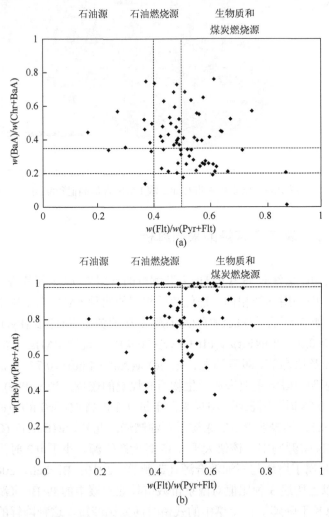

图 10-4　南京市城市林业土壤 $w(Flt)/w(Pyr + Flt)$ 与 $w(BaA)/w(Chr + BaA)$ 和 $w(Phe)/w(Phe + Ant)$ 的数值交叉图

58.3%，表明燃烧源是 PAHs 的主要来源。综上可知，南京市城市林业土壤 PAHs 主要来源为燃烧源，包括石油燃烧源及生物质与煤炭燃烧源，部分土壤 PAHs 来源为石油源。Tang 等（2005）分析了北京市 PAHs 的来源，认为其主要来源为各种物质的未完全燃烧，如机动车尾气、燃煤取暖和工业活动等。Ping 等（2007）利用 $w(\text{Flt})/w(\text{Flt}+\text{Pyr})$ 和 $w(\text{BaA})/w(\text{Chr}+\text{BaA})$ 判断长江三角洲地区的 PAHs 主要来源为交通尾气、燃煤、熔炼厂、造纸厂和生物质焚烧等。但多环芳烃各化合物在实际迁移过程中有行为差异，可能使得不同组分从源到汇的比例发生变化，使判断结果产生一定偏差（Liu et al.，2009）。

　　将采样点按属性 $w(\text{Flt})/w(\text{Pyr}+\text{Flt})$ 值小于 0.4、0.4～0.5、大于 0.5 进行设置，与 $w(\text{Flt})/w(\text{Pyr}+\text{Flt})$ 插值结果基本吻合。按采样点属性 $w(\text{Phe})/w(\text{Ant}+\text{Phe})$ 值小于 0.98 和大于 0.98 进行设置，与 $w(\text{Phe})/w(\text{Ant}+\text{Phe})$ 插值结果基本吻合。从两者插值预测图（图 10-5 和图 10-6）可以看出，南京市主城区城市林业土壤中 PAHs 主要来源为燃烧源，工厂等集中的工业区所在地以化石燃料燃烧为主要来源，城区道路区、居民住宅区、教学区等所在地以汽油燃烧为主要来源，受交通尾气排放污染严重。较远离市区中心的地区受燃烧污染小，主要来源为石油类污染。城区天然林，如钟山风景区一带及大多的居民区，$w(\text{Phe})/w(\text{Ant}+\text{Phe})$ 值小于 0.98，说明其 PAHs 的主要来源依然为燃烧源。而这两个区域的 $w(\text{Flt})/w(\text{Pyr}+\text{Flt})$ 值波动较大，为 0.4～0.6，说明其 PAHs 的来源不仅有汽车尾气的排放，还有木材等生物质和煤的不完全燃烧。

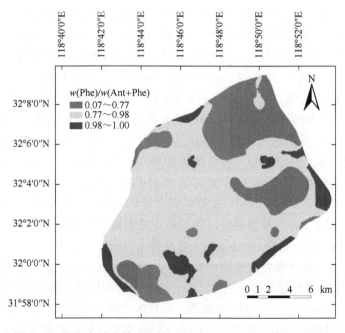

图 10-5　南京市城市林业土壤 $w(\text{Phe})/w(\text{Ant}+\text{Phe})$ 插值预测图

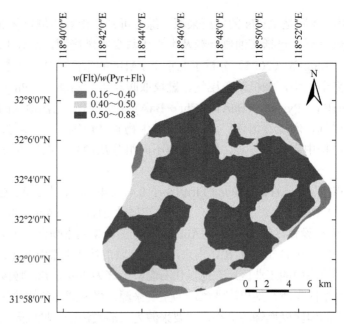

图 10-6　南京市城市林业土壤 $w(Flt)/w(Pyr + Flt)$ 插值预测图

三、城市林业土壤多环芳烃和黑碳、有机碳的相关性

PAHs 与黑碳的主要来源均是化石燃料或生物质的不完全燃烧,两者都具有芳香性结构,因而物理性质和生物化学活性都极为相似。Cornelissen 和 Gustafsson (2004) 经过实验研究认为, 可将黑碳看成一个具有芳香族结构和微孔性质的"超级-PAH"。黑碳与 PAHs 在环境中的迁移路径也比较类似,二者在产生后均有部分直接进入土壤,而其余部分被气溶胶或烟尘吸附并随气流向周围及更远处扩散,然后又随降尘、降雨及降雪进入水体及土壤,而土壤及地面的沉积部分也可通过扬尘再次进入大气。黑碳的缩聚程度更高、稳定性更强,在土壤中存留的时间也远长于 PAHs, 所以黑碳的存在会对 PAHs 的环境行为造成影响。

土壤黑碳含量、总有机碳含量均与 PAHs 含量有显著相关性。交通枢纽区、道路绿化带区土壤中黑碳含量、总有机碳含量与 PAHs 含量、低环 PAHs 含量、高环 PAHs 含量均呈现出显著相关,特别是交通枢纽区为极显著相关。这是因为这些区域的黑碳、总有机碳、PAHs 都主要来源于汽车燃料的不完全燃烧,相同的主要产生途径使三者有显著相关性。居民区、学校土壤黑碳含量、总有机碳含量与低环 PAHs 含量均没有显著相关性。这可能是因为居民区、学校所处的环境复杂,其土壤黑碳、总有机碳、PAHs 的来源也具有多样性,所以呈现出差异性。城区天然林和近郊天然林土壤中 PAHs 的含量与黑碳含量、有机碳含量均呈显著相关,这与土壤中 PAHs 和黑碳均主要来源于大气沉降有关。Tsapaki 等（2003）研究证明，当大气干湿沉降成为土壤中 PAHs 和黑碳的主要来源时，二者的浓度存在极为显著的相关性，其 R^2 值可达到 0.95，对城区天然林相关数据的分析与 Tsapaki 等（2003）的研究结论相吻合。工厂区土壤中 PAHs 含量与黑碳含量、总有机碳含量呈极显著相关，也是由于工厂区 PAHs、黑碳、总有机碳有相同的来源，主要来源为化石燃料的燃烧。

南京市城市林业土壤 PAHs 的分布受到土壤有机碳和黑碳的显著影响，黑碳对 PAHs 分布的影响比有机碳更为显著（图 10-7 和图 10-8）。PAHs 作为持久性有

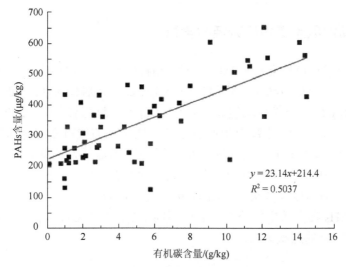

图 10-7　南京市城市林业土壤 PAHs 和有机碳含量相关性

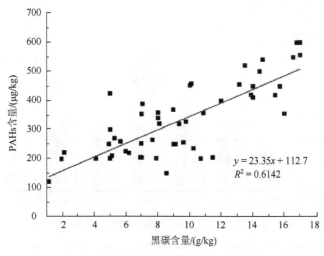

图 10-8　南京市城市林业土壤 PAHs 和黑碳含量相关性

机污染物，在土壤中有较长的存在周期。黑碳的缩聚程度更高、稳定性更强，在土壤中存留的时间也长，且黑碳相较于有机碳具有更强的吸附能力。而有机碳更新速度较快，更易受到人为活动扰动。黑碳和 PAHs 相对较难迁移的特性也形成了黑碳含量与 PAHs 含量的显著相关性。相比于低环 PAHs，高环的 PAHs 更容易受到有机碳、黑碳的影响，这是因为高环的 PAHs 分子量较高，化学性质稳定，不易挥发。

第三节　不同功能区城市林业土壤多环芳烃分布特征与源解析

一、不同功能区土壤多环芳烃的含量

不同功能区城市林业土壤 PAHs 含量分布特征表现为：城市立交桥（949.3μg/kg）＞道路绿化带（550.1μg/kg）＞学校（525.4μg/kg）＞居民区（513.0μg/kg）＞发电厂（501.4μg/kg）＞垃圾填埋场（328.7μg/kg）＞近郊森林（293.8μg/kg）＞远郊森林（271.7μg/kg），距离市中心较近且交通密集的城市立交桥和道路绿化带含量较高，而远离市中心及交通繁忙区域的近郊森林及远郊森林含量较低，PAHs 含量最高的城市立交桥是含量最低的远郊森林的 5.1 倍，说明不同功能区土壤 PAHs 污染程度差异很大（图 10-9）。光解降解、淋溶、吸附和挥发等作用都会影响 PAHs 在土壤中的分布，因此不同土层土壤 PAHs 的含量会有所差异，并未体现出明显的层次规律。

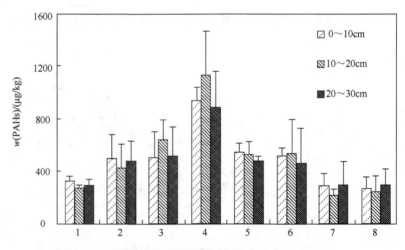

图 10-9　南京市不同功能区城市林业土壤 PAHs 含量

1-垃圾填埋场；2-发电厂；3-道路绿化带；4-城市立交桥；5-学校；6-居民区；7-近郊森林；8-远郊森林

　　Mielke 等（2001）对美国新奥尔良市的研究结果显示，繁忙的街道附近 PAHs 含量较城市其他功能区较高。姜永海等（2009）认为，远离中心城区范围的土壤中 PAHs 的含量远远低于中心城区。由于城市立交桥和道路绿化带受到强烈的交通污染的影响，在非匀速行驶过程中汽车尾气往往产生更多的 PAHs 污染物，而且尾气颗粒态物质中 PAHs 含量也会相对增加（胡伟等，2008）。南京市城区交通密集，汽车常处于怠速、加速、减速等非匀速行驶状态，致使汽车尾气中较高含量的 PAHs 排放到周围环境中进而被土壤吸附固存，导致其土壤中 PAHs 含量较高；而居民区、学校由于人口密度较大，生活中用的燃煤燃气也可能是 PAHs 的排放源，其 PAHs 含量处于中等水平；垃圾填埋场、近郊森林和远郊森林，远离交通密集区域，且人口密度相对较小，所以其 PAHs 含量处于相对较低的水平。PAHs 的纵向分布特征与土壤扰动情况、有机质含量、土壤颗粒组成、PAHs 性质相关，由于城市林业土壤特别是城区范围的土壤常受较为剧烈的人为扰动，往往没有显著的层次规律，此外，PAHs 主要分布在 0～40cm 土层，在 40cm 以下的土壤中其含量特征差异性不大（陈静等，2005；姜永海等，2009）。参照荷兰科学家 Maliszewska-Kordybach（1996）提出的 PAHs 污染分级方法，中度污染水平土壤主要来自人口密集区的学校和居民区及交通密集的道路和城市立交桥绿地，而交通流量大的城市立交桥绿地土壤表现为严重污染，其他功能区则表现为轻度污染水平，没有未污染水平以下的土壤。这说明，南京市城市林业土壤中 PAHs 污染情况较为普遍。

二、土壤多环芳烃与总有机碳和黑碳的相关关系

　　土壤 PAHs 与总有机碳（total organic carbon，TOC）和黑碳（BC）含量的 Pearson 相关系数表明（表 10-5），各个土层中 PAHs 与 SOC 和 BC 含量间均表现为显著相关，在表层和中层，同样的显著性检验水平下 BC 与 PAHs 含量的 Pearson 相关系数要大于 SOC，且在表层土壤中 PAHs 与 BC 的相关性最强，说明 BC 对 PAHs 分布的影响比 SOC 更为显著，这与曹启民等（2009）的研究结果相似。PAHs 作为持久性有机污染物，在土壤中的残留周期也相对较长。城市林业土壤由于受人为扰动剧烈，SOC 的更新速度较快，而 BC 由于自身的稳定性，更新周转较慢。因此，BC 与 PAHs 相作用的周期较 SOC 长，相互作用的强度也高于 SOC。

表 10-5　土壤中 PAHs 与 SOC 和 BC 含量的 Pearson 相关系数

项目	SOC			BC		
土层	0～10cm	10～20cm	20～30cm	0～10cm	10～20cm	20～30cm
相关系数	0.736[**]	0.708[**]	0.758[**]	0.865[**]	0.748[**]	0.649[**]

**表示在 0.01 水平上显著相关。

　　相对富集系数 lg e 可以对 PAHs 的分布特征做进一步描述，以反映 PAHs 在土壤中的相对富集趋势。南京市不同功能区林业土壤中 PAHs 在不同土层的相对富集系数（图 10-10）表明，垃圾填埋场、发电厂、城市立交桥、居民区等功能区表层林业土壤的 PAHs 相对富集系数小于 0，表明 PAHs 在这些采样点表现出一定程度的表层富集。由于城市林业土壤的人为扰动因素较多、异质性较强，在道路绿化带、学校和近郊森林，其表层土壤 PAHs 的相对富集系数大于 0，表现出一定的异常富集趋势。中层土壤 PAHs 的相对富集系数整体大于 0，表现出向下富集的趋势，这种逆向富集的现象大多是由于频繁的人为扰动引起土壤颗粒及其固持的 PAHs 向下迁移而产生的（陈静等，2005）。

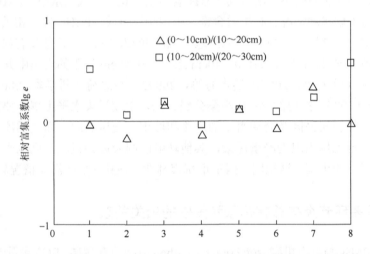

图 10-10　南京市不同功能区城市林业土壤中 PAHs 的相对富集系数 lg e

1-垃圾填埋场；2-发电厂；3-道路绿化带；4-城市立交桥；5-学校；6-居民区；7-近郊森林；8-远郊森林

三、城市林业土壤对多环芳烃的吸附特征

　　土壤环境中 PAHs 含量占陆地生态系统的 90% 以上，土壤对 PAHs 具有吸附作用，因此可以持续地固持 PAHs，进而对人体健康产生潜在威胁。我国主要地区表层土壤中菲的含量较高，而菲一旦进入动物、植物及人体后会使生物体内自由基和超氧化阴离子增加，改变动、植物的抗氧化防御体系，导致器官发生氧化作用，最终破坏 DNA，引起机体癌变。本节以 PAHs-菲为研究对象，通过模拟吸附实验，对南京市典型区域城市林业土壤对菲的吸附行为进行研究，为深入研究 PAHs 在城市生态系统中的环境行为提供参考依据。

1. 菲吸附实验

实验土样采自南京市典型区域的城市林业表层土壤（0～10cm），包括鼓楼公园（GL）、新庄广场（XZ）、钟山风景区（ZS）和南京林业大学下蜀林场（XS）。

（1）背景溶液。背景溶液为含 $CaCl_2$、NaN_3 和甲醇的水溶液。其中，$CaCl_2$溶液浓度为 0.05mol/L，用于控制离子强度，NaN_3 浓度为 200mg/L，作用是抑制微生物对菲的降解。甲醇起促进菲溶解的作用，体积不超过 0.1%。

（2）菲储备液。准确称取 0.1000g 菲溶于 100mL 甲醇中，保存在棕色瓶并置于冰箱（-20℃）中。分别向配制好的背景溶液中加入一定量的菲储备液，配制成初始质量浓度分别为 0.2mg/L、0.3mg/L、0.4mg/L、0.5mg/L、0.6mg/L、0.8mg/L、1.0mg/L 的含菲电解液。

（3）吸附实验。采用批量平衡法进行。准确称取 0.50g 土壤至 20mL 棕色样品瓶中，分别加入 20mL 系列浓度分别为 0.2mg/L、0.3mg/L、0.4mg/L、0.5mg/L、0.6mg/L、0.8mg/L、1.0mg/L 的含菲电解液，调节各试样 pH 使其与原土保持一致。加盖密封后将样品瓶置于避光恒温振荡箱中，在 200r/min 转速和 25℃条件下避光振荡 48h（吸附动力学实验确定平衡时间为 48h）。吸附达到平衡后，静置澄清，取 10mL 上清液于分液漏斗中，用二氯甲烷溶收萃取 3 次，合并有机相，收集于100mL 旋转蒸发瓶中。然后旋转蒸发、浓缩至干，用甲醇淋洗，过 0.25μm 滤膜后定容至 2mL 棕色样品瓶，待测。液相中的菲浓度采用美国 Waters 公司的高效液相色谱仪（Waters Model e2615）和配光电二极管矩阵色谱检测器（Waters Model 2998，波长为 254nm）进行测定。流动相为甲醇和超纯水（体积比为 7∶1），色谱柱型号为 Waters XBridge C18（5.0μm，4.6mm×250mm），柱温 30℃，流速1mL/min，进样量 20μL。

吸附模型采用线性模型（式（10-1））、Freundlich 模型（式（10-2））进行拟合。

2. 菲吸附模型拟合

菲在 4 个土样中的吸附等温线及相应的拟合曲线参数如图 10-11 所示。结果表明，土壤中菲吸附等温线的线性拟合方程和 Freundlich 拟合方程中 R^2 都大于 0.960，达到极显著水平（$P<0.01$），这说明线性模型和 Freundlich 模型均能对土壤中菲的吸附行为进行很好的拟合。Freundlich 模型中的参数 N 表示吸附等温线的非线性程度以及吸附机理的差异，当 N 表示 Freundlich 模型中的非线性因子时，该值不等于 1，且该值越远离 1，表示吸附的非线性越强；当 $N=1$ 时，表示为线性模型。由表 10-6 可知，4 个采样点土壤样品 N 值均不为 1，呈现出不同程度的非线性。XZ、GL 采样点土壤样品 N 值小于 1，表明污染物被土壤吸附的比例随着污染

物浓度的增加而增大；而 XS、ZS 采样点土壤样品 N 值大于 1，表明土壤对污染物的吸附比例随着污染物浓度的增加而减少，推测这种情况与人类活动影响有关。道路绿化带和城市绿地广场土壤属于典型的城市林业土壤，容易受到城市交通及绿化活动的人为干扰，体现出较强的吸附能力。而城区森林和城郊森林由于受到科学合理的保护，其土壤受人为干扰较小，土壤性质接近自然森林土壤，表现出相对较弱的吸附能力，说明人为干扰因素可能一定程度影响了土壤对菲的吸附能力。

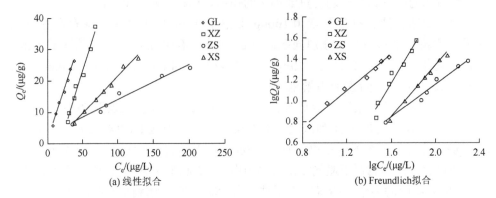

图 10-11　南京市城市林业土壤中菲吸附等温线的线性拟合和 Freundlich 拟合

表 10-6　菲在不同土壤中的吸附等温线参数

土壤类型	线性拟合		Freundlich 拟合		
	K_d	R^2	$\lg K_f$	N	R^2
GL	0.653	0.983	3.120	0.802	0.997
XZ	0.720	0.976	2.609	0.891	0.980
ZS	0.109	0.989	1.321	1.786	0.995
XS	0.238	0.961	1.916	1.213	0.993

3. 土壤 pH 对吸附的影响

图 10-12 所示为土壤 pH 与吸附系数 K_d 的相关关系。当 pH<7 时，随着土壤 pH 的升高，K_d 值呈变小趋势，$r = -0.849$（$P = 0.05$），呈显著相关（图 10-12（a））；当土壤 pH>7 时，K_d 变化不明显，$r = -0.054$（$P = 0.05$）（图 10-12（b）），这表明土壤吸附菲的能力一定程度上受土壤 pH 的影响，但是差异不明显。pH 对菲在土壤中的吸附行为的影响主要是通过影响有机质结构产生的，一般而言，低 pH 条件下，腐殖质主要为分子状态，能够保护结构中的疏水性部分，有利于土壤对

PAHs 的吸附；而高 pH 时，腐殖质的分子构型发生改变，疏水性部分消失，土壤吸附能力减弱。由于人类对城市绿地表面枯落物的清扫，城市绿地土壤表层腐殖质覆盖较少，以及在同一区域内土壤 pH 的变异通常是很小的，pH 对土壤中有机污染物的吸附能力的影响也是微小的。

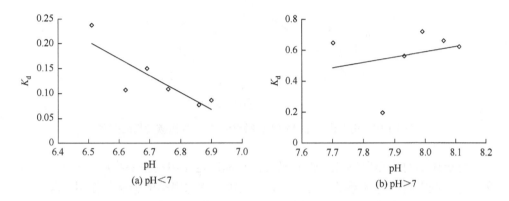

(a) pH<7

(b) pH>7

图 10-12　南京市城市林业土壤 pH 与吸附系数 K_d 的关系

4. 土壤有机碳和黑碳含量对吸附的影响

不同土壤对菲的吸附系数 K_d 和有机碳含量及黑碳含量之间的相互关系分别如图 10-13 和图 10-14 所示。有机碳含量与 K_d 的 Pearson 相关系数为 0.837，呈极显著相关；黑碳含量与 K_d 的 Pearson 相关系数为 0.875，呈极显著相关。结果表明，土壤对菲的吸附系数 K_d 与有机碳含量及黑碳含量均呈极显著的正相关关系，土壤中有机碳及黑碳含量影响了其对菲的吸附能力，且两者的相关关系非常显著，说明有机碳和黑碳含量是影响土壤吸附菲的重要因素。

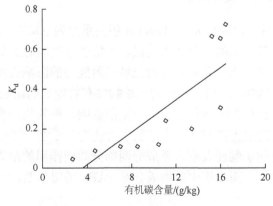

图 10-13　南京市城市林业土壤吸附系数 K_d 与有机碳含量的关系

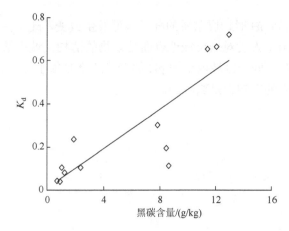

图 10-14　南京市城市林业土壤吸附系数 K_d 与黑碳含量的关系

　　有机质是对土壤吸附疏水性有机污染物起决定作用的主要物质，有关有机碳含量与土壤吸附能力关系的研究很多，但是较少考虑黑碳的影响与作用。本节中，黑碳含量与吸附系数 K_d 之间呈极显著正相关关系，且其相关系数比有机碳含量与吸附系数 K_d 之间的相关系数要大，说明黑碳对土壤吸附菲的能力有更重要的作用。土壤有机质含量是影响 PAHs 吸附作用的一个重要因素。值得注意的是，不仅有机质含量对 PAHs 吸附作用有影响，有机质的组成和结构也同样影响着 PAHs 的吸附。研究表明，土壤有机质中芳香组分越多，土壤对 PAHs 的吸附作用越强。以往研究多认为有机碳含量是影响 PAHs 环境行为的一个重要因素，但近年来越来越多的研究表明土壤中黑碳也是重要的 PAHs 吸附物质（齐亚超等，2010）。黑碳与 PAHs 在理化性质、来源、分布和迁移转化等方面存在一定的相似性，使得黑碳的存在强烈影响 PAHs 的环境行为。

5. 土壤机械组成对吸附的影响

　　土壤黏粒（过筛）含量与 K_d 的 Pearson 相关系数为 0.827，呈显著正相关且土壤黏粒比重越大，其对菲的吸附能力越强。土壤机械组成对土壤中 PAHs 的吸附作用有着直接的影响，土壤颗粒粒径对土壤吸附能力的影响表现为，土壤颗粒粒径越小，吸附能力越强，这与小粒径的土壤颗粒有着较大的比表面积有关。此外，土壤颗粒物浓度对土壤的吸附能力也有一定的影响，颗粒物浓度越大，土壤颗粒对有机污染物的吸附能力则越小。大多数学者认为，土壤对 PAHs 的吸附过程其实主要是土壤所含的矿物质及有机质成分两部分共同作用的结果，并且有机质的吸附作用占主导地位，而土壤中矿物成分对 PAHs 的吸附是次要的，多为较简单的物理吸附。

第四节 小 结

基于网格法的较大样本采样研究结果显示，南京市主城区城市林业表层土壤 PAHs 含量在大部分地区属于中度污染以上水平，仅在极小范围处于轻度污染以下水平。PAHs 含量的空间分布具有一定的连续性，但又呈现出一定的斑块分布。结合主城区结构可以看出，北部二桥公园附近有南京化工厂、金陵石化化工一厂等，工厂的生产活动会产生大量废气，造成污染，导致 PAHs 含量偏高。中部鼓楼、新街口周边区域交通繁忙、车流量大，大量汽车尾气的排放及城市基础设施的修建施工造成环境的污染，PAHs 含量较高。沿江中山码头附近区域存在一个明显的高值区域，南京港作为国内排名前列的内陆港口，码头的水运交通十分繁忙，无数以柴油为主要燃料的货运轮船便成为 PAHs 的重要排放源。加上南京市的主导风向为西北一东南方向，水运交通排放的污染物向近岸迁移的可能性更大，随着污染物吸附在颗粒物中，进而随着干湿沉降汇入附近区域的土壤，土壤的 PAHs 总含量也就高于周围。

基于不同功能区的分析，结果显示南京市土壤 PAHs 含量表现为城市立交桥和道路绿化带土壤中较高、近郊森林和远郊森林较低，表层富集规律不明显，存在逆向富集现象。与荷兰土壤修复标准相比，南京市城市林业土壤中 PAHs 的含量处于中等及以上水平，多为轻度污染，道路绿化带和城市立交桥属于中度或严重污染。南京市城市林业土壤中 PAHs 与 SOC 和 BC 含量间均表现为显著相关。根据分子标记物比值法判断，南京市城市林业土壤中 PAHs 来源主要为生物质和煤炭燃烧源、机动车排放源，少数土壤 PAHs 来源属于石油源。

菲在不同区域土壤中的吸附等温线均可以用 Freundlich 方程进行拟合，且各等温线都具有一定程度的非线性特征，其中，鼓楼公园和新庄广场土壤的指数 N 值均小于 1，钟山风景区和下蜀林场土壤的指数 N 值均大于 1。土壤中菲吸附等温线的线性拟合方程和 Freundlich 拟合方程中 R^2 均大于 0.960，达到极显著水平（$P < 0.01$），土壤有机碳含量、黑碳含量、黏粒含量等都与吸附系数 K_d 呈显著相关关系。黑碳含量和有机碳含量是影响菲在城市林业土壤中吸附行为的主要因素。

参 考 文 献

包兵，吴丹，胡艳燕，等. 2007. 重庆主城区市街绿地土壤肥力质量评价及管理对策. 西南大学学报（自然科学版），29（11）：100-105.

边振兴，王秋兵. 2003. 沈阳市公园绿地土壤养分特征的研究. 土壤通报，34（4）：284-290.

卜兆宏，杨林章，卜宇行，等. 2002. 太湖流域苏皖汇流区土壤可蚀性 K 值及其应用的研究. 土壤学报，39（3）：296-299.

蔡文. 1996. 从物元分析到可拓学. 吕梁学刊（自然科学版），（2）：1-9.

曹慧，孙辉，杨浩，等. 2003. 土壤酶活性及其对土壤质量的指示研究进展. 应用与环境生物学报，9（1）：105-109.

曹启民，王华，伍卡兰，等. 2009. 汕头红树林湿地表层沉积物环境因子对 PAHs 分布的影响. 生态环境学报，18（3）：844-850.

曹云者，柳晓娟，谢云峰，等. 2012. 我国主要地区表层土壤中多环芳烃组成及含量特征分析. 环境科学学报，32（1）：197-203.

曹志洪. 2001. 解译土壤质量演变规律，确保土壤资源持续利用. 世界科技研究与发展，23（3）：28-32.

曹志洪，周健明，蔡祖聪，等. 2008. 中国土壤质量. 北京：科学出版社.

柴一新，王晓春，孙洪志，等. 2004. 中国城市森林研究热点. 东北林业大学学报，32（2）：74-77.

陈彩虹，叶道碧. 2010. 4 种人工林土壤酶活性与养分的相关性研究. 中南林业科技大学学报，30（6）：64-68.

陈恩凤，周礼恺. 1984. 土壤肥力实质的研究——Ⅰ. 黑土. 土壤学报，21（3）：229-237.

陈国潮. 1999. 土壤微生物量测定方法现状及其在红壤上的应用. 土壤通报，30（6）：284-287.

陈怀满. 2018. 环境土壤学. 北京：科学出版社.

陈静，王学军，陶澍. 2005. 天津地区土壤有机碳和黏粒对 PAHs 纵向分布的影响. 环境科学研究，18（4）：79-83.

陈静生. 1990. 环境地球化学. 北京：海洋出版社.

陈立新. 2002. 城市土壤质量演变与有机改土培肥作用研究. 水土保持学报，16（3）：36-39.

陈双林，郭子武，杨清平. 2010. 毛竹林土壤酶活性变化的海拔效应. 生态学杂志，29（3）：529-533.

陈思龙，郑有斌，赵琦，等. 1996. 重庆城区大气颗粒物污染来源解析. 重庆环境科学，18（6）：26-30.

陈同斌，黄铭洪，黄焕忠. 1997. 香港土壤中的重金属含量及其污染现状. 地理学报，64（3）：228-236.

陈学榕，黄彪，江茂生. 2008. 杉木间伐材炭化过程的 FTIR 光谱比较分析. 化工进展，27（3）：429-439.

程东祥，王婷婷，包国章.2010.长春城市土壤酶活性及其影响因素.东北师范大学学报（自然科学版），42（2）：137-142.

楚纯洁，朱玉涛.2008.城市土壤重金属污染研究现状及问题.环境研究与监测，21（3）：7-11.

崔晓阳，方怀龙.2001.城市绿地土壤及其管理.北京：中国林业出版社.

邓南荣，吴志峰，刘平，等.2009.城市园林绿化用地土壤肥力诊断与综合评价.土壤与环境，9（4）：287-289.

丁克强，骆永明.2001.多环芳烃污染土壤的生物修复.土壤，（4）：169-178.

段雪梅，蔡焕兴，巢文军.2010.南京市表层土壤重金属污染特征及污染来源.环境科学与管理，35（10）：31-34.

段迎秋，魏忠义，韩春兰，等.2008.东北地区城市不同土地利用类型土壤有机碳含量特征.沈阳农业大学学报，39（3）：324-326.

段永红，陶澍，王学军，等.2005.天津表土中多环芳烃含量的空间分布特征与来源.土壤学报，42（6）：942-947.

范君华，刘明，张建华.2010.南疆膜下滴灌棉田土壤酶活性与土壤养分的关系.棉花学报，22（4）：367-371.

傅慧兰，战景仁，周曰哲，等.1999.大豆连作对土壤纤维素酶活性的影响.大豆科学，18（1）：81-84.

高明美，孙涛，张坤.2014.基于超标倍数赋权法的济南市大气质量模糊动态评价.干旱区资源与环境，28（9）：150-154.

高清.1984.都市森林.台北：编译馆.

高彦征，朱利中，凌婉婷，等.2005.土壤和植物样品的多环芳烃分析方法研究.农业环境科学学报，24（5）：1003-1006.

高云超，朱文珊，陈文新.1993.土壤微生物生物量周转的估算.生态学杂志，12（6）：6-10.

耿玉清，白翠霞，赵铁蕊，等.2006.北京八达岭地区土壤酶活性及其与土壤肥力的关系.北京林业大学学报，28（5）：7-11.

龚子同，张甘霖，卢瑛.2001.南京城市土壤的特性及其分类的初步研究.土壤，33（1）：47-51.

顾朝林，谭纵波，刘宛，等.2009.气候变化、碳排放与低碳城市规划研究进展.城市规划学刊，（3）：38-45.

关松荫.1986.土壤酶及其研究法.北京：农业出版社.

管东生，何坤志，陈玉娟.1998.广州城市绿地土壤特征及其对树木生长的影响.环境科学研究，11（4）：51-54.

郭朝晖，黄昌勇，廖柏寒.2003.模拟酸雨对污染土壤中 Cd、Cu、Zn 释放及其形态转化的影响.应用生态学报，14（9）：1547-1550.

国家环境保护局，国家技术监督局.1995.土壤环境质量标准（GB 15618—1995）.北京：中国标准出版社.

韩玮，聂俊华，李飒.2006.外源纤维素酶对秸秆降解速率及土壤速效养分的影响.中国土壤与肥料，（5）：28-32.

韩晓日，苏俊峰，谢芳，等.2008.长期施肥对棕壤有机碳及各组分的影响.土壤通报，39（4）：730-733.

郝瑞军，方海兰，沈烈英.2011.上海城市绿地土壤有机碳、全氮分布特征.南京林业大学学报

（自然科学版），35（6）：49-52.

何耀武，区自清，孙铁珩. 1995. 多环芳烃类化合物在土壤上的吸附. 应用生态学报，6（4）：423-427.

和莉莉，李冬梅，吴钢. 2008. 我国城市土壤重金属污染研究现状和展望. 土壤通报，39（5）：1210-1216.

胡素英，刘豫明，黄懿珍. 2003. 广州地区园林土壤质量现状分析. 广东农业科学，5（36）：36-38.

胡伟，钟秦，袁青青，等. 2008. 不同类型机动车尾气中的多环芳烃含量分析. 环境科学学报，28（12）：2493-2498.

胡学斌，吉芳英，黎司，等. 2010. 三峡库区土壤腐殖质的振动光谱研究. 光谱学与光谱分析，30（5）：1376-1380.

黄昌勇. 2000. 土壤学. 北京：农业出版社.

黄嘉佑. 2000. 气象统计分析与预报方法. 北京：气象出版社.

黄骏雄. 1994. 环境样品前处理技术及其进展. 环境化学，13（7）：95-104.

黄黎英，曹建华，周莉，等. 2007. 不同地质背景下土壤溶解有机碳含量的季节动态及其影响因子. 生态环境学报，16（14）：1282-1288.

黄擎，肖如，李发生，等. 2006. 菲在大庆黑钙土有机-矿质复合体上的吸附与解吸. 环境科学研究，19（1）：83-86.

黄荣珍，张金池，林杰，等. 2005. 城市水土保持生态建设思路与对策——以南京市为例. 南京林业大学学报（人文社会科学版），5（2）：80-83.

黄顺生，吴新民，颜朝阳. 2007. 南京城市土壤重金属含量及空间分布特征. 城市环境与城市生态，20（2）：1-4.

黄耀，刘世梁，沈其荣，等. 2002. 环境因子对农业土壤有机碳分解的影响. 应用生态学报，13（6）：709-714.

姬亚芹，朱坦，冯银厂，等. 2006. 用富集因子法评价我国城市土壤风沙尘元素的污染. 南开大学学报（自然科学版），39（2）：94-98.

简兴，苗永美. 2009. 蚌埠市绿地土壤几种化学指标的异质性分析. 中国农学通报，25（9）：165-168.

简兴，王松，王玉良，等. 2016. 城市湿地周边不同土地利用方式下土壤有机碳及其活性组分特征. 浙江农业学报，28（1）：119-126.

江桂斌. 2004. 环境样品前处理技术. 北京：化学工业出版社.

姜永海，韦尚正，席北斗，等. 2009. PAHs 在我国土壤中的污染现状及其研究进展. 生态环境学报，18（3）：1176-1181.

阚文杰，吴启堂. 1994. 一个定量综合评价土壤肥力的方法初探. 土壤通报，25（6）：245-247.

康玲芬，李锋瑞，张爱胜，等. 2006. 交通污染对城市土壤和植物的影响. 环境科学，27（3）：556-560.

来伊楠，陈波，敬婧，等. 2015. 徐州市植物景观特色研究. 浙江农业科学研究，56（12）：1983-1988.

黎妍妍，许自成. 2006. 湖南省主要植烟区土壤肥力状况综合评价. 西北农林科技大学学报（自然科学版），34（11）：179-183.

李春林，胡远满，刘淼，等. 2013. 城市非点源污染研究进展. 生态学杂志，32（3）：492-500.

李笃仁，黄照愿. 1989. 实用土壤肥料手册. 北京：中国农业科技出版社.

李吉跃, 常金宝. 2001. 新世纪的城市林业: 回顾与展望. 世界林业研究, 14 (3): 1-9.

李萍. 1997. 环境中多环芳烃的迁移和转化. 内蒙古环境保护, 9 (4): 38-39.

李文芳, 杨世俊, 文赤夫, 等. 2004. 土壤有机质的环境效应. 环境科学动态, (4): 31-33.

李新爱, 肖和艾, 吴金水, 等. 2006. 喀斯特地区不同土地利用方式对土壤有机碳、全氮以及微生物生物量碳和氮的影响. 应用生态学报, 17 (10): 1827-1831.

李妍, 胡红青, 刘静, 等. 2005. 武汉动物园土壤特性与磷释放研究. 华中农业大学学报, 24 (2): 165-168.

李艳霞, 陈同斌, 罗维, 等. 2003. 中国城市污泥有机质及养分含量与土地利用. 生态学报, 23 (11): 2464-2470.

李酉开, 蒋柏藩, 袁可能. 1983. 土壤农业化学常规分析方法. 北京: 科学出版社.

李玉和. 1995. 城市土壤密实度对园林植物生长的影响及利用措施. 中国园林, 11 (3): 41-43.

梁晶, 王肖刚, 张庆费, 等. 2013. 上海市垃圾填埋场土壤特性研究. 南京林业大学学报 (自然科学版), 37 (1): 147-152.

廖洪凯, 龙健, 李娟, 等. 2012. 西南地区喀斯特干热河谷地带不同植被类型下小生境土壤碳氮分布特征. 土壤, 44 (3): 421-428.

廖金风. 2001. 城市化对土壤环境的影响. 生态科学, 20 (12): 91-94.

廖敏, 黄昌勇. 1999. pH 对镉在水土系统中的迁移和形态的影响. 环境科学学报, 19 (1): 81-86.

林明月, 邓少虹, 苏以荣, 等. 2012. 施肥对喀斯特地区植草土壤活性有机碳组分和牧草固碳的影响. 植物营养与肥料学报, 18 (5): 1119-1126.

刘刚, 姚祁芳, 杨辉. 2008. 汽车尾气烟尘中有机碳和元素碳的稳定同位素组成. 环境与健康杂志, 25 (9): 822-823.

刘吉峰, 李世杰, 秦宁生, 等. 2006. 青海湖流域土壤可蚀性 K 值研究. 干旱区地理, 29 (3): 321-324.

刘建新. 2009. 不同农田土壤酶活性与土壤养分相关关系研究. 土壤通报, 35 (4): 523-525.

刘树庆. 1996. 保定市污灌区土壤的 Pb、Cd 污染与土壤酶活性关系研究. 土壤学报, 33 (2): 175-182.

刘伟, 程积民, 高阳, 等. 2012. 黄土高原草地土壤有机碳分布及其影响因素. 土壤学报, 49 (1): 68-76.

刘艳, 王成, 彭镇华. 2010. 北京市崇文区不同类型绿地土壤酶活性及其与土壤理化性质的关系. 东北林业大学学报, 38 (4): 66-70.

刘兆云, 章明奎. 2010a. 城市绿地年龄对土壤有机碳积累的影响. 生态学杂志, 29 (1): 142-145.

刘兆云, 章明奎. 2010b. 杭嘉湖平原典型水耕人为土的碳库构成与 ^{13}C 稳定性同位素分布特征. 浙江大学学报 (农业与生命科学版), 36 (3): 275-281.

卢瑛, 冯宏, 甘海华. 2007. 广州城市公园绿地土壤肥力及酶活性特征. 水土保持学报, 21 (1): 160-163

卢瑛, 甘海华, 史正军, 等. 2005. 深圳城市绿地土壤肥力质量评价及管理对策. 水土保持学报, 19 (1): 153-156.

卢瑛, 龚子同, 张甘霖. 2001. 南京城市土壤的特性及其分类的初步研究. 土壤, 33 (1): 47-51.

卢瑛, 龚子同, 张甘霖. 2002. 城市土壤的特性及其管理. 土壤与环境, 11 (2): 206-209.

卢瑛，龚子同，张甘霖. 2003. 南京城市土壤中重金属的化学形态分布. 环境化学，22（2）：131-135.

卢瑛，龚子同，张甘霖，等. 2004. 南京城市土壤重金属含量及其影响因素. 应用生态学报，15（1）：123-126.

卢远，华璀，周兴. 2006. 广西土壤侵蚀敏感性特征及防治建议. 中国水土保持，6（36）：36-38.

鲁如坤. 2000. 土壤农业化学分析方法. 北京：中国农业科技出版社.

陆东晖，殷云龙. 2008. 城市道路绿化植物叶层对重金属元素和 N、S 的吸收与蓄积作用. 南京林业大学学报（自然科学版），32（2）：51-55.

罗上华，毛齐正，马克明，等. 2012. 城市土壤碳循环与碳固持研究综述. 生态学报，32（22）：7177-7189.

罗上华，毛齐正，马克明，等. 2014. 北京城市绿地表层土壤碳氮分布特征. 生态学报，34（20）：6011-6019.

罗雪梅，杨志峰，何孟常，等. 2005. 土壤/沉积物中天然有机质对疏水性有机污染物的吸附作用. 土壤，37（1）：25-40.

骆东奇，白洁，谢德体. 2002. 论土壤肥力评价指标与方法. 土壤与环境，11（2）：202-205.

马琳，刘兵，邵大伟. 2019. 基于 GIS 和街道区划的南京市主城区公园绿地空间布局分析. 华中建筑，37（7）：74-77.

马宁宁，李天来，武春成. 2010. 长期施肥对设施菜田土壤酶活性及土壤理化性状的影响. 应用生态学报，21（7）：1766-1771.

欧阳彦，刘秀华. 2009. 基于熵权物元可拓模型的土地整理生态环境影响评价：以老河口市孟楼镇基本农田整理项目为例. 西南师范大学学报（自然科学版），34（6）：67-74.

潘根兴，赵其国，蔡祖聪. 2005.《京都议定书》生效后我国耕地土壤碳循环研究若干问题. 中国基础科学，7（2）：12-18.

潘根兴. 1999. 中国干旱性地区土壤发生性碳酸盐及其在陆地系统碳转移上的意义. 南京农业大学学报，22（1）：51-57.

潘贤章，史学正. 2002. 土壤质量数字制图方法浅论. 土壤，（3）：138-140.

彭驰，王美娥，廖晓兰. 2010. 城市土壤中多环芳烃分布和风险评价研究进展. 应用生态学报，21（2）：514-522.

彭涛，欧阳志云，文礼章，等. 2006. 北京市海淀区土壤节肢动物群落特征. 生态学杂志，25（4）：389-394.

彭镇华. 2003. 中国城市森林. 北京：中国林业出版社.

齐亚超，张承东，王贺，等. 2010. 黑碳对土壤和沉积物中菲的吸附解吸行为及生物可利用性的影响. 环境化学，29（5）：848-855.

秦明周，赵杰. 2000. 城乡结合部土壤质量变化特点与可持续性利用对策. 地理学报，55（5）：545-553.

覃朝科，农泽喜，卢宗柳，等. 2016. 某矿区农田土壤重金属潜在生态风险评价及形态分析研究. 环境科学与管理，41（6）：166-170.

邱莉萍，刘军，王益权，等. 2004. 土壤酶活性与土壤肥力的关系研究. 植物营养与肥料学报，10（3）：277-280.

邱仁辉，杨玉盛. 2000. 森林经营措施对土壤的扰动和压实影响. 山地学报，18（3）：231-236.

全国土壤普查办公室. 1998. 中国土壤. 北京：中国农业出版社.

邵明安，王全九，黄明斌. 2006. 土壤物理学. 北京：高等教育出版社.

单秀枝，魏由庆，严慧峻，等. 1998. 土壤有机质含量对土壤水动力学参数的影响. 土壤学报，35（1）：1-9.

沈国舫. 1992. 森林的社会、文化和景观功能及巴黎的城市森林. 世界林业研究，5（2）：7-12.

沈宏，曹志洪，胡正义. 1999. 土壤活性有机碳的表征及其生态效应. 生态学杂志，18（3）：32-38.

沈学优，刘勇建. 1999. 空气中多环芳烃的研究进展. 环境污染与防治，21（6）：32-46.

生态环境部，国家市场监督管理总局. 2018a. 土壤环境质量 建设用地土壤污染风险管控标准（GB 36600—2018）. 北京：中国标准出版社.

生态环境部，国家市场监督管理总局. 2018b. 土壤环境质量 农用地土壤污染风险管控标准（GB 15618—2018）. 北京：中国标准出版社.

史贵涛，陈振楼，李海雯. 2006. 城市土壤重金属污染研究现状与趋势. 环境监测管理与技术，18（6）：9-12.

史红星，黄廷林. 2002. 黄土地区土壤对石油类污染物吸附特性的实验研究. 环境科学与技术，25（3）：10-12.

史长青. 1995. 重金属污染对水稻土酶活性的影响. 土壤通报，26（1）：34-35.

孙冰，粟娟，谢左章. 1997. 城市林业的研究现状与前景. 南京林业大学学报（自然科学版），21（2）：83-88.

孙福军，丁青坡，韩春兰，等. 2006. 沈阳市城市表土中微生物区系变化的初步研究. 土壤通报，37（4）：768-771.

孙吉生，冯其斌，侯俊华. 2002. 铁岭市城市水土流失防治措施与成效. 中国水土保持，（9）：32-32.

孙向阳. 2005. 土壤学. 北京：中国林业出版社.

陶晓，徐小牛，石雷. 2011. 城市土壤活性碳、氮分布特征及影响因素. 生态学杂志，30（12）：2868-2874.

涂成龙，刘丛强，武永锋. 2008. 城市公路绿化带土壤有机碳的分异. 水土保持学报，22（1）：100-104.

汪青. 2012. 土壤和沉积物中黑碳的环境行为及效应研究进展. 生态学报，32（1）：293-310.

王桂山，仲兆庆，王福寿. 2001. PAHs 的危害及产生的途径. 山东环境，（2）：41.

王海荣，杨忠芳. 2011. 土壤无机碳研究进展. 安徽农业科学，39（5）：21735-21739.

王焕华，李恋卿，潘根兴，等. 2005. 南京市不同功能城区表土微生物碳氮与酶活性分析. 生态学杂志，24（3）：273-277.

王建国，杨林章，单艳红. 2001. 模糊数学在土壤质量评价中的应用研究. 土壤学报，38（2）：176-183.

王磊，傅桦，杨伶俐. 2006. 北京城区土壤 pH 分布研究. 土壤通报，37（2）：398-400.

王良睦，王文卿，林鹏. 2003. 城市土壤与城市绿化. 城市环境与城市生态，16（6）：180-181.

王木林，缪荣兴. 1997. 城市森林的成分及其类型. 林业科学研究，10（5）：531-536.

王木林. 1995. 城市林业的研究与发展. 林业科学，31（5）：460-466.

王然，夏星辉，孟丽红. 2006. 水体颗粒物的粒径和组成对多环芳烃生物降解的影响. 环境科学，27（5）：855-861.

王晓宇, 赵萌丽, 韩国栋, 等. 2009. 开垦天然草地对土壤轻组有机质的影响. 内蒙古农业大学学报, 30 (2): 121-124.

王新伟, 钟宁宁, 韩习运. 2013. 煤矸石堆放对土壤环境 PAHs 污染的影响. 环境科学学报, 33 (11): 3092-3100.

王学松, 秦勇. 2006. 徐州城市表层土壤中重金属环境风险测度与源解析. 地球化学, 35 (1): 88-94.

王玉杰, 王千. 2000. 主要土壤肥力因素指标的筛选模型. 生物数学学报, 15 (2): 163-168.

王耘, 边红枫, 刘静玲. 2000. 长春市土壤铅污染及其对策. 中国环境管理, (3): 31-32.

王志明. 1998. 关于城市化土壤侵蚀等级划分综合评判模型的探讨. 水土保持研究, 5 (2): 131-135.

温琰茂, 韦照韬. 1996. 广州城市污泥和土壤重金属含量及其有效性研究. 中山大学学报 (自然科学版), 35: 221-225.

吴成, 张晓丽, 李关宾. 2007a. 黑碳吸附汞砷铅镉离子的研究. 农业环境科学学报, 26 (2): 770-774.

吴成, 张晓丽, 李关宾. 2007b. 热解温度对黑碳阳离子交换量和铅镉吸附量的影响. 农业环境科学学报, 26 (3): 1169-1172.

吴华军, 刘年丰, 何军, 等. 2006. 基于物元分析的生态环境综合评价研究. 华中科技大学学报 (城市科学版), 23 (1): 52-55.

吴际友, 叶道碧, 王旭军. 2010. 长沙市城郊森林土壤酶活性及其与土壤理化性质的相关性. 东北林业大学学报, 38 (3): 97-99.

吴建芝, 王艳春, 田宇, 等. 2016. 北京市公园和道路绿地土壤重金属含量特征比较研究. 北京园林, 32 (3): 53-58.

吴绍华, 周生路, 潘贤章, 等. 2011. 城市扩张过程对土壤重金属积累影响的定量分离. 土壤学报, 48 (3): 496-505.

吴松荫. 1984. 我国主要土壤剖面酶活性状况. 土壤学报, 21 (4): 368-381.

吴永刚, 姜志林, 栾以玲. 2002. 苏南丘陵火炬松林对重金属元素和磷、硫的吸收与累积. 生态学杂志, 21 (3): 5-9.

吴长文. 2004. 城市水土保持的理论与实践. 中国水土保持科学, 2 (3): 1-5.

武枚玲. 1989. 土壤对铜离子的专性吸附及其特征的研究. 土壤学报, 26: 31-41.

武瑞平, 李华, 曹鹏. 2009. 风化煤施用对复垦土壤理化性质酶活性及植被恢复的影响研究. 农业环境科学学报, 28 (9): 1855-1861.

项建光, 方海兰, 杨意, 等. 2004. 上海典型新建绿地的土壤质量评价. 土壤, 36 (4): 424-429.

谢广民, 秦飞, 池康, 等. 2007. 徐州城市森林规划布局与树种配置. 江苏林业科技, 34 (2): 56-57.

谢汉生, 王冬梅, 苏新琴. 2002. 城市水土流失对城市环境的影响及其对策. 水土保持学报, 16 (5): 67-69.

徐建明. 2010. 土壤质量指标与评价. 北京: 科学出版社.

徐同凯, 杨超, 谢长永, 等. 2013. 杭州城市不同功能区内土壤特征及其与广布植物节节草之间的关系. 杭州师范大学学报 (自然科学版), 12 (3): 233-239.

许乃政, 张桃林, 王兴祥, 等. 2011. 城市化进程中的土壤有机碳库演变趋势分析. 土壤通报,

42（3）：659-663.

许信旺，潘根兴，汪艳林，等.2009. 中国农田耕层土壤有机碳变化特征及控制因素. 地理研究，28（3）：601-612.

薛文悦，戴伟，王乐乐，等.2009. 北京山地几种针叶林土壤酶特征及其与土壤理化性质的关系. 北京林业大学学报，31（4）：90-96.

阎传海，张绅，宋永昌.1995. 南京地区森林植被性质的初步研究. 植物生态学报，19（3）：280-285.

杨昂，孙波，赵其国.1999. 酸雨对中国环境的影响. 土壤科学，31（1）：13-18.

杨冬青，高峻，肖烈桂，等.2005. 城市特定生境下土壤动物的生态分布. 云南环境科学，24（1）：22-27.

杨金艳，王传宽.2005. 东北东部森林生态系统土壤碳贮量和碳通量. 生态学报，25（11）：83-90.

杨金玲，汪景宽，张甘霖.2004. 城市土壤的压实退化及其环境效应. 土壤通报，35（6）：688-693.

杨金玲，张甘霖，袁大刚.2008. 南京市城市土壤水分入渗特征. 应用生态学报，19（2）：363-369.

杨金玲，张甘霖，赵玉国，等.2006. 城市土壤压实对土壤水分特征的影响——以南京市为例. 土壤学报，43（1）：33-38.

杨黎芳，李贵桐，赵小蓉.2007，栗钙土不同土地利用方式下有机碳和无机碳剖面分布特征. 生态环境，16（1）：158-162.

杨玉盛，陈光水.2000. 森林经营措施对土壤的扰动和压实影响. 山地学报，18（3）：231-236.

杨元根，Paterson E，Campbell C.2001. 城市土壤中重金属元素的积累及其微生物效应. 环境科学，22（3）：44-48.

姚水萍，任佶.2006. 浙江省土壤侵蚀等级划分模糊综合评判模型的初步探讨. 水土保持通报，264（6）：32-34.

姚贤良，程云生.1986. 土壤物理学. 北京：农业出版社.

叶勇，迟宝明，施枫芝，等.2007. 物元可拓法在地下水环境质量评价中的应用. 水土保持研究，14（2）：52-54.

於忠祥，汪维云，夏菊花.1996. 合肥郊区菜园土土壤酶活性研究. 土壤通报，27（4）：179-181.

于法展，李保杰，刘尧让，等.2006. 徐州市城区绿地土壤的理化特性. 城市环境与城市生态，19（5）：34-37.

于天仁.1987. 土壤化学原理. 北京：科学出版社.

于小丽，张江.1996. 多环芳烃污染与防治对策. 油气田环境保护，6（4）：53-56.

袁可能.1963. 土壤有机矿质复合体研究Ⅰ. 土壤有机矿质复合体中腐殖质氧化稳定性的初步研究. 土壤学报，11（3）：286-293.

曾宏达，杜紫贤，杨玉盛，等.2010. 城市沿江土地覆被变化对土壤有机碳和轻组有机碳的影响. 应用生态学报，21（3）：701-706.

张崇邦，张忠恒.2000. 东北黑钙土土壤有机质与酶活性动态关系的研究. 土壤肥料，2000（5）：28-30.

张春梅.2006. 城市土壤重金属的污染和生态风险评价. 杭州：浙江大学.

张鼎华.2001. 城市林业. 北京：中国环境科学出版社.

张凤荣，安萍莉，王军艳，等.2002. 耕地分等中的土壤质量指标体系与分等方法. 资源科学，24（2）：78-82.

张甘霖. 2001. 城市土壤研究的深化和发展. 土壤, 33（2）：111-112.

张甘霖, 卢瑛, 龚子同, 等. 2003a. 徐州城市土壤某些元素的富集特征及其对浅层地下水的影响. 第四纪研究, 23（4）：446-455.

张甘霖, 赵玉国, 杨金玲, 等. 2007. 城市土壤环境问题及其研究进展. 土壤学报, 44（5）：925-933.

张甘霖, 朱永官, 傅伯杰. 2003b. 城市土壤质量演变及其生态环境效应. 生态学报, 23（3）：539-546.

张华, 张甘霖. 2001. 土壤质量指标和评价方法. 土壤, 33（6）：326-330.

张辉, 马东升. 1997. 南京地区土壤沉积物中重金属形态研究. 环境科学学报, 17（3）：346-352.

张菊, 陈振楼, 许世远, 等. 2006. 海城市街道灰尘重金属铅污染现状及评价. 环境科学, 27（3）：519-522.

张娟, 吴建芝, 刘燕. 2017. 北京市绿地土壤 PAHs 分布及健康风险评价. 中国环境科学, 37（3）：1146-1153.

张利红, 李培军, 李雪梅, 等. 2006. 有机污染物在土壤中光降解的研究进展. 生态学杂志, 25（3）：318-322.

张鹏飞, 田长彦, 卞卫国, 等. 2004. 克拉玛依农业开发区土壤质量评价指标的筛选. 干旱区研究, 21（2）：166-170.

张琪, 方海兰, 黄懿珍, 等. 2005. 土壤阳离子交换量在上海城市土壤质量评价中的应用. 土壤, 37（6）：679-682.

张桃林, 潘剑君, 赵其国. 1999. 土壤质量研究进展与方向. 土壤, 31（1）：1-7.

张玮. 2010. 青岛市不同功能区土壤重金属形态及生物有效性研究. 青岛：青岛科技大学.

张伟畅, 盛浩, 钱奕琴, 等. 2012. 城市绿地碳库研究进展. 南方农业学报, 43（11）：1712-1717.

张文标, 钱新标, 马灵飞. 2009. 不同炭化温度的竹炭对重金属离子的吸附性能. 南京林业大学学报（自然科学版）, 33（6）：20-24.

张小萌, 李艳红, 王盼盼. 2016. 乌鲁木齐城市土壤有机碳空间变异研究. 干旱区资源与环境, 30（2）：117-121.

章海波, 骆永明, 黄铭洪, 等. 2005. 香港土壤研究III. 土壤中多环芳烃的含量及其来源初探. 土壤学报, 42（6）：936-941.

章家恩, 徐琪. 1997. 城市土壤的形成特征及其保护. 土壤, 29（4）：189-193.

章明奎, 周翠. 2006. 杭州市城市土壤有机碳的积累和特性. 土壤通报, 37（1）：19-21.

赵其国, 孙波, 张桃林. 1997. 土壤质量与持续环境：I. 土壤质量的定义及方法. 土壤, 29（3）：113-120.

赵清, 丁登山, 阎传海. 2003. 南京幕燕山地森林植被恢复重建研究. 地理研究, 22（6）：742-750.

赵荣钦, 黄贤金. 2013. 城市系统碳循环：特征、机理与理论框架. 生态学报, 33（2）：0358-0366.

赵荣钦, 黄贤金, 彭补拙. 2012. 南京城市系统碳循环与碳平衡分析. 地理学报, 67（6）：758-770.

赵锐锋, 张丽华, 赵海莉, 等. 2013. 黑河中游湿地土壤有机碳分布特征及其影响因素. 地理科学, 33（3）：363-370.

赵卓亚, 王志刚, 毕拥国, 等. 2009. 保定市城市绿地土壤重金属分布及其风险评价. 河北农业大学学报, 32（2）：16-20.

郑诗樟, 肖青亮, 吴蔚东, 等. 2008. 丘陵红壤不同人工林型土壤微生物类群、酶活性与土壤理化性状关系的研究. 中国生态农业学报, 16（1）：57-61.

中国环境监测总站. 1990. 中国土壤元素背景值. 北京：中国环境科学出版社.

周晨霓，马和平. 2013. 西藏色季拉山典型植被类型土壤活性有机碳分布特征. 土壤学报，50（6）：
1246-1251.

周礼恺. 1987. 土壤酶学. 北京：科学出版社.

周文佐，潘剑君，刘高焕. 2002. 南京市城市绿地现状遥感分析. 遥感技术与应用，17（1）：22-26.

周岩梅，刘瑞霞，汤鸿霄. 2003. 溶解有机质在土壤及沉积物吸附多环芳烃类有机污染物过程中
的作用研究. 环境科学学报，23（2）：216-233.

朱伟，边博，阮爱东. 2007. 镇江城市道路沉积物中重金属污染的来源分析. 环境科学，28（7）：
1584-1589.

住房和城乡建设部. 2016. 绿化种植土壤（CJ/T 340—2016）. 北京：中国标准出版社.

祖元刚，李冉，王文杰，等. 2011. 我国东北土壤有机碳、无机碳含量与土壤理化性质的相关性.
生态学报，31（18）：5207-5216.

Abraham J，Dowling K，Florentine S S. 2018. Assessment of potentially toxic metal contamination in
the soils of a legacy mine site in central victoria，Australia. Chemosphere，192：122-132.

Accardi-Dey A，Gschwend P M. 2002. Assessing the combined roles of natural organic matter and
black carbon as sorbents in sediments. Environmental Science and Technology，36（1）：21-29.

Allison S D，Nielsen C，Hughes R F. 2006. Elevated enzyme activities in soils under the invasive
nitrogen-fixing tree falcataria moluccana. Soil Biology and Biochemistry，38（7）：1537-1544.

Badiane N N Y，Chotte J L，Patea E，et al. 2009. Use of soil enzyme activities to monitor soil quality
in natural and improved fallows in semi-arid tropical regions. Applied Soil Ecology，18（3）：
229-238.

Bai L Y，Zeng X B，Su S M，et al. 2015. Heavy metal accumulation and source analysis in
greenhouse soils of Wuwei District，Gansu Province，China. Environmental Science and
Pollution Research，22（7）：5359-5367.

Bandiak A K，Dick R P. 1993. Field management effects on soil enzyme activities. Soil Biology and
Biochemistry，21（4）：877-887.

Barbosa A M，Ges H，Rfh D. 1996. Veratryl alcohol as an inducer of laccase by an ascomycete，
botryosphaeria sp，when creenedon the polymeric poly R-478. Letters in Applied Microbiology，
23（2）：93-96.

Bird M I，Gröcke D R. 1997. Determination of the abundance and carbon isotope composition of
elemental carbon in sediments. Geochim Cosmochim Acta，61（16）：3413-3423.

Boonchan S，Britz M L，Stanley G A. 2000. Degradation and mineralization of high molecular weight
polycyclic aromatic hydrocarbons by defined bacterial cocultures. Applied and Environmental
Microbiology，66（3）：1007-1019.

Bowman R A，Vigil M F. 1999. Soil organic matter changes in intensively cropped dryland systems.
Soil Science Society of America Journal，63（1）：186-191.

Brodowski S，Amelung W，Haumaier L，et al. 2005. Morphological and chemical properties of black
carbon in physical soil fractions as revealed by scanning electron microscopy and
energy-dispersive X-ray spectroscopy. Geoderma，128（1-2）：116-129.

Brodowski S，Amelung W，Haumaier L，et al. 2007. Black carbon contribution to stable humus in

German arable soils. Geoderma, 139 (1-2): 220-228.

Bu X, Ruan H, Wang L, et al. 2012. Soil organic matter in density fractions as related to vegetation changes along an altitude gradient in the Wuyi Mountains, southeastern China. Applied Soil Ecology, 52: 42-47.

Bucheli T D, Gustafsson, Örjan. 2000. Quantification of the soot water distribution coefficient of PAHs provides mechanistic basis for enhanced sorption observations. Environmental Science and Technology, 34 (24): 5144-5151.

Bucheli T D. 2004. Polycyclic aromatic hydrocarbons, black carbon, and molecular markers in soils of Switzerland. Chemosphere, 56 (11): 1061-1076.

Cao X D, Harris W. 2010. Properties of dairy-manure-derived biochar pertinent to its potential use in remediation. Bioresource Technology, 101 (14): 5222-5228.

Capriel P, Beck T, Borchert H, et al. 1990. Relationship between soil aliphatic fraction extracted with supercritical hexane, soil microbial biomass, and soil aggregate stability. Soil Science Society of America Journal, 54 (2): 415-420.

Chesters G, Attoe O J, Allen O N. 1957. Soil aggregation in relation to various soil constituents. Soil Science Society of America Journal, 21 (3): 272-277.

Chiou C T, Kile D E, Rutherford D W, et al. 2000. Sorption of selected organic compounds from water to a peat soil and its humic acid and humin fractions: potential sources of the sorption nonlinearity. Environmental Science and Technology, 34 (7): 1254-1258.

Chiou C T, Mcgroddy S E, Kile D E. 1998. Partition characteristics of polycyclic aromatic hydrocarbons on soils and sediments. Environmental Science and Technology, 32 (2): 264-269.

Chiou C T, Peters L J, Freed V H. 1979. A physical concept of soil-water equilibria for nonionic organic compounds. Science, 206 (16): 831-832.

Christ M J, David M B. 1996. Dynamics of extractable organic carbon in Spodosol forest floors. Soil Biology and Biochemistry, 28 (9): 1171-1179.

Churkina G, Brown D G, Keoleian G. 2009. Carbon stored in human settlements: the conterminous United States. Global Change Biology, 16 (1): 135-143.

Ciais P, Tans P P, White J W C, et al. 1995. Partitioning ocean and land uptake of CO_2 as inferred by $\delta^{13}C$ measurement form the NOAA climate monitoring and diagnostics laboratory global air sampling network. Journal of Geophysical Research, 100: 5051-5057.

Coates J D, Woodward J, Allen J, et al. 1997. Anaero biodegradation of polycyclic aromatic hydrocarbons and alkanes in petroleum-contaminated marine harbor sediments. Applied and Environmental Microbiology, 63 (9): 3589-3593.

Corapcioglu M O, Huang C P. 1987. The adsorption of heavy metals onto hydrous activated carbon. Water Research, 21 (9): 1031-1044.

Cornelissen G, Gustafsson O. 2004. Sorption of phenanthrene to environmental black carbon in sediment with and without organic matter and native sorbets. Environmental Science and Technology, 38 (1): 148-155.

Craul P J. 1992. Urban Soils in Landscape Design. New York: John Wiley and Sons. Inc.

Craul P J. 1994. The nature of urban soils: their problems and future. Arboricultural Journal, 18 (3):

275-287.

Cronan C S. 1985. Comparative effects of precipitation acidity on three forest soils: carbon cycling responses. Plant and Soil, 88 (1): 101-112.

Czimczik C I, Masiello C A. 2007. Controls on black carbon storage in soils. Global Biogeochemical Cycles, 21 (3): 1029-1036.

Dalal R C. 1985. Distribution, Salinity, Kinetic and Thermodynamic characteristics of urease activity in a vertical profile. Australian Journal of Soil Research, 23 (1): 49-60.

Das O, Wang Y, Hsieh Y P. 2010. Chemical and carbon isotopic characteristics of ash and smoke derived from burning of C_3 and C_4 grasses. Organic Geochemistry, 41 (3): 263-269.

David S. 2008. Cities' contribution to global warming: notes on the allocation of greenhouse gas emissions. Environment and Urbanization, 20 (2): 539-549.

Davidson E A, Janssens I A. 2006. Temperature sensitivity of soil carbon decomposition and feedbacks to climate change. Nature, 440 (7081): 165-173.

Delprat L, Chassin P, Linères M, et al. 1997. Characterization of dissolved organic carbon in cleared forest soils converted to maize cultivation. Developments in Crop Science, 25: 257-266.

DeLuca T H, MacKenzie M D, Gundale M J, et al. 2006. Wildfire-produced charcoal directly influences nitrogen cycling in ponderosa pine forests. Soil Science Society of America Journal, 70 (2): 448-453.

Dickens A F, Gélinas Y, Hedges J I. 2004a. Physical separation of combustion and rock sources of graphitic black carbon in sediments. Marine Chemistry, 92 (1-4): 215-223.

Dickens A F, Gélinas Y, Masiello C A, et al. 2004b. Reburial of fossil organic carbon in marine sediments. Nature, 427 (6972): 336-339.

Doran J W, Coleman D C, Bezdicek D F, et al. 1994. Defining and assessing soil quality. Defining soil quality for a sustainable environment. SSSA Special Publication, Number 35, ASA, Madison: 3-21.

Druffel E R M. 2004. Comments on the importance of black carbon in the global carbon cycle. Marine Chemistry, 92 (1-4): 197-200.

Dumanoglu Y, Gaga E O, Gungormus E, et al. 2017. Spatial and seasonal variations, sources, air-soil exchange, and carcinogenic risk assessment for PAHs and PCBs in air and soil of Kutahya, Turkey, the province of thermal power plants. Science of Total Environment, 580 (15): 920-935.

Feller C, Bernoux M. 2008. Historical advances in the study of global terrestrial soil organic carbon sequestration. Waste Management, 28 (4): 734-740.

Fraser M P, Cass G R, Simoneit B R T, et al. 1998. Air quality model evaluation data for organics. 5. C_6-C_{22} nonpolar and semipolar aromatic compounds. Environmental Science and Technology, 32 (12): 1760-1770.

Gatari M J, Boman J. 2003. Black carbon and total carbon measurements at urban and rural sites in Kenya, East Africa. Atmospheric Environment, 37 (8): 1149-1154.

Gélinas Y, Prentice K M, Baldock J A, et al. 2001. An improved thermal oxidation method for the quantification of soot/graphitic black carbon in sediments and soils. Environmental Science and

Technology, 35 (17): 3519-3525.

Grosser R J, Warshawsky D, Vestal J R. 1991. Indigenous and enhanced mineralisation of pyrene, benzo[a]pyrene and carbazole in soils. Applied and Environmental Microbiology, 57 (12): 3462-3469.

Grossman A, Ghosh U. 2009. Measurement of activated carbon and other black carbons in sediments. Chemosphere, 75 (4): 469-475.

Gunther F A, Buzzetti F, Westlake W E. 1967. Residue behavior of polynuclear hydrocarbons on and in oranges. Residue Reviews, 17: 81-104.

Guo Y, Amundson R, Gong P, et al. 2006. Quantity and spatial variability of soil carbon in the conterminous United States. Soil Science Society of America Journal, 70 (2): 590-600.

Hamer U, Marschner B, Brodowski S, et al. 2004. Interactive priming of black carbon and glucose mineralization. Organic Geochemistry, 35 (7): 823-830.

Haumaier L, Zech W. 1995. Black carbon-possible source of highly aromatic components of soil humic acids. Organic Geochemistry, 23 (3): 191-196.

Huang W, Weber W J. 1997. A distributed reactivity model for sorption by soils and sediments: 10. Relations hips between desorption, hysteresis, and the chemical characteristic of organic domains. Environmental Science and Technology, 31: 2562-2569.

Hung W N, Lin T F, Chiu C H, et al. 2012. On the use of a freeze-dried versus an air-dried soil humic acid as a surrogate of soil organic matter for contaminant sorption. Environmental Pollution, 160: 125-129.

Hutchinson J J, Campbell C A, Desjardins R L. 2007. Some perspectives on carbon sequestration in agriculture. Agricultural and Forest Meteorology, 142 (2-4): 288-302.

Isaacon P J, Frinj C R. 1984. Nonreversible sorption of phenolic compounds by sediments fractions: the role of sediment organic matter. Environmental Science and Technology, 18 (1): 43-48.

Janzen H H. 2004. Carbon cycling in earth systems-a soil science perspective. Agriculture Ecosystems and Environment, 104 (3): 399-417.

Jenkinson D S, Powlson, D S. 1976. The effect of biocidal treatments on metabolism in soil-V: a method for measuring soil biomass. Soil Biology and Biochemistry, 8 (3): 209-213.

Jim C Y. 1993. Soil compaction as a constraint to tree growth in tropical and subtropical urban habitats. Environmental Conservation, 20 (1): 35-49.

Jim C Y. 1998. Physical and chemical properties of a Hong Kong roadside soil in relation to urban tree growth. Urban Ecosystems, 2 (2-3): 171-181.

Jin J, Qian H, Chen Y F, et al. 2013. Assessment of groundwater quality based on matter element extension model. Journal of Chemistry, 1-7.

Jones K C, Stratford J A, Waterhouse K S, et al. 1989. Organic contaminants in welsh soils: polynuclear aromatic hydrocarbons. Environmental Science and Technology, 23 (5): 540-550.

Jonker M T O, Hawthorne S B, Koelmans A A. 2005. Extremely slowly desorbing polycyclic aromatic hydrocarbons from soot and soot-like materials: evidence by supercritical fluid extraction. Environmental Science and Technology, 39 (20): 7889-7895.

Jonker M T O, Koelmans A A. 2002. Sorption of polycyclic aromatic hydrocarbons and polychlorinated biphenyls to soot and soot-like materials in the aqueous environment: mechanistic considerations. Environmental Science and Technology, 36 (17): 3725-3734.

Kalbitz K, Solinger S, Park J H, et al. 2000. Controls on the dynamics of dissolved organic matter in soils: a review. Soil Science, 165 (4): 277-304.

Karanfil T, Kilduff J E. 1999. Role of granular activated carbon surface chemistry on the adsorption of organic compounds. 1. Priority pollutants. Environmental Science and Technology, 33 (18): 3217-3224.

Kinniburgh D G, Jackson M L, Syres J K. 1976. Adsorption of alkaline earth, transition and heavy metal cations by hydrous oxide gels of iron and aluminum. Soil Science Society of America Journal, 40 (5): 796-799.

Knoblauch C, Maarifat A A, Pfeiffer E M, et al. 2011. Degradability of black carbon and its impact on trace gas fluxes and carbon turnover in paddy soils. Soil Biology and Biochemistry, 43 (9): 1768-1778.

Koelmans A A, Jonker M T O, Cornelissen G, et al. 2006. Black carbon: the reverse of its dark side. Chemosphere, 63 (3): 365-377.

Lefroy R D B, Blair G J, Strong W M. 1993. Changes in soil organic matter with cropping as measured by organic carbon fractions and ^{13}C natural isotope abundance. Plant and Soil, 155/156 (1): 399-402.

Lehmann J, Silva J P D, Steiner C, et al. 2003. Nutrient availability and leaching in an archaeological Anthrosol and a Ferralsol of the Central Amazon basin: fertilizer, manure and charcoal amendments. Plant and Soil, 249 (2): 343-357.

Li X H, Ma L L, Liu X F, et al. 2006. Polycyclic aromatic hydrocarbon in urban soil from Beijing. Journal of Environmental Sciences, 18 (5): 944-950.

Li Y B, Yang X, Song X L, et al. 2006. Content and distribution of unprotected soil organic carbon in karst ecosystem. Journal of Agro-Environment Science, 25 (2): 402-406.

Liang A Z, Zhang X P, Yang X M, et al. 2010. Dynamics of soil particulate organic carbon and mineral-incorporated organic carbon in black soils in northeast China. Acta Pedologica Sinica, 47 (1): 153-158.

Liang B, Lehmann J, Sohi S P, et al. 2010. Black carbon affects the cycling of non-black carbon in soil. Organic Geochemistry, 41 (2): 206-213.

Liang B, Lehmann J, Solomon D, et al. 2006. Black carbon increases cation exchange capacity in soils. Soil Science Society of America Journal, 70 (5): 1719-1730.

Liang J, Ma G J, Fang H L, et al. 2011. Polycyclic aromatic hydrocarbon concentrations in urban soils representing different land use categories in Shanghai. Environmental Earth Science, 62 (1): 33-42.

Lim B, Cachier H. 1996. Determination of black carbon by chemical oxidation and thermal treatment in recent marine and lake sediments and Cretaceous-Tertiary clays. Chemical Geology, 131 (1): 143-154.

Liu Y, Chen L, Huang Q H, et al. 2009. Source apportionment of polycyclic aromatic hydrocarbons

（PAHs）in surface sediments of the Huangpu River, Shanghai, China. Science of the Total Environment, 407（8）: 2931-2938.

Liu Z, Laha S, Luthy R G. 1991. Surfactant solubilization of polycyclic aromatic hydro carbon compounds in soil water suspensions. Water Science and Technology, 23（1-3）: 475-485.

Loginow W W, Winsniewski S G, Ciescinska B. 1987. Fractionation of organic carbon based on susceptibility to oxidation. Polish Journal of Soil Science, 20: 47-52.

Lorenz K, Kandeler E. 2005. Biochemical characterization of urban soil profiles from Stuttgart, Germany. Soil Biology and Biochemistry, 37（7）: 1373-1385.

Lorenz K, Preston C M, Kandeler E, et al. 2006. Soil organic matter in urban soils: Estimation of elemental carbon by thermal oxidation and characterization of organic matter by solid-state ^{13}C nuclear magnetic resonance（NMR）spectroscopy. Geoderma, 130（3-4）: 312-323.

Madejón E, Burgos P, López R, et al. 2001. Soil enzymatic response to addition of heavy metals with organic residues. Biology and Fertility of Soils, 34（3）: 144-150.

Madison W J, Stump L M, Binkley D. 1993. Relationship between litter quantity and nitrogen availability in rock mountain forests. Canadian Journal of Forest Research, 23（3）: 492-502.

Major J, Lehmannn J, Rondon M, et al. 2010. Fate of soil-applied black carbon: downward migration, leaching and soil respiration. Global Change Biology, 16（4）: 1366-1379.

Maliszewska-Kordybach B. 1996. Polycyclic aromatic hydrocarbons in agricultural soils in Poland: Preliminary proposals for criteria to evaluate the level of soil contamination. Applied Geochemistry, 11（1-2）: 121-127.

Martens D A, Johanson J B, Frankenberger W T. 1992. Production and persistence of soil enzymes with repeated addition of organic residues. Soil Science, 153（1）: 53-61.

Martens D A. 2000. Management and crop residue influence soil aggregate stability. Journal of Environmental Quality, 29（3）: 723-727.

Maruya K A, Risebrough R W, Horne A J. 1996. Partitioning of polynuclear aromatic hydrocarbons between sediments from san francisco bay and their pore water. Environmental Science and Technology, 30（10）: 2942-2947.

Masiello C A, Druffel E R M. 2003. Organic and black carbon ^{13}C and ^{14}C through the santa monica basin sediment oxic-anoxic transition. Geophysical Research Letters, 30（4）: 1185-1188.

Masiello C A. 2004. New directions in black carbon organic geochemistry. Marine Chemistry, 92（1-4）: 201-213.

Mcgroddy S E, Farrington J W, Gschwend P M. 1996. Comparison of the in situ and desorption sediment water partitioning of polycyclic aromatic hydrocarbons and polychlorinated biphenyls. Environmental Science and Technology, 30（1）: 172-177.

Meng L Y, Xin S Z, Su D C. 2011. Effects of materials containing different inert organic carbon on cd speciation and bio-availability in soil. Journal of Agro-environment Science, 30（8）: 1531-1538.

Middelbura J J, Nieuwenhuize J, van Breugel P. 1999. Black carbon in marine sediments. Marine Chemistry, 65（3-4）: 245-252.

Mielke, H W, Wang G, Gonzales C R, et al. 2001. PAHs and mental mixtures in New Orleans soils and sediments. The Science of the Total Environment, 281（1-3）: 217-227.

Miller R W. 1996. Urban forestry. New Jersey: Prentice Hall.

Mitra S, Bianchi T S, McKee B A, et al. 2002. Black carbon from the mississippi river: quantities, sources, and potential implications for the global carbon cycle. Environmental Science and Technology, 36 (11): 2296-2302.

Muri G, Cemelj B, Faganeli J, et al. 2002. Black carbon in slovenian alpine lacustrine sediments. Chemosphere, 46 (8): 1225-1234.

Novak J M, Busscher W J, Watts D W, et al. 2010. Short-term CO_2 mineralization after additions of biochar and switchgrass to a typic Kandiudult. Geoderma, 154 (3-4): 281-288.

Ocio J A, Brookes P C, Jenkinson D S. 1991. Field incorporation of straw and its effects on soil microbial biomass and soil inorganic N. Soil Biology and Biochemistry, 23 (2): 171-176.

Pan G X. 1999. Study on carbon reservoir in soils of China. Bulletin Offence and Technology, 15(5): 330-332.

Pataki D, Alig R, Fung A, et al. 2006. Urban ecosystems and the North American carbon cycle. Global Change Biology, 12 (11): 2092-2102.

Perry J J. 1979. Microbial co oxidation involving hydrocarbons. Microbiological Review, 43 (1): 59-72.

Piatt J J, Backhus D A, Capel P D, et al. 1996. Temperature-dependent sorption of naphthalene, phenanthrene and pyrene to low organic carbon aquifer sediments. Environmental Science and Technology, 30 (3): 751-760.

Ping L F, Luo Y M, Zhang H B, et al. 2007. Distribution of polycyclic aromatic hydrocarbons in thirty typical soil profiles in the Yangtze River Delta region, east China. Environmental Pollution, 147 (2): 358-365.

Poirier N, Derenne S, Rouzaud J N, et al. 2000. Chemical structure and sources of the macromolecular, resistant, organic fraction isolated from a forest soil (Lacadée, south-west France). Organic Geochemistry, 31 (9): 813-827.

Pouyat R V, Mcdonnell M J, Pickett S T A. 1995. Soil characteristics of oak stands along an urban-rural land-use gradient. Journal of Environmental Quality, 24 (3): 516-526.

Pouyat R V, Yesilonis I D, Golubiewski N E. 2009. A comparison of soil organic carbon stocks between residential turf grass and native soil. Urban Ecosystems, 12 (1): 45-62.

Pouyat R V, Yesilonis I D, Nowak D J. 2006. Carbon storage by urban soils in the United States. Journal of Environmental Quality, 35 (4): 1566-1575.

Pouyat R V, Groffman P, Yesilonis I, et al. 2002. Soil carbon pools and fluxes in urban ecosystems. Environmental Pollution, 116 (1): s107-s118.

Qian Y, Follett R F. 2002. Assessing soil carbon sequestration in turfgrass systems using long-term soil testing data. Agronomy Journal, 94 (4): 930-935.

Qiu Y, Cheng H, Xu C, et al. 2008. Surface characteristics of crop-residue-derived black carbon and lead (II) adsorption. Water Research, 42 (3): 567-574.

Raciti S M, Groffman P M, Jenkins J C, et al. 2011. Accumulation of carbon and nitrogen in residential soils with different land-use histories. Ecosystems, 14 (2): 287-297.

Rockne K J, Taghon G L, Kosson D S. 2000. Pore structure of soot deposits from several combustion sources. Chemosphere, 41 (8): 1125-1135.

Sarkar P K, Doty P. The optical rotatory properties of the β-configuration in polypeptides and proteins. Biochemistry, 1966, 55 (4): 981-989.

Sawicka-Kapusta K, Zakrzewska M, Bajorek K. 2003. Input of heavy metals to the forest floor as a result of Cracow urban pollution. Environment International, 28 (8): 691-698.

Schlesinger W H. 1985. The formation of caliche in soils of the Mojave Desert, California. Geochimica et Cosmochimica Acta, 49 (1): 57-66.

Schloter M, Dilly O, Munch J C. 2003. Indicators for evaluating soil quality. Agriculture Ecosystems Environment, 98 (1-3): 255-262.

Schmidt M W I, Noack A G. 2000. Black carbon in soils and sediments: analysis, distribution, implications, and current challenges. Global Biogeochemical Cycles, 14 (3): 777-793.

Schoenholtz S H, van Miegroet H, Burger J A. 2000. A review of chemical and physical properties as indicators of forest soil quality: challenges and opportunities. Forest Ecology and Management, 138 (1): 335-356.

Schuman G E, Janzen H H, Herrick J E. 2002. Soil carbon dynamics and potential carbon sequestration by rangelands. Environmental Pollution, 116 (3): 391-396.

Senesi G S, Baldassarre G, Senesi N. 1999. Trace element in puts into soils by anthropogenic activities and implications for Human health. Chemosphere, 39 (2): 343-37.

Shi Z, Tao S, Pan B, et al. 2005. Contamination of rivers in Tianjin, China by polycyclic aromatic hydrocarbons. Environmental Pollution, 134 (1): 97-111.

Shrestha G, Traina S J, Swanston C W. 2010. Black carbon's properties and role in the environment: a comprehensive review. Sustainability, 2 (1): 294-320.

Silver W L, Miya R K. 2001. Global patterns in root decomposition: comparisons of climate and litter quality effects. Oecologia, 129 (3): 407-419.

Singh K P, Mandal T N, Tripathi S K. 2008. Patterns of restoration of soil physicochemical properties and microbial biomass in different landslide sites in the sal forest ecosystem of Nepal Himalaya. Ecological Engineering, 17 (4): 385-401.

Six J, Eilliot E T, Paustian K, et al. 1998. Aggregation and soil organic matter accumulation in cultivated and native grassland soils. Soil Science Society of America Journal, 62 (5): 1367-1377.

Smith J L, Halvorson J J, Papendick R I. 1993. Using multiple-variable indicator kriging for evaluating soil quality. Soil Science Society of America Journal. 57 (3): 743-749.

Strand A, Hov Ø. 1996. A model strategy for the simulation of chlorinated hydrocarbon distributions in the global environment. Water, Air and Soil Pollution, 86 (1-4): 283-316.

Sun Y, Ma J H, Li C. 2010. Content and densities of soil organic carbon in urban soil in different function districts of Kaifeng. Journal of Geographical Sciences, 20 (1): 148-156.

Tan Z F, Ju L W, Yu X B, et al. 2014. Selection ideal coal suppliers of thermal power plants using the matter-element extension model with integrated empowerment method for sustainability. Mathematical Problems in Engineering, (2): 1-11.

Tang L, Tang X Y, Zhu Y G, et al. 2005. Contamination of polycyclic aromatic hydrocarbons(PAHs) in urban soils in Beijing, China. Environment International, 31 (6): 822-828.

Tremblay L, Kohl S D, Rice J L, et al. 2005. Effects of temperature, salinity, and dissolved stanceson the sorption of polycyclic aromatic hydrocarbons to estuarine particles. Marine Chemistry, 96 (1): 21-34.

Tsapakis M, Stephanou E G, Karakassis I. 2003. Evaluation of atmospheric transport as a nonpoint source of polycyclic aromatic hydrocarbons in marine sediments of the Eastern Mediterranean. Marine Chemistry, 80 (4): 283-298.

van Noort P C M, Jonker M T O, Koelmans A A. 2004. Modeling maximum adsorption capacities of soot and soot-like materials for PAHs and PCBs. Environmental Science and Technology, 38 (12): 3305-3309.

Vance E D, Brookes P C, Jenkinson D S. 1987. An extraction method for measuring microbial biomass C. Soil Biology and Biochemistry, 19 (6): 703-707.

Vince T, Szabo G, Csoma Z, et al. 2014. The spatial distribution pattern of heavy metal concentrations in urban soils-a study of anthropogenic effects in Berehove, Ukraine. Central European Journal of Geosciences, 6 (3): 330-343.

Wagenet R J, Hutson J S. 1997. Soil quality and its dependence and dynamic physical processes. Journal of Environmental Quality, 26 (1): 41-48.

Wakeham S G, Forrest J, Masiello C A, et al. 2004. Hydrocarbons in Lake Washington sediments: a 25-year retrospective in an urban lake. Environmental Science and Technology, 38 (2): 431-439.

Wang F L, Bettany J R. 1993. Influence of freeze-thaw and flooding on the loss of soluble organic carbon and carbon dioxide from soil. Journal of Environmental Quality, 22 (4): 709-714.

Wang J, Zhang X F, Ling W T, et al. 2017. Contamination and health risk assessment of PAHs in soils and crops in industrial areas of the Yangtze river delta region, China. Chemosphere, 168: 976-987.

Wardle D A, Nilsson M C, Zackrisson O. 2008. Fire-derived charcoal causes loss of forest humus. Science, 320 (5876): 629-629.

Warkentin B P. 1995. The changing concept of soil quality. Journal of Soil and Water Conservation, 50 (3): 226-228.

Weber W J, Huang W. 1996. A distributed reactivity model for sorption by soils and sediments. Environmental Science and Technology, 30: 881-888.

Weil R R, Islam K R, Stine M A. 2003. Estimating active carbon for soil quality assessment: a simplified method for laboratory and field use. American Journal of Alternative Agriculture, 18 (1): 3-17.

Wilcke W. 2000. Polycyclic aromatic hydrocarbons (PAHs) in soil: a review. Journal of Plant Nutrition and Soil Science, 163 (3): 229-248.

Wilcke W, Muller S, Kanchanakool N, et al. 1998. Urban soil contamination in Bangkok: heavy metal and aluminum partitioning in topsoil. Geoderma, 86 (3-4): 211-228.

Xing B, Mcgill W B, Dudas M J. 1994. Cross-correlation of polarity curves to predict partition coefficient of nonionic organic contaminants. Environmental Science and Technology, 28 (11):

1929-1933.

Xing B，Pignatello J J，Gigliotti B. 1996. Competitive sorption between atrazine and other organic compounds in soils and model sorbents. Environmental Science and Technology，30（8）：2432-2440.

Xu W，Dong Z C，Hao Z C，et al. 2017. River health evaluation based on the fuzzy matter-element extension assessment model. Polish Journal of Environmental Studies，26（3）：1353-1361.

Yanai Y，Toyota K，Okazani M. 2007. Effects of charcoal addition on N_2O emissions from soil resulting from rewetting air-dried soil in short-term laboratory experiments. Soil Science and Plant Nutrition，53（2）：181-188.

Yang Y，Tao S，Zhang N，et al. 2010. The effect of soil organic matter on fate of polycyclic aromatic hydrocarbons in soil: a microcosm study. Environmental Pollution，158（5）：1768-1774.

Yunker M B，Backus S M，Graf P E，et al. 2002. Sources and significance of alkane and PAH hydrocarbons in Canadian arctic rivers. Estuarine Coastal and Shelf Science，55（1）：1-31.

Zak D R，Grigal D F，Gleeson S，et al. 1990. Carbon and nitrogen cycling during old-field succession: constraints on plant and microbial biomass. Biogeochemistry，11（2）：111-129.

Zeng H D，Du Z X，Yang Y S，et al. 2010. Effects of land cover change on soil organic carbon and light fraction organic carbon at river banks of Fuzhou urban area. Chinese Journal of Applied Ecology，21（3）：701-706.

Zhang C L，Li Z Y，Yang W W，et al. 2013. Assessment of metals pollution on agricultural soil surrounding a lead-zinc mining area in the karst region of Guangxi，China. Bulletin of Environmental Contamination and Toxicology，90（6）：736-741.

附 录　发 表 论 文

1. Zhang J，Yang J，Yu F，et al. Polycyclic Aromatic Hydrocarbons in urban greenland soils of Nanjing，China：concentration，distribution，sources，and potential risks. Environmental Geochemistry and Health，2020.

2. 张俊叶，刘晓东，王林，等. 生物质炭的土壤效应研究综述. 中国农学通报，2020，36（9）：46-50.

3. 张俊叶，邹明，刘晓东，等. 南京城市森林植物叶面颗粒物的含量特征. 环境污染与防治，2019，41（7）：837-843.

4. 张俊叶，俞菲，刘晓东，等. 城市森林植物叶面颗粒物中重金属和多环芳烃的研究进展. 中国农业科技导报，2019，21（10）：140-147.

5. 王林，邹明，刘晓东，等. 土壤及生物炭对草甘膦的吸附作用. 水土保持学报，2019，33（3）：372-377.

6. Zhang J Y，Yu F，Pang S D，et al. Spatial distribution and Pollution assessment of potentially toxic elements in urban forest soil of Nanjing，China. Polish Journal of Environmental Studies，2019，28（4）：3015-3024.

7. 朱小芳，唐昊冶，钱薇，等. 茶多酚和铜对可变电荷土壤钙镁释放的影响. 土壤，2019，51（3）：536-540.

8. 张俊叶，刘晓东，庞少东，等. 物元可拓法用于南京城市绿地土壤重金属污染评价. 环境科学研究，2018，31（9）：1572-1579.

9. 刘晓东，杨靖宇，王林，等. 南京城市绿地土壤对菲的吸附特征. 生态环境学报，2018，27（8）：1563-1568.

10. Wang R H，Zhu X F，Qian W，et al. Effect of tea polyphenols on copper adsorption and manganese release in two variable-charge soils. Journal of Geochemical Exploration，2018，190：374-380.

11. Ma L，Wang F W，Yu Y C，et al. Cu removal and response mechanisms of periphytic biofilms in a tubular bioreactor. Bioresource Technology，2018，248：61-67.

12. 张俊叶，俞菲，俞元春. 城市土壤多环芳烃污染研究进展. 土壤通报，2018，49（1）：243-252.

13. 张俊叶，俞菲，杨靖宇，等. 南京城市林业土壤多环芳烃累积特征及其与黑碳的相关性. 南京林业大学学报（自然科学版），2018，42（2）：75-80.

14. Wang W，Cang L，Zhou D M，et al. Exogenous amino acids increase antioxidant enzyme activities and tolerance of rice seedlings to cadmium stress. Environmental Progress and Sustainable Energy，2017，36（1）：155-161.

15. Wang R H，Zhu X F，Qian W，et al. Pectin adsorption on amorphous Fe/Al hydroxides and

its effect on surface charge properties and Cu（II）adsorption. Journal of Soils and Sediments. 2017，17（10）：2481-2489.

16. 张俊叶，俞菲，俞元春. 我国主要地区表层土壤多环芳烃含量及来源解析. 生态环境学报，2017，26（6）：1059-1067.

17. 钱薇，唐昊冶，王如海，等. 一次消解土壤样品测定汞、砷和硒. 分析化学，2017，45（8）：1215-1221.

18. Yang J Y，Yu F，Yu Y C，et al. Characterization，source apportionment，and risk assessment of polycyclic aromatic hydrocarbons in urban soil of Nanjing，China. Journal of Soils and Sediments，2017，17（4）：1116-1125.

19. 张俊叶，司志国，俞元春，等. 徐州市香樟林土壤质量调查与评价. 浙江农林大学学报，2017，34（2）：233-238.

20. Wang R H，Zhu X F，Qian W，et al. Adsorption of Cd（II）by two variable-charge soils in the presence of pectin. Environmental Science and Pollution Research. 2016，23：12976-12982.

21. 杨靖宇，俞元春，王小龙. 南京市不同功能区林业土壤多环芳烃含量与来源分析. 生态与环境学报，2016，25（2）：314-319.

22. 王曦，杨靖宇，俞元春，等. 不同功能区城市林业土壤黑碳含量及来源分析——以南京市为例. 生态学报，2016，36（3）：837-843.

23. 杨靖宇，俞元春，陈瑜，等. 南京市不同功能区城市林业土壤有机碳含量与分布. 南京林业大学学报（自然科学版），2016，40（1）：22-26.

24. Wang X F，Zhu X F，Qian W，et al. Effect of pectin on adsorption of Cu（II）by two variable-charge soils from southern China. Environmental Science and Pollution Research，2015，22（24）：19687-19694.

25. 王维，仓龙，俞元春，等. 纳米羟基磷灰石对土壤镉化学形态和水稻镉吸收的影响. 广东农业科学，2014，（09）：83-87.

26. 余健，房莉，卞正富，等. 土壤碳库构成研究进展. 生态学报，2014，24（17）：4829-4838.

27. 王如海，蒋倩，朱小芳，等. 火焰原子吸收测定土壤镍的测量不确定度评定. 土壤，2014，46（1）：139-144.

28. 王如海，钱薇，朱小芳，等. 流动注射法同时测定水中的氮磷指标. 分析试验室，2013，32（12）：32-36.

29. 房莉，余健，张彩峰，等. 不同土地利用方式土壤对铜、镉离子的吸附解吸特征. 中国生态农业学报，2013，21（10）：1257-1263.

30. Zhou C F，Wang Y J，Li C C，et al. Subacute toxicity of copper on earthworm（*Eisenia fetida*）in the presence of glyphosate. Environmental Pollution.2013，180：71-77.

31. 司志国，彭志宏，俞元春，等. 徐州城市绿地土壤肥力质量评价. 南京林业大学学报（自然科学版），2013，37（3）：60-64.

32. 司志国，俞小鹏，白玉杰，等. 徐州城市绿地表层土壤酶活性及其影响因素. 中南林业科技大学学报，2013，33（2）：73-76，80.

33. Zhou C F，Wang Y J，Yu Y C，et al. Does glyphosate impact on Cu uptake by，and toxicity to，the earthworm *Eisenia fetida*？Ecotoxicology，2012，21（8）：2297-2305.

34. Si Z G，Wang J J，Yu Y C，et al. Advances in application of models in soil quality evaluation.

Asian Agricultural Research，2012，4（11）：89-93.

35. 周垂帆，王玉军，俞元春，等. 铜和草甘膦对蚯蚓的毒性效应研究. 中国生态农业学报，2012，20（8）：1077-1082.

36. 司志国，曹艳春，俞元春. 城市土壤有机碳储量估算研究进展. 生态经济（学术版），2011，（2）：103-105.

37. 司志国，王晓琴，王维，等. 废弃矿山挂网喷播土壤理化性质动态变化. 北方园艺，2011，（16）：177-180.

38. 陶宝先，张金池，俞元春. 南京近郊主要森林类型对土壤重金属的吸收与累积规律，环境化学，2011，30（2）：447-453.

39. 陶宝先，张金池，俞元春. 苏南丘陵区典型森林生态系统服务价值估算，生态环境学报，2010，19（9）：2054-2060.

40. 余健，房莉，方凤满，等. 芜湖市不同功能区土壤重金属污染状况与环境质量评价，水土保持学报，2010，24（2）：210-217.

41. 秦飞，王振兴，万福绪，等. 徐州市区丘陵荒山生态风景林规划，南京林业大学学报（自然科学版），2010，34（2）：142-146.

42. 张雪莲，骆永明，滕应，等. 长江三角洲某电子垃圾拆解区土壤中多氯联苯的残留特征. 土壤，2009，41（4）：588-593.

43. 陶宝先，张金池，林杰，等. 苏南丘陵不同林分类型土壤质量评价，南京林业大学学报（自然科学版），2009，33（6）：74-78.

44. 单奇华，俞元春，张建锋，等. 城市森林土壤肥力质量指标筛选. 土壤，2009，41（5）：777-783.

45. 单奇华，俞元春，张建锋，等. 城市森林土壤肥力质量综合评价. 水土保持通报，2009，29（4）：186-190，223.

46. 陶宝先，张金池，崔志华，等. 苏南丘陵区林地土壤酶活性及其与土壤理化性质的相关性. 生态与农村环境学报，2009，25（2）：44-48.

47. 王俊霞，俞元春，张雪莲. 高速公路沿线土壤黑碳含量特征. 南京林业大学学报（自然科学版），2009，33（1）：155-157.

48. Shan Q H，Yu Y C，Yu J，et al. Soil enzyme activities and their indication for fertility of urban forest soil. Frontiers of Environmental Science and Engineering in China，2008，2（2）：218-223.

49. 单奇华，李卫正，俞元春，等. 南京城市林业土壤可蚀性及影响因素. 南京林业大学学报（自然科学版），2008，32（2）：47-50.

50. 单奇华，李卫正，俞元春，等. 南京城市林业土壤的肥力特征分析. 江西农业大学学报，2008，30（1）：86-89，98.

51. 单奇华，俞元春，张金池. 城市林业土壤质量评价. 林业科技开发，2007，21（5）：12-15.

52. 单奇华，余健，俞元春，等. 城市林业土壤酶活性及对土壤肥力的指示作用. 城市环境与城市生态，2007，20（4）：4-6，9.

53. 王辛芝，张甘霖，俞元春，等. 南京城市土壤 pH 和养分的空间分布. 南京林业大学学报（自然科学版），2006，30（4）：69-72.